The secret of brown fat

갈색지방의 비밀

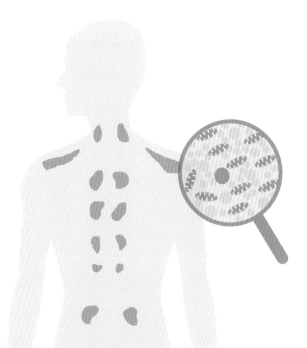

필자는 대학에서 화학공학을 공부했다. 공부하는 것이 적성에 맞는다는 생각에 대학원 석사과정에 진학하여 화학공학 공부를 이어갔다. 석사과정까지 마치는 동안 늦어버린 병역의무를 위해 전문연구요원으로 삼성그룹에 입사했다.

필자가 입사하던 1980년대는 화학공학이 아닌 생명공학의 시대였다. 1970년대부터 활발히 연구개발이 시작되었던 유전자 조작 기술이 완성되어 돼지 피에서 정제해서 사용하던 값비싼 인슐린이 유전자 조작된 박테리아 배양기 안에서 값싸게 대량으로 생산되기 시작했고, 소량의 DNA를 맘대로 증폭시키는 것을 가능하게 해준 PCR이 발명된 것이 1980년대이기 때문이다.

그래서 필자도 삼성그룹 내 화학회사가 아닌 제일제당 연구소에 발령이 났다. 당시 병역특례 많은 자리가 삼성그룹 유일의 바이오기업인 제일제당에 배정되었는데, 삼성그룹도 백신과 신약 개발에 투자를 시작하던 시기였다. 화학 공학도였던 필자가 바이오에 입문할 수밖에 없었던 상황이었는데 시대의 요구라고 받아들였다.

연구소에서 처음 시작했던 주제는 기능성 올리고당 개발이었다. 설탕을 원료로 효소 반응을 통해 제조되는 프럭토올리고당은 칼로리가 없고 충치균이 이용할 수 없으며 장내에서 비피도박테리아의 먹이가 되는 뛰어난 기능성 감미료이다. 프럭토올리고당 생산 공장은 순조롭게 운전되어 설탕 생산으로 출발한 기업에서 아이러니하게도 이제 설탕 대신 올리고당을 먹어야 한다는 주장을 시작하게 되었다. 올리고당 관련 논문을 쓰면서 공부를 더 해야겠다고 생각했다.

　올리고당은 필자의 박사학위 연구 주제로 계속 이어졌고 교수 임용 이후에도 몇 년간 더 연구를 지속했다. 올리고당을 주제로 한 우물을 팠었다면 아마 지금쯤 장내 세균을 분석하는 마이크로바이옴 벤처기업을 창업했을지도 모를 일이지만 아쉽게도 연구 주제를 비만으로 바꿔야 했다.

　처음부터 비만 연구를 생각한 것은 아니었고 올리고당 연구 이후 단백질체학 공부를 시작했었다. 단백질체학 연구로 제법 논문을 많이 발표하기 시작하자 주위에서 공동연구를 제안하는 연구자들이 생겨났고 경북대학교 식품영양 유전체연구센터 사업을 막 시작한 C 교수님으로부터 연구 참여 권유가 와서 합류하게 되었다. 이때부터 필자는 졸지에 비만 연구자가 되었다. 고지방 식이로 비만이 유도된 실험용 쥐의 혈액과 주요 대사 관련 조직을 단백질체 분석 기술로 해석하여 비만에 저항성이 있는 쥐의 단백질 지도를 작성하기 시작했다. 이후에는 비만 저항성 단백질과 유전자의 기능을 밝히는 일을 시작하였는데 생리학의 세계에 뛰어든 셈이다.

　식욕 억제 작용으로 비만 치료 효과를 인정받던 시부트라민이 시장에서 퇴출당하던 시기가 2010년이었다. 이때 식욕 억제 기능이 아닌 다른 개념의 비만 치료제 개발에 대한 욕구가 절실하던 시기였고, 필자도 갈색지방 활성화에 의한 비만 치료에 관심을 두기 시작했다. 특히 특별한 외부 자극으로 백색지방 일부가 갈색지방으로 변환되는 브라우닝(browning) 연구에 집중하였다. 브라우닝 유도 유전자와 단백질, 그리고 브라우닝을 유도하는 물질을 지속적으로 탐색해 왔다. 갈색지방이 아직 유명세를 얻기 이전이라 많은 연구 논문을 발표할 수 있었다. 2015년부터 갈색지방, 베이지색지방 관련 논문 62편을 발표하였다.

공학자인 필자가 생화학, 생리학, 영양학, 의학 분야를 넘나드는 지식이 필요한 지방과 비만에 관한 책을 써 보겠다고 결심하기는 쉽지 않았다. 결심을 굳히게 된 계기는 책을 준비하는 과정에서 읽게 된 앤서니 워너(Anthony Waner)가 쓴《The truth about fat》*을 읽고 난 후였다. 그는 영국의 유명 요리사로서 이 책을 쓰기 전에 이미《The angry shef》라는 책을 써서 요리사의 입장에서 과학자들의 주장을 논리적으로 반박하여 일반인들에게 올바른 식문화를 전파하려고 노력하였다. 요리사도 책을 쓰는데 명색이 교수인 필자가 더는 망설일 필요가 없다고 판단했다.

이 책은 그동안의 연구를 정리한다는 생각으로 썼다. 지방에 관한 내용을 모두 쓰기에는 필자의 지식도 부족하고 다뤄야 할 내용이 너무 많아서 필자가 연구했던 분야에 한정하여 쓰고자 하였다. 그렇게 하다 보니 백색지방(제2장), 갈색지방(제3장), 백색지방이 갈색지방으로 변환된 베이지색지방(제4장) 등 세 종류의 지방에 관한 이야기가 주 내용이 되었고,

---

* 앤서니 워너,《비만 백서: 비만을 둘러싼 진실과 거짓말》, 이주만 옮김, 브론스테인, 2021년

제1장에서 지방의 기초에 대해 간략히 다루었고 제5장에서는 이 책의 핵심 내용이기도 한 '지방세포의 열발생'에 관해 좀 깊이 있게 기술하였다. 마지막으로 제6장에서는 비만의 정의와 비만 치료제에 대해 최신 정보를 수집하여 기술하였다.

책의 전체 내용이 부실한 것 같아 '지방과 식단'을 추가하려고 생각했으나 곧 포기하는 것이 옳겠다는 결정을 하게 되었는데 영양학자도 아닌 필자가 '저탄수화물 고지방식' 논란에 뛰어들 자신이 없기 때문이다. 불포화지방을 절대로 먹지 말 것을 주장했던 키스(Keys)나 트랜스지방을 식단에서 폐기해야 한다고 주장했던 쿰머로우(Kummerow)같이 지방을 멀리했던 유명한 두 과학자 모두 100세 이상 장수했던 것을 보면 지방 중심의 식단이 건강에 좋은지 해로운지를 주장할 자신이 없다.

수천 편의 연구 논문을 읽고 정리하는 많은 노력에도 불구하고 필자보다 전문 지식이 뛰어난 과학자들이 보기에는 엉성한 부분이 많을 것이다. 생물학 지식 배경을 갖춘 일반인들이 읽기에는 어렵지 않게 쓴다고 노력했으나 글재주가 부족하여 많은 부분이 논문처럼 기술되고 말았다.

책을 쓰면서 다시 한번 느낀 것이 과학을 한다는 것이 쉽지 않다는 점이다. 실험용 쥐에서 얻은 결과가 인체에서는 무용지물이 되는 경우가 허다하고, 동일한 주제임에도 서로 다른 연구 결과가 아주 많기 때문이다. 생물학 분야에서는 더욱 그렇다.

확인되지 않은 과학적 사실이 표현되지 않게 하려고 가능한 하나하나 철저히 확인과 검정을 거쳐 기술하려고 노력하였다. 참고문헌 목록이 책의 많은 페이지를 차지하여 고민하였지만, 이 책에서 다룬 내용에 대해 논문을 직접 읽어보기를 희망하는 독자들을 위해 참고문헌을 모두 수록하였다.

이 책을 쓰는 동안 덴마크 노보노디스크에서 개발한 새로운 비만 치료제가 세계적으로 품귀 현상을 일으킬 정도로 인기리에 판매 중이고 이 회사의 시가총액이 덴마크의 GDP를 능가하게 되었다는 놀라운 소식을 듣게 되었다.

이 책이 지방에 관심 있는 일반 독자들과 비만 치료제 연구자들에게 작은 도움이 되길 바라고 부족한 부분이 있더라도 독자들의 많은 양해를 구한다.

6장 | 비만과 비만 치료제

1장

지방의 정체

What are fats?

지질
lipids

• • •

    지질은 동식물의 조직에 존재하는 소수성 유기화합물의 총칭으로 물에 녹지 않으며 상온에서 고체 상태로 존재하면 지방(fat), 액체 상태이면 오일(oil)이라고 한다. 지질은 지방세포(adipocyte)에 저장되어 에너지원으로 사용되는 중요한 기능 외에도 세포막의 주요 구성 성분이고(인지질, phospholipid) 스테로이드 호르몬(steroid hormone)처럼 세포 내외에서 신호를 전달하는 중요한 생체분자이다. 지질은 효소, 산·알칼리 등에 의해 가수분해되어 작은 분자로 분해되는(비누화가 가능한, saponificable) 것과 불가능한(nonsaponifiable) 지질로 나눌 수 있다. 에너지원으로 사용되는 트리글리세라이드, 왁스, 스핑고지질, 인지질 등이 전자에 속하고 콜레스테롤이 후자에 속한다. 지방은 엄밀히 말하면 실온에서 고체인 지질을 지칭하지만, 넓은 의미에서 지질과 지방은 동의어로 사용되고 있다. 지질의 종류를 화학구조에 따라 단순히 구분하면 다음과 같이 분류할 수 있다.

트리글리세라이드(triglycerides, triacyglycerol)

    가장 일반적인 지질로서 한 분자의 글리세롤과 세 분자의 지방산이 에스테르 결합(R-O-R′)으로 연결되어 있다(그림 1-1). 트리글리세라이드를 간편하게 중성지방으로 번역하여 부르는데, 엄밀히 말하면 콜레스테롤이 지방산과 에스테르 결합한 콜레스테릴 에스테르(cholesterylester)도 중성지방이라 부를 수 있기 때문에 이 책에서는 정확하게 트리글리세라이드라고 칭하기로 한다.

트리글리세라이드는 백색, 갈색지방을 포함한 모든 지방조직을 이루는 주요 구성 성분이므로 후반부에서 지방산과 함께 더욱 자세히 설명하기로 한다.

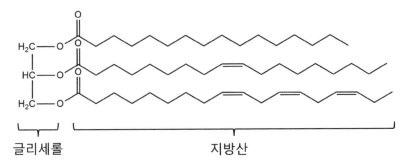

[그림 1-1] 트리글리세라이드의 화학구조
지방산의 총 탄소 수와 이중결합의 수는 서로 다를 수 있다.

인지질(phospholipid)

세포막의 주요 구성 성분이며 복합지질인 인지질은 글리세롤에 3분자의 지방산이 결합된 트리글리세라이드와는 달리 두 분자의 지방산과 하나의 인산기가 결합되어 있다는 점이 다르다(그림 1-2). 이때 인산기는 다른 유기물과 결합하여 있으며, 결합한 유기물의 종류에 따라 인지질의 종류도 달라진다. 인지질은 글리세로인지질(glycerophospholipid)과 스핑고인지질(sphingophospholipid) 두 개의 하위 그룹을 가지고 있다. 글리세로인지질은 트리글리세라이드 구조와 동일한데 글리세롤 3번 탄소에 지방산 대신 인산디에스테르(phosphodiester) 결합이 있다는 점이 다르다. 스핑고지질도 트리글리세라이드 구조에서 글리세롤 1번 탄소에 스핑고신(spingosine)이, 3번 탄소에는 에스테르 결합이 존재하는데 여기에 인산염이 결합하면 인지질이 되고, 당 성분이 결합하면 당지질이 된다.

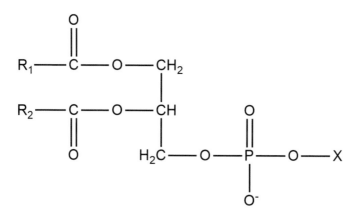

[그림 1-2] 인지질의 화학구조. R1에는 주로 포화지방산이,
R2에는 주로 불포화지방산이 결합하고, X에는 저분자가 결합한다.

콜레스테롤(cholesterol)

콜레스테롤은 스테롤(sterols, 스테로이드와 알코올의 조합)의 일종으로 모든 동물 세포의 세포막에서 발견되는 지질이며 혈액을 통해 운반된다. 콜레스테롤은 1784년에 담석(gallstone)에서 처음 발견되었으며 콜레

스테롤이라는 이름의 기원은 그리스어 담즙(chole)과 고체라는 의미의
stereos, 수산기를 포함하고 있어 알코올을 뜻하는 -ol이 합쳐져 만들어
졌다.

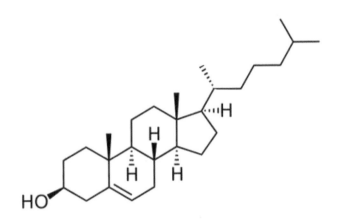

[그림 1-3] 콜레스테롤의 화학구조

콜레스테롤은 왁스와 유사한 형태의 지질로서 모든 동물의 세포
막에서 주로 발견되는데(식물의 세포막에서도 미량 발견된다) 세포막 지질의
30~40%를 차지하면서 소수성인 세포막을 단단하게 지지해 주는 역할
을 한다. 성호르몬과 같은 여러 가지 스테로이드 합성의 원료로 쓰이고
비타민 D 합성의 전구체이다. 참고로 스테로이드(steroids)는 지방산을
함유하지 않고, 6개의 탄소 원자로 이루어진 고리 3개, 탄소 5개 원자로
이루어진 총 4개의 고리 구조가 공통의 기본 구조인 지질로서(그림 1-3)
체내에서는 부신피질에서 생산된다.
콜레스테롤의 합성은 대단히 복잡한 효소 반응을 거쳐 생산되는데 주

로 간에서 생합성되고 소화관, 부신, 생식기관에서도 합성된다. 콜레스테롤 생합성은 아세틸-CoA와 아세토아세틸-CoA 분자 각각 한 개에서 시작된다. 두 분자가 축합되어 여러 종류의 중간체를 거쳐 최종적으로 콜레스테롤이 합성되는데, 전체 효소 반응이 총 37단계에 이를 정도로 대단히 복잡하다. 성인 남성의 경우, 하루에 합성되는 체내 콜레스테롤의 양은 약 1g 정도이고 체내에 약 35g이 존재하는 것으로 알려져 있다.

체내 콜레스테롤의 약 20% 정도는 음식을 통해서도 흡수되고 약 80%는 간에서 생합성된다. 콜레스테롤은 뇌와 간 등의 세포막에서 높은 농도로 발견되는데 뇌 지방 성분의 약 30%가 콜레스테롤이다. 콜레스테롤은 다양한 생리적 기능을 수행하지만, 혈액 속에 과도하게 존재하게 되면 동맥경화, 관상동맥심장병 등의 각종 혈관계 질환의 주요 원인인 것으로 밝혀져 있다.[1] 식이에 의한 콜레스테롤과 간에서 합성되는 콜레스테롤은 항상 균형을 이루게 조절되므로 노른자에 콜레스테롤이 많이 함유되었다고 계란 먹기를 주저할 필요는 없다.

나쁜 콜레스테롤과 좋은 콜레스테롤은 부정확한 용어이긴 하지만 많이 사용되는 용어로서 각각 저밀도 지질단백질(low-density lipoprotein, LDL)이 운송하는 콜레스테롤(LDL-C)과 고밀도 지질단백질(high-density lipoprotein, HDL)이 운송하는 콜레스테롤(HDL-C)를 가리킨다. LDL에 의해 운반된 콜레스테롤은 주로 혈관에 쌓이는 데 비해, HDL은 혈관에 쌓인 콜레스테롤을 간으로 운반하여 대사를 통해 제거되기 때문에 이런 별명이 붙게 된 것이다. 혈중 콜레스테롤의 대부분은(약 70% 전후) 지질단백질 내부에 담겨 운반되어야 하므로 소수성이 강화된 형태인 콜레스테릴 에스테르 형태로 존재한다.

보건당국이 권장하는 혈중 콜레스테롤 적정 수치는 성인의 경우

200mg/dL인데, 240mg/dL 이상이면 위험하다고 한다. 한편 LDL은 130mg/dl 이하가 적정 수치이고 HDL은 60mg/dl 이상 유지할 것을 권장하고 있다.[2]

혈중 콜레스테롤 농도가 높으면 심혈관 질환으로 사망하는 비율을 현저히 증가시킨다는 많은 보고가 있다. 대규모 연구에서 심혈관 질환이 있는 사람의 경우 혈중 콜레스테롤 농도가 높으면 10년 내 사망 위험이 3.8%에서 19.6%로 증가하게 되고, 심혈관 질환이 없는 사람의 경우 1.7%에서 4.9%로 증가한다는 연구 보고가 있다.[3]

왁스(wax)

왁스는 과일의 껍질, 식물의 잎에서 해충으로부터 보호와 수분 증발 방지 등의 기능을 하는 지질이다. 동물의 털과 조류의 깃털에 포함된 왁스는 방수 기능을 한다. 또한 왁스는 인체에서도 존재하는데, 피지(sebum) 성분의 약 25% 정도가 왁스이다. 왁스는 탄소 수가 12~38인 탄화수소 계열 물질들로만 구성되어 있어 방수 기능이 있고 녹는점이 보통 60~100°C여서 대부분 조건에서는 고체 상태로 존재한다.

왁스는 글리세롤 대신에 장쇄알코올(long-chain alcohol)과 지방산이 에스테르 결합을 하고 있어 비누화 반응으로 분해하게 되면 지방산과 알코올로 유리된다. 알칸류, 알코올류 외에 또 다른 왁스의 구성 성분으로 여러 형태의 카복실산(-COOH)들도 있다. 왁스는 팜유에 함유된 올레일알코올(oleyl alcohol)로부터 에스테르 반응을 통해 합성할 수도 있다(그림 1-4).

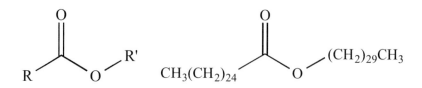

[그림 1-4] 왁스의 일반적인 화학구조(좌)와 밀랍(beewax)의 화학구조(우)

지방산과 트리글리세라이드(triglyceride)

지방세포는 세포 부피의 약 90%가 트리글리세라이드 등의 지질로 채워져 있어서 핵과 미토콘드리아 등의 세포 소기관들이 세포막 주위로 밀려나 있는 기형적인 세포 형태를 나타낸다. 지질 중의 한 성분인 트리글리세라이드는 동물의 중요한 에너지 저장 형태의 지질이다.

탄수화물에 비해 연소 시 발생하는 에너지가 더 높아서(9kcal/g, 탄수화물 4kcal/g) 심장이나 골격근의 운동 시 에너지원으로 중요하다. 다만, 뇌는 지방산을 직접적으로 에너지원으로 사용하지는 못하고 포도당과 지방 분해 산물인 케톤체(ketone body)를 에너지원으로 사용한다.

지방이 고에너지를 발생한다는 말은 연소할 때 생성되는 물의 양도 많아지므로 육상의 생물, 특히 사막에서 생활하는 동물에게는 중요한 저장 물질이다. 낙타 등에 툭 튀어나와 있는 커다란 지방 혹은 지방을 저장하여 에너지원으로도 이용하고 수분을 동시에 공급하는 창고인 셈이다.

우리가 흔히 중성지방이라 번역하여 부르는 트리글리세라이드는 글리세롤 한 분자에 지방산 세 분자가 에스테르 결합으로 연결되어 있는데,

자연계에 존재하는 지방산 탄소의 숫자는 4~36개*이며 트리글리세라이드를 구성하는 각 지방산의 탄소 수는 서로 다를 수 있다.

지방산이 생명체 내에서 하는 중요한 세 가지 기능은 글리세롤과 에스테르화 반응을 통하여(글리세롤+3지방산→트리글리세라이드+물) 트리글리세라이드로 합성되어 에너지를 저장하고, 각종 막을 형성하는 데 필요하며, 신호 전달 분자를 생산하는 것이다.

일부 지방산들은 체내에서 합성될 수 없으므로 필수 지방산이라고 불린다. 필수 지방산은 리놀레산(linoleic acid, 오메가-6) 및 α-리놀렌산(α-linolenic acid, 오메가-3)으로부터 형성되는 지방들로 이루어져 있다. 인체에서 리놀레산을 출발 물질로 아라키돈산(arachidonic acid)이 합성되고 마지막으로 강력한 생리 활성 지질 호르몬인 프로스타글란딘(prostaglandin)이 생성된다. α-리놀렌산을 출발 물질로 에이코사펜타엔산(eicosapentaenoic acid, EPA), 도코사헥사엔산(docosahexaenoic acid, DHA) 등이 생성된다. 이들은 체내에서 항상성 유지에 매우 중요한 역할을 담당한다.

오메가-3 혹은 오메가-6 필수 지방산이 풍부한 음식을 많이 섭취한다고 반드시 건강에 좋은 것은 아니고 비율이 중요한데, 전문가들이 권고하는 오메가-3와 오메가-6의 비율은 1:4이다. 잘 알려진 오메가-3 식품으로는 등푸른생선, 굴, 견과류, 들기름, 아보카도, 콩류 등이고 오메가-6 식품으로는 육류, 달걀, 해바라기유 등이다.

육지에 사는 포유동물의 지방에는 오메가-6와 오메가-3의 비율이 거

---

* 탄소 2개인 acetyl CoA가 지방 합성의 기본 단위라서 지방산 대부분의 탄소 수는 짝수이다.

의 같지만 근육에는 오메가-6가 2배 이상 많다. 야생에서 자라는 식물에는 오메가-3가 3배 이상 많다. 따라서 곡물로 키운 가축의 오메가-6 함량이 풀을 먹고 야생에서 자란 동물에 비해 두 배 이상 많다고 한다.

우리가 섭취하는 음식 중에서 오메가-3를 충분히 섭취하고 있는가를 알려고 하면 오메가-3 인덱스(index)를 측정해 보면 된다. 오메가-3 인덱스는 혈중 오메가-3의 양인데 혈액 검사를 통해 언제든지 측정할 수 있다. 적정 수치는 8% 이상이고 4% 이하가 되면 심각한 결핍 상태를 뜻한다.

지방산은 탄소 사슬의 길이에 따라 분류하기도 하는데 단쇄지방산(short-chain fatty acid, SCFA, 탄소 2~5개), 중쇄지방산(middle-chain fatty acid, MCFA, 탄소 6~12개), 장쇄지방산(long-chain fatty acid, LCFA, 탄소 13개 이상)으로 나눌 수 있다. 가장 많이 존재하는 지방산은 탄소 16~18이며(팔미트산, palmitic acid, 리놀레산 등) 포유동물 몸에는 탄소 12~24개(이중결합 6개 이내)가 대부분이다. 동식물에 존재하는 지방산 절반이 불포화지방산(이중결합 6개 이내)이다(Story box 1).

우리가 자주 섭취하는 올리브유 같은 식물성 기름과 버터와 같은 동물성 유지에 포함되는 지방산 대부분은 장쇄지방산이다. 중쇄지방산은 소화, 흡수, 대사가 빨리 일어나서 에너지 공급, 면역력 증강, 신진대사 개선 등의 효과가 밝혀지면서 건강기능식품으로도 많이 이용되고 있다. 단쇄지방산은 휘발성이 커서 휘발성지방산(volatile fatty acid, VF)이라고도 불리는데, 아세트산(acetic acid), 프로피온산(propionic acid), 그리고 부티르산(butyric acid) 등이 이에 해당한다.

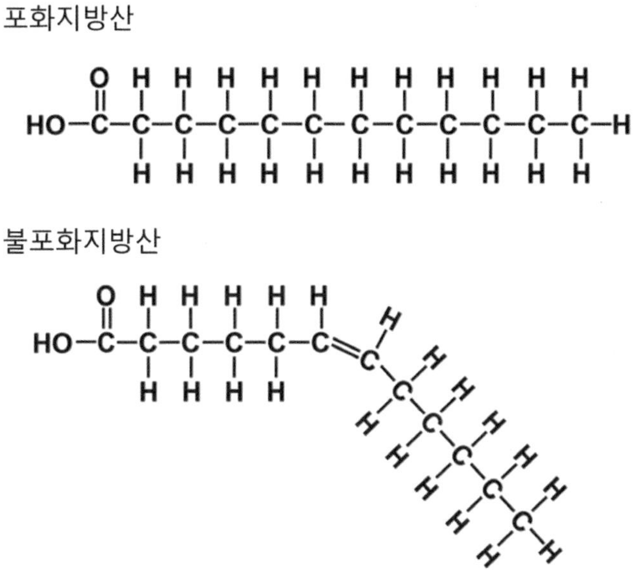

포화지방산

불포화지방산

[그림 1-5] 포화, 불포화지방산 분자구조의 차이

불포화지방산은 중간에 이중결합으로 인해 구부러지는 형태를 보인
다.

　지방산의 사슬 중간에 이중결합이 존재하게 되면 분자들이 벽돌처럼
차곡차곡 쌓인 형태로 존재하기 어려워 상온에서 고체 형태가 아닌 액
체 상태로 존재하게 된다(그림 1-5). 대부분의 식물성 기름이 불포화지방
이라 건강에 해가 되지 않지만, 고체 상체로 존재하는 동물성 기름과 같
은 포화지방은 동맥경화 유발 등 혈관 건강에 해롭다고 알려져 있다. 최
근의 연구 결과에 의하면 포화지방을 많이 섭취하게 되면 장내세균총의
균형이 무너져서 파킨슨병과 같은 뇌 질환의 원인이 된다는 보고도 있

다.[4]

　포화지방보다도 건강에 더 해로운 지방은 바로 트랜스지방(트랜스지방산만으로 구성된 중성지방)인데 생물에서는 존재하지 않고 감자나 통닭 등을 튀길 때 사용하는 식물성 기름인 불포화지방산이 변형된 것으로 마가린, 쇼트닝 등에 많다(표 1-1, Story box 2). 트랜스지방은 LDL은 증가시키면서 HDL은 감소시켜서 심혈관 질환 및 당뇨병의 위험성을 증가시키는 것으로 알려져 있다.

　육류에 포함된 지방이라고 해서 모두 해로운 것은 아니다. 육류는 근육조직의 미오글로빈(myoglobin) 함량에 따라 백색 고기와 적색 고기로 나뉜다. 적색 고기에는 포화지방이 많이 함유되어 있으며 소고기, 돼지고기 등이 대표적이고 백색 고기에는 닭고기와 오리고기가 대표적이다. 백색 고기에는 인체의 성장과 생리 활성에 관여하는 불포화지방산이 많이 함유되어 있어 면역력 강화와 혈중 콜레스테롤을 낮춰 주는 등 혈관 질환을 예방하는 데 도움이 된다.

불포화지방산의 명명법

지질 분자들의 명명법은 1976년 IUPAC-IUB(International Union of Pure and Applied Chemistry-International Union of Biochemistry)에서 아래와 같은 명명법이 제안되어 지금까지 사용되고 있다. 아래 그림에서 보여주는 예시처럼 지방산의 양측 말단에서 탄소 번호를 붙일 수가 있으므로 두 가지 표기 방법이 사용되고 있다.

먼저 메틸기 말단으로부터 번호를 붙일 때 전체 탄소 숫자:첫 번째 이중결합 위치의 탄소 번호 n(-CH₃ 쪽에서부터 탄소 번호를 붙였다는 의미)-이중결합의 탄소 수로 표시한다.

총 탄소 수가 18개이고 3번째 탄소에 처음 이중결합이 존재하며 전체 이중결합이 3개 존재하는 알파 리놀레산의 경우 18:3n-3으로 명명한다(그림 1-6). 카복실기(-COOH) 쪽에서 탄소 번호를 붙인다면 알파 리놀레산은 9번째에 첫 이중결합이 나타나므로 △9로 명명하고 이중결합의 위치를 모두 표시할 경우 △9c, 12c, 15c 또는 cis△9, cis△12, cis△15 또는 cis-cis-cis-△9, 12, 15 등으로 명명한다.

불포화지방산의 과거 명명 방식으로 오메가(ω)지방산도 많이 불리고 있는데, ω 방식 명명법은 화학자들이 카복실기 바로 옆의 탄소에서부터 차례로 α, β, γ 등으로 표시하던 재래식 번호 매김 방식이다. 이 재래식 방식에서는 탄소 수에 상관없이 카복실기 반대쪽, 즉 메틸기 쪽 첫 번째 탄소를 ω 탄소라고 표시한다. ω 명명 방식에서는 지방산의 메틸기 말단에서 탄소에서부터 번호를 붙인 후 이중결합 위치의 탄소에 번호를 붙인다.

결국 n과 ω는 동의어이지만, IUPAC에서는 n을 사용하여 지방산의 가장 높은 탄소 수를 식별할 것을 권장한다. 과거의 지방산 명명법에 따라 ω3, ω9 지방산 명칭이 나온 것인데 실생활에서 자주 사용되고 있으므로 두 가지 모두 기억할 필요가 있겠다.

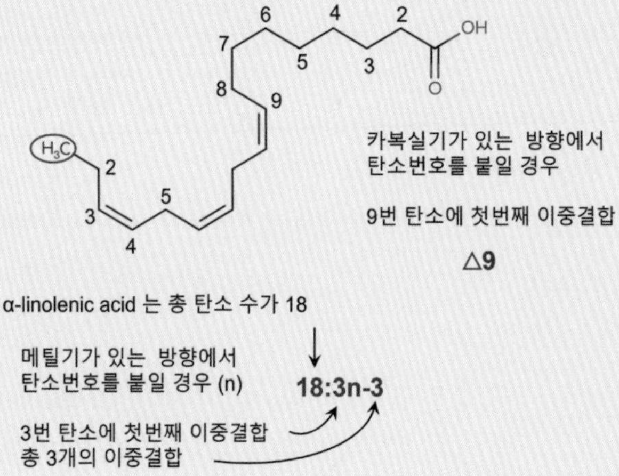
OH
O
H3C
카복실기가 있는 방향에서
탄소번호를 붙일 경우
9번 탄소에 첫번째 이중결합
△9
α-linolenic acid 는 총 탄소 수가 18
메틸기가 있는 방향에서
탄소번호를 붙일 경우 (n)
18:3n-3
3번 탄소에 첫번째 이중결합
총 3개의 이중결합

[그림 1-6] 불포화지방산의 명명법

트랜스지방산(trans fatty acid)

불포화지방산의 이중결합에 붙어 있는 수소 원자가 서로 같은 방향에 존재하면 cis(같은 쪽), 반대편에 존재하면 trans(가로질러, 건너서) 지방산이라고 한다(그림 1-7). 생명체에는 거의 존재하지 않으며 식물성 불포화지방산은 쉽게 산화하여 변패하기 때문에 수소 첨가 반응으로 고체화하는 과정 또는 열처리 과정에서 분자구조의 형태에 따라 트랜스지방이 생성된다. 열처리 과정에서 생성되는 유독성 산화 분해 산물 특히 알데하이드 화합물과 포름알데하이드는 DNA를 손상시키는 것으로 알려졌다. 일반적인 불포화지방산이 이중결합으로 인해 휘어진 구조를 나타내는 데 비해 트랜스 불포화지방산은 포화지방산처럼 휘어진 구조를 보이지 않아서 포화지방산과 물성이 유사하게 변한다.

트랜스지방산은 지방 중에서 가장 해롭다고 알려져 있는데, 포화지방산보다도 LDL 수치를 높이고 HDL 수치를 낮추는 효과가 두 배 정도 더 높다. 트랜스지방은 지방조직 내에 축적되어 지방 대사를 방해하거나 미토콘드리아 등 세포 기능을 감퇴시킨다. 트랜스지방은 많은 질환을 유발하는 것으로 알려져 있는데 심장, 뇌, 혈관 질환뿐만 아니라 암과 당뇨병 등도 포함된다. 이런 심각한 문제로 인해 최근에는 식품 제조 공정이 크게 개선되면서 트랜스지방을 줄여주는 새로운 공법들이 도입되어 있다.

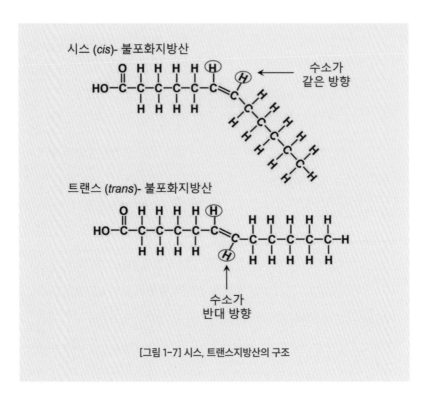

[그림 1-7] 시스, 트랜스지방산의 구조

포화지방산	불포화지방산
탄소-탄소 단일결합만 존재	탄소-탄소 이중결합 존재
상온에서 고체라 쉽게 산화하지 않음 (녹는 점이 높다)	상온에서 액체라 쉽게 산화하여 변패된다 (녹는 점이 낮다)
과다 섭취 시 심장 및 뇌혈관 질환 등 유발	적당량 섭취 시 건강에 좋으나 과다하게 섭취할 때 혈중 콜레스테롤 수치 증가
하루 요구 열량의 10% 이하 사용 권장 (약 15g)	하루 요구 열량의 30% 이하 사용 권장
치즈, 버터, 마가린, 육류 및 유제품, 튀김류, 코코아유, 팜유 등에 함유	생선 기름, 콩, 해바라기씨 등의 식물성 기름류, 견과류 등에 함유

[표 1-1] 포화지방산과 불포화지방산 비교

지방산은 일반적으로 생물에서 지방산 단독 형태로 존재하기보다는 트리글리세라이드, 인지질, 콜레스테릴 에스테르의 세 가지 에스테르 결합 형태로 존재한다. 지방세포의 지질 방울 안에는 트리글리세라이드와 함께 콜레스테릴 에스테르가 주성분이다. 콜레스테릴 에스테르는 지방산의 카복실기(-COOH)와 콜레스테롤의 하이드록실기(-OH) 사이에 형성된 에스테르 구조의 화합물이다(그림 1-8).

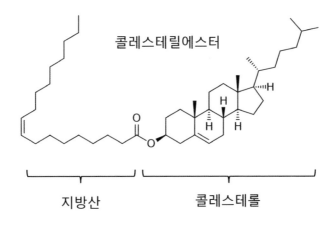

[그림 1-8] 콜레스테릴 에스테르의 화학구조

불포화지방산과 건강

트랜스 불포화지방산을 제외하면 대부분 불포화지방산은 건강에 유익한 것으로 알려져 있다. 올레산(oleic acid)의 경우 동맥경화를 막아주고(antiatherogenic) 항혈전증(antithrombotic)과 HDL/LDL 비율을 증가시키는 등 혈관 건강에 유익할 뿐 아니라 인슐린 민감성도 증가시켜 준다[5].

올레산이 주성분인 올리브유를 지속해서 섭취하면 암을 예방해 주는 효과, 염증을 줄여주는 효과 등이 보고되어 있다.[6] 올레산과 같이 유익한 지방산의 함량을 증가시킬 목적으로 유전자 조작 식물을 생산하려는 노력도 진행되고 있다. 그러나 건강에 해로운 불포화지방산도 알려져 있다. 유채꽃 씨앗 중에 함유된 에루스산(erucic acid)은 단기간 섭취 시에는 유해성이 없는 것으로 알려져 있으나 장기간 과다하게 섭취할 때는 심근지방증 등의 부작용이 있을 수 있다고 하니 섭취 시 유의할 필요가 있다.

오메가-3 지방산과 같은 불포화지방산의 섭취를 통해 암을 예방하는 효과는 아직 유방암을 제외하면 확실한 증거가 없고 오히려 해로울 수도 있다는 연구 결과도 있다.[7] 전립선암의 경우 DHA의 혈중 수치가 높을수록 위험이 감소하지만, EPA와 DHA 혈중 수치가 동시에 높을수록 전립선암의 위험이 오히려 증가한다는 연구 결과가 있다.

불포화지방산에 대한 기대 중에서 가장 큰 것이 심혈관 질환을 예방해 준다는 점인데, 기대와는 달리 일반적으로 심혈관계 질환 또는 뇌졸중을 예방하는 데 오메가-3 지방산의 섭취가 도움이 된다는 주장에 동의하지 않는다는 연구 결과가 많다.[8] [9] 그러나 다행스럽게도 오메가-3 섭취로 혈중 HDL, LDL 수치 변화는 관찰되지 않았지만, 중성지방 수치를 감소시키는 데는 효과가 있는 것이 확실해 보인다.[10] 이처럼 과학적으로 확실한 증거가 많지 않음에도 대중에게 과대 홍보되어 시판 중인 기능성 식품이 얼마나 많은가 다시 한번 생각해 보게 된다. 잘못 먹으면 독이 되는 제품들도 많기 때문이다.

오메가(ω)지방산

불포화지방산은 단일(monounsaturated) 또는 고도(polyunsaturated) 불포화지방산으로 구분된다. 단일 불포화지방산은 알킬 사슬($-(CH)_n$)에 이중결합이 한 개만 존재하는데 $\omega 9$와 $\omega 7$이 있다. 반면에 고도 불포화지방산은 알킬 사슬에 이중결합이 2개 이상 존재하는 것으로서 $\omega 3$와 $\omega 6$가 해당된다(Box story 2). 불포화지방산의 ω 명명법은 국제순수·응용화학연합(IUPAC)에서 제정한 명명법과 비교하면 이중결합의 위치를 특정하는 데 차이가 있다. 예를 들어, IUPAC 명명법으로 리놀레산의 이중결합 탄소 위치는 9와 12인데 비해, ω 명명 방식으로는 6, 9에 해당하여 리놀레산은 $\omega 6$ 지방산이다.

한편 오메가-3 지방산은 다른 지방산에 비해서 건강에 유익한 여러 가지 장점이 있다고 알려져 있다. 식물성 기름에서 발견되는 알파-리놀렌산, 해양 생물의 기름에서 발견되는 EPA와 DHA가 대표적이다. 특히 성장 촉진 물질로 잘 알려져 있는 EPA와 DHA는 탄소 수가 각각 21개나 22개인 $\omega 3$ 지방산에 속하는데, 뇌세포 막의 유동성을 증가시켜 뇌 기능 촉진 물질로 잘 알려져 있다.[11]

필수 지방산인 알파-리놀렌산은 체내에서 EPA와 DHA로 변환되는데 각각 5, 0.5% 정도로 매우 적은 양이 전환되지만 가임기 여성은 전환율이 각각 21, 9%로 높다.

오메가-3 지방산을 많이 섭취하면 두뇌 계발이 잘 된다고 볼 수는 있지만, 인간의 두뇌가 얼마만큼 필요로 하는지는 아직 잘 모른다. 과다 섭취하면 오히려 불포화 고리가 끊어지는 산화 반응을 일으켜 암의 발생 및 노화의 원인 물질이 될 수도 있다. 오메가-3 지방산은 등푸른생선 등에 많이 함유되어 있고 결핍되면 뇌 행동 장애, 시력 저하, 심장병 등이 발생할 수 있다. 오메가-3 지방산의 섭취는 장내 세균의 분포에도 영향을 주게 되어 유해 세균은 줄여주고 유익한 세균의 번식을 도와서 결국 장내 세균들에 의해 분비된 물질들이 뇌와 건강한 방식으로 소통하는 것을 도와준다.[12]

오메가-3 지방산은 CRP, IL-6 같은 혈중 염증 수치를 낮추는 데 도움이 된다는 증거가 있다.[13] 그 외 발달장애, 정신 질환, 아토피 질환, 천식, 관절염 치료 효과 등 많은 연구에도 불구하고 확정적으로 유효하다는 연구 결과를 얻는 데는 실패하였다. 그러나 최근 15만 명을 대상으로 한 대규모 연구에서 심혈관 질환 예방 효과가 인정되었고,[14] 최신 연구 결과들을 종합 평가한 논문에서도 심혈관 질환 예방 효과를 인정하는 분위기였다.[15] 그럼에도 불구하고 2023년 7월 미국심장협회와 미국국립지질협회 등 6개 관련 단체가 합동으로 만성 관상 동맥 환자 관리를 위한 가이드라인을 발표하면서 오메가-3 효과에 대한 논란에 다시 불을 붙였다. 11년 만에 개정된 이번 가이드라인에서는 오메가-3 보충제가 만성 관상 동맥 환자의 위험을 낮추는 데 특별한 이득이 없으므로 권고하지 않는다는 내용이다. 가이드라인에서 지정한 오메가-3의 권고 수준은 'Class 3: No benefit', 즉 이득이 없다는 의미이다.

유럽의약품청(EMA) 약물감시위원회에서도 2023년 오메가-3 부작용에 심방세동(심장이 불규칙하게 수축하는 부정맥 질환으로 뇌졸중, 심부전, 사망 위험을 높임)을 추가하기로 결정하였는데, 심방세동 부작용이 발생한 건 1일 4,000mg 이상의 고용량 오메가-3를 복용했을 때 나타나는 것으로 알려졌다. 심혈관계 질환자는 고용량 오메가-3를 복용할 때 주의가 필요한 것은 사실이나 그 외의 사람들은 심방세동을 걱정해 당장 오메가-3

복용을 중단할 필요는 없다고 한다.

오메가-3 지방산이 포유류 뇌의 주요 구성 성분 중의 하나인 만큼 인지기능 개선에 관한 보다 긍정적인 연구 성과는 앞으로 기대해 볼 만하다.[16] 오메가-3 지방산을 섭취하는 것이 유리하지만 식단에서 $\omega6/\omega3$ 비율을 낮게 유지하는 것이 더욱 중요하다.[17] 현대 서구인들의 식당은 이 비율이 15 이상으로 권장 비율인 1:1~4:1보다 훨씬 높다고 한다.

비만의 가장 직접적인 원인이기도 한 지방 전구세포의 분화에 오메가-6는 긍정적으로, 오메가-3는 부정적인 영향을 미친다고 한다. 이런 이유로 임신 중이거나 수유 중인 실험용 쥐에게 오메가-3를 투여하면 오메가-6를 투여한 쥐에 비해 새끼들의 체중이 현저하게 감소한다는 연구 결과가 있다.[18]

심장 질환이 많은 북유럽인에 비해 남부유럽, 특히 지중해 연안 나라 사람들은 올리브유를 자주 섭취하여 혈관 건강이 좋다고 알려져 있다. 올레산(단일 불포화지방산)이 주성분인 올리브유 중심의 식단은 심혈관 질환을 줄여주는 효과가 있다. 2010년 세계 무형문화 유산으로도 등재된 지중해 식단(Mediterranean diet)은 채소, 과일, 통곡물과 함께 올리브유, 해산물로 구성되어 식이섬유와 불포화지방산이 풍부한 것이 특징이다.

올리브유에 들어있는 불포화지방산의 효과 외에도 폴리페놀류의 효과도 중요한데 올리브유를 정제한 것보다는 엑스트라 버진(Extra Virgin) 올리브유가 폴리페놀 함량이 더 높아서 HDL을 늘리고 LDL을 낮추는 효과가 크다. 엑스트라 버진 올리브유는 신선한 올리브를 열을 가하지 않고 최초로 압착한 것으로, 불포화지방산과 폴리페놀 등의 유효 성분이 풍부한 최상급의 올리브유이다.

스페인과 이탈리아에서 생산되는 엑스트라 버진 올리브유가 가장 유명한데 이들 두 국가의 올리브 생산량은 전 세계 생산량의 각각 약 45, 20%에 달한다.

올리브유는 가열점이 낮아 열을 사용하는 요리에는 적합하지 않아서 직접 섭취하거나 샐러드용으로 적합하다. 보관 시에도 공기와 자외선을 차단하여야 하므로 유리병에 담아 보관하여야 하고 냉장 보관해서도 안 된다. 공기 중에서는 산패되어 발암물질이 생성될 수도 있으니 한 번 뚜껑을 연 제품은 빨리 소비하는 것이 좋다(6주 이내 권고).

트랜스지방(Trans fat)

트랜스지방(또는 트랜스지방산)은 트랜스형 기하 이성질체 구조를 가지는 불포화지방산과 글리세롤이 결합한 지질의 한 종류다. 트랜스지방은 불포화지방산의 이중결합의 수소 원자가 서로 다른 방향에 존재하는 불포화지방산을 말한다(Story box 2). 트랜스지방은 1901년 독일의 화학자인 빌헬름 노르만(Wihelm Normann)이 액상의 기름을 고체 형태로 바꾸어 외양과 식감을 바꿔보려는 목적에서 만들었는데, 액상 식용유를 고온에서 수소 첨가 반응을 통해 만들어진다. 1909년 미국의 프록터앤갬블(Procter & Gamble)사에서 제조 특허를 이전받아 면화씨유로 경화유를 대량 생산하여 크리스코(Crisco)라는 상품명으로 대중들에게 판매하기 시작했다.

트랜스지방이 미국에서 2차 세계대전과 대공황을 겪는 동안 대중들에게 인기가 있었던 것은 제조사의 엄청난 마케팅 전략 덕분이기도 했지만, 생활이 빈곤해져서 동물성지방을 소비하던 사람들이 값싼 수소 첨가 부분 경화유로 소비를 바꾸었기 때문이었다.

트랜스지방은 대사가 되지 않고 몸에 축적되는 성질로 인해 비만 외에도 심혈관 질환의 위험을 높이고[19] LDL 콜레스테롤 수치를 높이며 HDL 콜레스테롤의 수치는 낮추는 성질이 있어[20] 인체에 해로운 것으로 잘 잘려져 있다. 이 외에도 당뇨병,[21] 암,[22] 알츠하이머[23] 등의 여러 가지 질환을 유발할 가능성이 있다는 연구 결과가 보고되고 있다.

경화유가 함유된 식품 중에서 쇼트닝이 트랜스지방 함량이 10~30%에 달하고, 마가린도 비교적 높아서(6~17%) 대부분의 선진국에서는 사용이 중단된 경우가 많지만, 일부 개발도상국에서는 여전히 식단에서 퇴출당하지 않고 있다. 세계보건기구(WHO)는 2023년 말까지 공업적으로 제조된 트랜스지방을 식단에서 완전히 퇴출시키겠다고 선언했다.

많은 경화유 제조업체가 생겨나고 관련 협회가 활발히 경화유 마케팅에 열을 올리던 가운데, 1957년 미국 일리노이 대학의 프레드 쿰머로우(Fred Kumerow) 교수가 심장 질환으로 사망한 사람들의 심장 표면이 트랜스지방으로 덮여있다는 연구 내용을 사이언스지에 발표하여[24] 모든 이들을 경악하게 만들었다. 쿰머로우 교수는 온갖 압박을 이겨가며 평생 트랜스지방의 위해성을 주장한 끝에 2019년 결국 미국인들의 식단에서 트랜스지방을 퇴출시킨 과학자라는 이름을 남기게 되었다. 그의 사망(2017년) 후 2년 만의 일이었다. 전문가들은 트랜스지방으로 인해 매년 10만여 명의 미국인들이 사망한다고 믿고 있었는데도 FDA는 미국인들의 심장 건강보다 경화유 제조업체들의 눈치를 보며 퇴출 시기를 질질 끌고 있었던 것이다.

동물성 트랜스지방은 심혈관 질환을 포함한 여러 가지 질환을 유발하는 원인이 되어 지금은 많은 나라에서 퇴출되었을 정도지만 식물성 트랜스지방은 그런 위험성이 없다. 오히려 천연 트랜스 박센산(transvaccenic acid, 우유에 총 지방산의 4% 이하로 함유)은 콜레스테롤 감소 효과까지 있다고 한다.[25]

트랜스 지방이 함유된 식품에는 쇼트닝, 마가린 등을 사용하여 제조하는 패스트푸드, 과자류, 빵류, 튀김류 등이 있으니 제조 과정을 이해하고 선택하는 것이 필요하고 가공식품의 섭취를 줄이려는 노력이 필요하다.

지질 운반 단백질
lipoprotein

• • •

    지질은 지용성이라 스스로 체내 이동이 불가능하여 운송 도구가 필요한데, 지질단백질(lipoprotein)이 그 일을 한다. 지질이 곧바로 혈액 속으로 순환되면 아마 인간은 혈관이 막혀 몇 년도 살지 못해서 죽게 될 것이다. 지질단백질은 혈류를 타고 지질을 인체의 여러 조직으로 운반하는 역할을 하는데, 지질단백질은 밀도와 구성 성분에 따라 여러 종류가 있다. 심장은 APT를 만드는 데 필요한 에너지의 85% 정도를 지질단백질이 운반하는 지질을 이용하므로 지질단백질이 없으면 생명체가 살 수가 없다.

    지질단백질의 구성에서 가장 중요한 역할을 하는 것이 아포지질단백질(apolipoprotein)인데 지질이 결합하여 있지 않은 상태의 지질단백질 형태이다. 아포지질단백질에 지질이 결합하게 되면 지질단백질이 되는 것인데, 지질단백질들의 역할과 종류가 다양한 것은 아포지질단백질의 형태와 결합한 지질의 종류에 의해서 결정된다.

    지금까지 많은 종류의 아포지질단백질이 발견되었지만, 임상적으로 중요한 것들은 지방 섭취 직후 형성되는 암죽미립(chylomicron)을 구성하는 Apo B-48, LDL을 구성하는 Apo B-100, HDL이 혈관 벽에 쌓인 콜

레스테롤을 간으로 역수송하는 데 핵심적인 기능을 제공하는 Apo A-I 등을 들 수 있다.[26)]

아포지질단백질들이 하는 일은 크게 네 가지를 들 수 있다. 첫째, 지질단백질의 구조를 유지해 주는 역할. 둘째, 지질단백질 분해 효소(LPL)와 결합하는 리간드 역할. 셋째, 지질단백질 형성을 돕는 기능. 넷째, 지질단백질의 대사 과정에서 항진제 또는 저해제 구실 등이다. 또한 아포지질단백질들은 혈액 속에서 단독 분자로 순환하다가 다른 지질단백질과 결합하기도 한다. 미성숙한 암죽미립의 경우 HDL로부터 Apo E, C 등을 전달받아 성숙한 암죽미립 입자가 되어 성질이 바뀌게 된다. 예를 들면 Apo C-II를 전달받게 되면 LPL에 대한 반응이 촉진된다.

아포지질단백질 종류가 적은 사람들이 관상동맥 심장 질환 발생위험도가 두 배 높다는 연구 결과가 있을 정도로 운반하는 지질의 양이나 종류도 중요하지만, 아포지질단백질 자체의 역할도 매우 중요하다.[27)]

암죽미립(chylomicron)

우리가 지방을 섭취하게 되면 소장에서 흡수되어 혈액으로 운송되기 위한 준비 작업으로 간에서 담즙산이 분비되고, 소장의 내강(lumen)에서 지방 분해 효소가 트리글리세라이드는 지방산으로, 콜레스테릴 에스테르는 콜레스테롤로 분해한다. 담즙산은 소수성, 친수성 성질을 모두 갖고 있어 유화 상태의 지방 덩어리를 혼합하여 마이셀(micelle) 형태로 전환해 주는 역할을 한다. 이들 지방 분해 산물은 장 세포로 들어와 소포체 막에서 다시 트리글리세라이드 형태로 재합성되어 소포체 내에서 지질 방울을 형성한 뒤 아포지질단백질 B-48(apolipoprotein B-48)과 융합되어 암죽미립이 형성된다(Story box 3).

Apo B-100 입자는 물에 녹지 않기 때문에 자체로 혈액 중에 떠다닐 수 없고 인지질과 자유 콜레스테롤과 같은 극성 지질과 트리글리세라이드와 콜레스테롤 에스테르 같은 중성 지질들이 서로 결합할 수 있게 가교 역할을 한다. 구형으로 조립된 암죽미립 내부는 대부분은 트리글리세라이드로 채워지고 미량의 에스테르화된 콜레스테롤과 인지질로 구성되어 있다. 콜레스테롤이 에스테르화되어 존재하는 이유는 친유성 성질을 더 강하게 하기 위함이다.

암죽미립은 내피세포에 있는 지질단백질 분해 효소(lipoprotein lipase, LPL)에 의해 지방산으로 분해되어 근육이나 지방세포 등으로 운송된다. 이때 LPL은 근육 또는 지방세포에서 높은 농도로 분비되어(소포체에서 생성되어 골지체에서 변형 과정을 거친 후) 혈관으로 이동된 것이다.

LPL 활성은 식후 지방조직에서는 증가하지만, 근육이나 심장에서는 감소한다. 암죽미립이 조립될 때 Apo C-II가 중요한 역할을 하게 되는데, 조직의 혈관 내피에 있는 LPL을 활성화시킴으로써 트리글리세라이드를 잘 수용하게 해준다. 조직으로 트리글리세라이드를 운반하고 남은 찌꺼기인 암죽미립 잔유물(chylomicron remnants)은 간에서 라이소자임(lysosome)에 의해 분해되면서 콜레스테롤을 방출하게 되는데, 이렇게 외부에서 유입된 식이 콜레스테롤이 간에 전달되는 경로를 외인성 경로(exogenous pathway)라고 한다.

트리글리세라이드가 줄어든 암죽미립 잔유물에는 콜레스테롤이 주성분이어서 많으면 동맥경화의 원인이 되고 LPL에 의해 혈관으로 지방산을 분비한 후 간으로 가서 최종적으로 분해된다.[28] 암죽미립을 구성하는 아포지질단백질 중에 Apo A-IV는 LPL 활성을 촉진하는데 만약 Apo

A-IV 유전자 변이가 있으면 유전적으로 고지혈증이 발생한다. 반대로 Apo C-III는 LPL 활성을 저해하는데, 지질단백질을 구성하는 아포지질 단백질들이 혈중 지질 농도를 조절하는 데 중요한 기능을 수행하는 것이다. 한편 암죽미립 잔유물이 간으로 유입될 때 Apo E가 역할을 한다. 암죽미립이 간에서 대사되어 분해되지 않고 혈관으로 침투하게 되면 고지혈증을 유발하게 된다.[29]

카일로마이크론(chylomicron)

지방을 섭취하게 되면 지질 운송 도구인 카일로마이크론이 가장 먼저 등장한다. 지방 섭취 후 친유성 지질 성분은 간에서 분비된 담즙산, 췌장과 소장에서 분비된 소화액과 혼합되어 걸쭉한 암죽 상태(chyle)가 되는 것이다. 이렇게 형성된 소화되기 쉬운 미세 지방 형태를 암죽미립(chylomicron)이라 한다. 암죽미립은 크기가 커서 혈관으로 유입될 수는 없지만 림프관으로 유입될 수 있다. 위를 통과하고 소장에서 암죽미립이 형성되기 직전 상태를 chyme라고 한다.

공복 시에 지질 수송은 암죽미립을 통하지 않고 간에서 분비된 저밀도 지질단백질(LPL) 또는 고밀도 지질단백질(HDL, 소장에서도 생성)을 만들어서 이용한다. 지질단백질들의 명칭에서 밀도란 지질단백질을 구성하는 단백질의 함량을 말하므로 VLDL, LDL에서 HDL로 갈수록(밀도가 낮은) 지방이나 콜레스테롤 함량은 줄어들고(밀도가 높은) 단백질 함량이 증가하는 것을 의미한다.

LDL이 간에 존재하는 LDL 수용체와 결합하게 되면 세포 내로 유입되어 라이소좀에서 분해가 되어 콜레스테롤이 방출된다. 콜레스테롤 합성 효소인 HMG CoA 환원 효소가 줄어들면 LDL 수용체도 줄어든다. 이렇게 해서 혈중 콜레스테롤 농도는 일정하게 조절되는 것이다.

간단히 말하면 암죽미립은 식사를 통해 우리가 섭취한 지방을 이동시키는 것이며, 식후 12~14시간이 지나면 소멸한다. 아래에서 소개되는 VLDL은 탄수화물을 과다 섭취하는 등의 원인으로 체내에서 합성된 지방을 세포로 이동시키는 역할을 한다.

저밀도 지질단백질(low-density lipoprotein, LDL)

간세포에 트리글리세라이드와 콜레스테릴 에스테르가 유입되면 소포체로 이동하여 아포지질단백질 B-100(Apo B-100)이 지질들과 결합하면서 초저밀도 지질단백질(very low-density lipoprotein, VLDL)이 생성된다. 물론 당이 과잉으로 섭취되었을 때도 간에서 트리글리세라이드로 전환되어 VLDL을 형성한다. VLDL은 암죽미립과 유사하게 다른 말초조직으로 이동하여 LPL에 의해 지방산으로 분해된 후 표적 세포로 이동하여 에너지원으로 사용되거나 저장된다. VLDL은 크기가 점점 줄어들어 콜레스테릴 에스테르가 대부분인 LDL로 변해간다.

지질이 풍부한 상태가 되면 Apo B-100은 소포체에서 지질과 결합하여 VLDL로 조립된 후 골지체를 거쳐 혈류를 타고 여행을 시작해서 Apo B-100을 인식하는 수용체를 막 표면에 가지고 있는 근육 및 지방 조직 세포들에 결합하여 콜레스테롤을 전달한다.

LDL은 덩치가 작아 혈관으로 들어오는 것이 가능한데, 혈관 안으로 일단 들어오면 혈관 내피 세포벽에 있는 당단백질과 LDL 표면의 Apo B-100이 결합하여 갇히게 됨으로써 동맥경화가 시작된다. 이 과정에서 LDL 입자는 산화가 되어 염증 반응을 일으키고 면역세포가 호출되는데 호출된 단핵구 (monocyte) 면역세포는 곧 SR-B1 수용체를 가진 대식세포로 분화한다.

콜레스테롤은 또한 LDL을 통해 대식세포(macrophage)로 전달되어 콜레스테롤을 잔뜩 먹어 부풀어 오른 형상인 거품세포(form cell)로 전환한다. 염증 반응이 지속되면 근육세포들이 호출되어 혈관 벽에 플라그(plaque)를 형성시켜 동맥경화에 걸리게 된다. 이런 현상은 지방산의 사슬 길이가 짧을수록 더 쉽게 일어난다.

섭취되지 않은 LDL은 간으로 돌아와서 간세포 세포막에 존재하는 LDL 수용체에 의하여 간세포 내로 유입된다(세포내이입, endocytosis). 간세포로 들어온 콜레스테롤은 세포막과 섞이거나, 담즙산으로 전환되기도 하고, ACAT(acyl-CoA: cholesterol acyltransferase) 효소에 의해 다시 에스테르화되어 세포질의 지질 방울 안에 저장된다.

VLDL이 갖고 있던 트리글리세라이드를 간세포로 전해주고 콜레스테롤이 대부분인 LDL로 변해가는 과정에서 중간 단계인 IDL(intermediate-density lipoprotein)이 형성되는데, IDL은 트리글리세라이드와 콜레스테롤 에스테르를 반반씩 함유하고 있다.

IDL이 갖고 있던 트리글리세라이드를 계속해서 간으로 수송하게 되면 콜레스테롤이 주가 되는 LDL이 생성되는데 이 과정에서 HDL로부터 Apo E를 공급받아 간세포에 의해 IDL의 트리글리세라이드가 분해할 수 있도록 해 준다. 그러나 암죽미립 속의 트리글리세라이드는 간에서 거의 완전하게 LPL에 의해 제거되지만 IDL의 트리글리세라이드는 간 LPL에 의해 절반 정도만 제거되고 나머지는 간세포 자체 지질 분해 효소(hepatic lipase)에 의해 분해된다. 간에서 생성된 VLDL이 혈류로 이동되는 과정은 아직 잘 밝혀지지 않았다. VLDL에서 LDL로 바뀌는 시간이 불과 6시간이고 LDL이 순환되는 시간이 48시간이기 때문에 실제로 LDL의 역할이 더 중요하다.

LDL이 갖고 있던 지질을 말초조직에 버리고 남은 LDL 잔유물은 간세포에서 대사되어 소멸하여야 하는데, 이때 간세포에는 LDL 입자가 결합할 수 있는 수용체(LDLR)가 있다. 이 과정에서 수용체는 LDL의 구성 분자인 Apo E를 빨리 인식하여(Apo B-100에 비해 20배 이상 빠름) LDL 잔유물 청소를 빠르게 하도록 도와준다.[26]

특히 크기가 작은 고밀도 LDL이 많을수록 고지혈증이 심각해지는데, 그 이유는 LDL을 분해하기 위해 LDL 수용체에 먼저 결합해야 하는데 작고 고밀도인 LDL이 수용체에 대한 친화도가 낮아지고 이렇게 되면 오랜 시간 혈류를 돌아다녀야 하기 때문이다. 또한 크기가 작아서 혈관 벽을 통과하여 침적되기가 쉬워서 동맥경화의 위험도를 높인다.

VLDL이 갖고 있던 트리글리세라이드의 양이 줄어들면서 LDL의 크기는 줄어들고 지질단백질의 총단백질 밀도가 증가하기 때문에 명칭이 VLDL에서 LDL로 바뀌게 되는 것이다. 운명을 다한 LDL은 간에서 LDL 수용체와 결합함으로써 완전히 대사되어 소멸한다.

콜레스테롤을 혈관에 쏟아내는 LDL을 제거하기 위해서는 간에서 LDL 수용체를 활성화하는 것이 중요하다. 혈중 LDL 농도는 간에서의 LDL 생성 속도와 LDL 수용체 숫자에 의해 조절되는데 수용체의 발현은 콜레스테롤 농도에 의해 조절된다.

LDL이 혈관에 쏟아버린 콜레스테롤이 많으면 모두 간으로 수송되지 않아 혈관 벽을 손상시키고 단핵구 같은 면역세포를 호출하게 되고, 단핵구는 대식세포로 분화된다. 대식세포는 콜레스테롤의 한계를 벗어날 정도로 무한정 먹게 되어 부풀어서 거품세포가 되고 HDL이 수거해서 간으로 수송되지 못해 동맥경화가 발생한다. 대식세포에게 섭취되지 않은 LDL은 간으로 돌아와서 간세포의 LDL 수용체에 의하여 세포 내로 유입된 후 담즙산으로 전환되거나, 콜레스테릴 에스테르로 전환되어 세포질의 지질 방울 안에 저장된다. 간에서 콜레스테롤이 VLDL 형성에 이용된 후, LDL로 전환하는 경로를 콜레스테롤 대사 및 수송의 내인성 경로(endogenous pathway)라고 한다.[30]

그러나 뇌에서 LDL은 콜레스테롤을 뉴런으로 공급하는 순기능을 수행한다. 콜레스테롤 수치가 높은 노인들이 기억력이 좋고 파킨슨병에 대한 저항도 높아진다고 한다. 고탄수화물 섭취를 많이 하면 LDL의 당화가 일어나게 돼서 콜레스테롤 공급에 문제가 생겨 뇌 기능이 저하되는 것으로 알려져 있다.[31]

고밀도 지질단백질(high-density lipoprotein, HDL)

HDL의 골격은 Apo-AI이고 간과 소장에서 생성된다. LDL의 단백질 함량이 약 20% 정도인 데 비해 HDL은 단백질 밀도가 50% 정도여서 HDL이란 이름이 붙여졌다. HDL은 60% 정도가 인지질이고 30% 정도가 콜레스테릴 에스테르, 그리고 중성지방은 10% 정도에 불과하다. 미성숙한 HDL로 콜레스테롤이 유입되어 콜레스테릴 에스테르 형태로 전환되는데, 이때 Apo A-I가 인지질의 지방산과 콜레스테롤로부터 콜레스테릴 에스테르로 전환하는 효소인 LCAT(Lecithin-cholesterol acyltransferase)를 활성화해 준다. LCAT 효소가 없으면 HDL에 지질이 결합할 수 없는데 이 유전자에 문제가 생기면 HDL 수치가 낮아져 혈관 건강에 문제가 생기게 된다. 미성숙된 HDL이 지질과 결합하는 데 실패하게 되면 신장으로 수송되어 분해된다.

HDL의 주요 기능은 체내 잉여 콜레스테롤을 간으로 보내 담즙산 등으로 대사시키거나 생식기와 같이 콜레스테롤을 많이 요구하는 기관으로 보내거나 폐기를 위해 LDL에 전달해 주는 일이다. 더욱 중요한 기능은 혈관 벽에 쌓인 콜레스테롤을 제거해 주는 역할을 하는데, 이를 콜레스테롤 역수송(reverse cholesterol transport, RCT)이라고 한다.

LDL이 혈관의 대식세포에게 제공하여 콜레스테롤을 잔뜩 먹은 대식세포(거품세포)로부터 HDL이 콜레스테롤을 간으로 역수송하는 능력은 동맥경화를 방지하는 데 매우 중요한 기능이다. 대식세포는 ABCA1(ATP-binding cassette transporter)이라는 효소를 이용하여 Apo A-I에게 콜레스테롤을 전달해 주고, ABCG1 효소 또는 SR-BI 수용체를 통해서도 Apo E를 가진 성숙한 HDL 분자에게도 콜레스테롤을 전달한다(그림 1-9). 대식세포 내부에 콜레스테롤 농도가 과도하게 되면 콜레스테롤이 산화된 형태의 옥시스테롤(oxysterol)이 생성되고 콜레스테롤 전달 효소들이 발현되고 활성화된다.

HDL은 초기에는 구형 형태가 아닌 빈 포장지처럼 존재하다가 간이나 소장 등의 콜레스테롤이나 인지질을 포획하여 전형적인 지질단백질 형태인 구형으로 바뀐다. 건강한 HDL에는 인지질이 50% 이상 차지하고, 혈관을 확장시켜 주는 일산화질소(NO) 생성을 증가시키는 데 기여하는 PON-1(paraoxonase-1)과 같은 효소들이 존재한다. 완전히 성숙한 HDL가 가지고 있는 콜레스테릴 에스테르는 암죽미립, LDL 등이 가지고 있는 트리글리세라이드와 교환하기도 한다.

지금까지 지질단백질들이 어디에서 조립되고 소멸하는지에 대해서는 완전하게 알려지지 않았다. HDL은 4~5일 동안 혈관을 여행하면서 간에서 자신이 갖고 있던 콜레스테롤을 완전히 비워주고 신장으로 이동하여 완전히 분해된 후 소변으로 배출된다. 이때 HDL을 맞이하는 간과 신장에는 HDL과 결합할 준비가 되어 있는 SR-B1(scavenger receptor B1)이라는 수용체가 존재한다(그림 1-9).[32]

동맥경화를 예방해 주는 스타틴(Statin)

미국의 글로벌 제약회사인 화이자(Pfizer)에서 제조, 판매하는 스타틴계 약제인 리피토(Lipitor®, Atorvastatin)는 현재 미국에서 두 번째로 많이 처방되고 있는 블록버스터급 의약품이다. 스타틴은 간에서 콜레스테롤의 합성을 억제하는 약제로 HMG-CoA 환원 효소의 작용을 방해한다.

스타틴을 처음 개발한 사람은 1971년 일본 제약사 다이이치 산쿄(Daiichi Sankyo)의 아키라 엔도(Akira Endo)였다. 당시 콜레스테롤 합성 단계의 중요한 효소인 HMG-CoA 환원 효소를 억제하면 콜레스테롤 합성을 줄일 수 있다는 사실은 이미 알려져 있어서, 엔도가 소속된 연구팀은 이 효소의 저해제를 연구한 끝에 미생물(*Penicillium citrinum*)을 배양해서 생산한 물질인 메바스타틴(mevastatin)의 효능을 발견하였으나 상품화하지는 못했다.

이후의 연구에서 메바스타틴은 여러 가지 부작용으로 인해 연구가 시들해지다가 미국의 대형 제약사인 머크(Merck)사에서 적극적으로 연구를 재개하였고, 1978년 다른 종류의 미생물(*Aspergillus terreus*)을 배양해서 생산된 로바스타틴(lovastatin)을 1987년 메바코(Mevacor)라는 이름으로 상품화에 성공해 연간 수백억 달러 이상의 매출을 기록하는 블록버스터급 의약품이 되었다. 스타틴 계열의 약제들은 2022년 154억 달러 규모에서 2030년에는 222억 달러로 성장할 것으로 예측하고 있다(Data Bridge Market Research 2023).

현재 다양한 종류의 스타틴계 약물이 시판 중인데, 이 중에서 LDL의 수치를 낮추는 데 가장 효과적인 것으로 알려진 의약품은 리포베이(Lipobay, cerivastatin)이지만 해당 약물은 심각한 부작용으로 인해 2001년 퇴출되었고, 가장 널리 처방되고 있는 리피토(Lipitor, atorvastatin)는 2008년에 특허가 만료됨으로 수많은 제네릭 제품들이 나와 현재 국내 많은 제약회사에서도 판매 중이다. 스타틴의 중요한 부작용은 근육 이상, 당뇨병 발생 위험, 간 손상 위험 등이 알려져 있다. 콜레스테롤이 뇌 무게의 1/5에 해당하고 뇌 건강에 매우 중요한 역할을 하는 것으로 볼 때 스타틴을 장기 복용하면 기억장애가 올 수도 있다.

이처럼 지금까지 잘 알려진 HDL의 장점 외에도 HDL은 면역증강 효과,[33] 알츠하이머 예방 효과,[34] 항암 효과[35] 등도 밝혀지고 있다.

보건당국이 권고하는 혈중 HDL 농도는 남성은 40mg/dL 이상, 여성은 50mg/dL 이상이다. 그러나 무조건 높다고 좋은 것이 아니라 100mg/dL 이상의 고농도에서는 제1형 당뇨병과 신장 질환을 유발하는 등[36] 오히려 질환에 더 취약하다고 경고하는 연구 결과가 있으므로[37] [38] 60~80mg/dL를 초과하지 않을 것을 권고한다. 가장 최근의 연구 결과에 의하면 HDL 수치가 80mg/dL 이상인 사람들이 적정 수준의 수치를 유지한 사람들보다 치매 발병률이 27% 높았다고 한다. 75세 이상 참가자들의 경우에는 그 차이가 42%로 더욱 커졌다.[39]

HDL 수치를 증가시키기 위해 과학자들은 HDL의 콜레스테롤을 LDL로 전달하거나 LDL의 중성지방을 HDL로 전달하는 효소의 저해제(cholesteryl ester transfer protein inhibitor) Torcetrapib를 개발하여 HDL 수치를 증가시키는 동시에 LDL의 수치를 낮추는 데는 성공하였으나, 부작용이 아주 심하고 심혈관 질환이나 심근경색 등에 효과가 미미하여 추가 시험을 중단하였다. 최근 개발된 또 다른 저해제인 Anacetrapib의 경우 동맥경화 환자들을 대상으로 한 임상실험에서 유의미한 효과를 거두었다.[40]

*CE: cholesteryl ester; TG: triglyceride.

지질단백질	크기(nm)	주요 지질 (TG/CE 비율)*	아포지질단백질
암죽미립 (chylomicron)	75~1200	트리글리세라이드 (85/3)	B-48, CI,II,III, E, A-I,II,IV
VLDL	30~80	트리글리세라이드 (55/12)	B-100, CI,II,III, E
LDL	18~25	콜레스테롤 (9/44)	B-100
HDL	5~12	인지질, 콜레스테롤 (6/12)	A-I,II, CI,II,III, D, E

[표 1-2] 지질단백질들의 특징

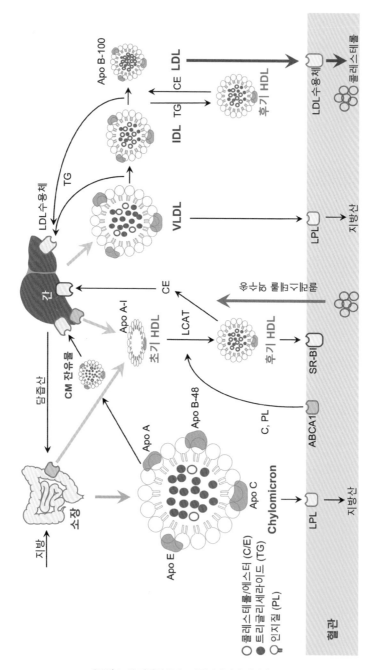

[그림 1-9] 지질의 운송, 지질단백질의 생성과 대사

지질단백질 분해 효소(lipoprotein lipase, LPL)

LPL은 암죽미립, VLDL 등의 지질단백질 속에 있는 트리글리세라이드를 분해하는 지질단백질 분해 효소이다. LPL은 지방조직이나 근, 신장, 폐, 동맥 등 조직의 말초 혈관에 국한되어 나타나고 간에는 존재하지 않는데 간에는 고유의 지방 분해 효소(hepatic lipase)가 별도로 존재하기 때문이다.

LPL은 1943년 미국의 폴한(Paul Hahn)이 헤파린을 주사하여 고지혈증이 개선되고 지방이 흡수된다는 사실로부터 그 존재를 발견하였고, 클리어링인자(clearing factor)로 명명하였다.[41] 1955년이 되어서야 LPL로 명칭이 수정되었고, Apo C-II에 의해 활성화된다는 사실도 밝혀졌다.[42]

LPL은 소포체에서 활성이 없는 단량체(monomer) 상태로 생성된 후 성숙인자(lipase maturation factor 1)가 LPL을 이합체(dimer)로 만들게 되면 활성을 띠게 된다. 아포지질단백질 중에서 Apo C-II는 LPL 활성 자리로 지질들을 끌어들여 지방 분해 활성을 증가시키고 Apo A-IV와 Apo V가 결합하면 더욱 촉진되는 데 비해 Apo C-I와 C-III는 저해하는 역할을 한다.

LPL은 동맥경화가 일어나는 과정에서 플라그 형성을 위해 근육세포의 증식을 촉진하거나 암죽미립과 VLDL을 가수분해시키는 효소 화학 반응을 촉매하기도 하지만, LDL과 단핵구가 혈관 벽에 결합하거나 대식세포에 흡수되는 과정에서 비촉매 가교 역할을 하기도 한다.

LPL은 지질단백질 속의 지질을 분해하는 것이 가장 중요한 임무이므로 혈액 속을 떠다니는 지질단백질과 결합할 수 있을 뿐 아니라 조직세포의 수용체 단백질들과도 결합할 수 있다. 트리글리세라이드를 다량 함유한 암죽미립이나 VLDL과 같은 크기가 큰 지질단백질들은 내피세포를 통과하여 직접 말초조직에 지질을 수송할 수 없으므로 LPL의 역할이 필요한 것이다. LPL은 내피 세포막에 헤파린 당단백질과 결합한 상태로 존재한다.

LPL 대사에 문제가 생기게 되면 여러 가지 질병을 일으키는데 당연히 고지혈증이 대표적이다. LPL이 정상적인 기능을 못 하면 혈중 중성지방 농도가 1,000mg/dL 이상까지 올라가 심각한 상태가 된다. 유전적인 요인, 심한 당뇨병, 알코올중독 환자에게서 LPL 부족증으로 고지혈증이 유발되는 경우가 많다.

또한 지방식이 후 지방조직에서는 에너지 저장을 최대화하기 위해 LPL 활성이 높은 데 비해 근육에서는 낮게 유지된다. 반대로 절식 상태와 운동을 할 때 근육에서 에너지 획득을 위해 LDL 활성이 최대화된다.[43] 따라서 LPL 기능 조절 때문에 비만이 유발될 수 있다. 내피세포에서 LPL의 농도가 높으면 지질단백질에 결합된 지질들이 혈관 벽에 쌓이는 일이 줄어들게 되므로 동맥경화 예방에 도움이 되지만, 대식세포의 LPL 발현이 높으면 동맥경화의 위험이 증가한다.[43] 알츠하이머의 원인으로 지목되고 있는 아밀로이드 플라그에서 LPL이 발견된 사실로 봐서 뇌에서 LPL이 활성화되면 알츠하이머를 유발할 수도 있다.[44]

콜레스테롤과 세 번의 노벨상

반디우스   블로흐   리넨

(사진: Wikimedia Commons)

콜레스테롤과 관련한 연구 업적으로 노벨상을 받은 경우는 지금까지 세 번이나 된다. 최초의 수상은 1928년 독일 과학자 빈다우스(Adolf Otto Reinhold Windaus) 박사가 콜레스테롤을 포함한 스테롤의 구조와 콜레스테롤로부터 비타민 D 합성 경로를 밝힌 공로로 노벨 화학상을 수상하였다.

두 번째는 1964년 미국의 콘라트 에밀 블로흐(Konrad E. Bloch)와 독일의 페오도르 펠릭스 콘라트 리넨(Feodor Felix Konrad Lynen) 박사가 콜레스테롤과 지방산 대사 조절 메커니즘에 관한 업적으로 노벨 생리의학상을 수상하였다.

가장 최근 수상자는 LDL을 발견한 과학자들이다. 혈중 콜레스테롤이 세포 내로 유입될 때 LDL 수용체를 거친다는 사실을 미국의 마이클 브라운(Michael S. Brown)과 조셉 골드스타인(Joseph L. Goldstein)이 밝혀냈고,

이러한 공로로 두 사람은 1985년 노벨 생리의학상을 공동으로 수상하였다.

콜레스테롤을 많이 섭취하게 되면 세포 내 콜레스테롤 생합성을 방해하게 되고 LDL 수용체가 감소하여 혈관에 콜레스테롤이 축적된다는 사실도 알아냈다. 또한 이들은 유전 질환인 가족성 고콜레스테롤혈증(familial hypercholesterolemia) 환자들은 LDL 수용체 돌연변이를 가지고 있어서 간과 말초조직에서 정상적인 LDL 섭취가 방해받는다는 사실을 발견하였고, 그 결과 매우 높은 혈중 LDL 수치와 이에 따른 높은 콜레스테롤 수치를 보이게 된다는 사실을 밝혀냈다. 이러한 이유로 환자들은 과다한 콜레스테롤이 혈관 내피에 침착하여 혈관이 막히게 되는 심혈관계 질환인 동맥경화증이 발생할 가능성이 매우 높다는 사실도 알게 되었다.

케톤체(ketone body)

간에서 지방산이 산화되어 생성되는 케톤체는 지질이 아닌 지질대사산물인데, 이 책에서 다루고자 하는 이유는 최근 케톤체가 건강에 미치는 영향에 관해 관심이 커지고 있기 때문이다.[45]

케톤체는 간세포의 미토콘드리아에서 지방산이 베타산화(β-oxidation)되어 생성된다. 지방산의 베타산화란 아래 식처럼 긴 지방산 사슬을 TCA 회로로 들어갈 수 있는 acetyl-CoA로 잘게 쪼개는 생화학 반응이다(Story box 6).

$$C_n\text{-acyl-CoA} + FAD + NAD^+ + H_2O + CoA \rightarrow$$
$$C_{n-2}\text{-acyl-CoA} + FADH_2 + NADH + H^+ + \text{acetyl-CoA}$$

기초대사의 많은 부분을 차지하는 골격근이나 심장의 에너지원 대부분이 지방산과 케톤체이다. 지방을 이용할 수 없는 뇌도 케톤체를 에너지원으로 사용할 수 있다. 간에 저장할 수 있는 당질은 기껏해야 200~300g 정도로 1,000kcal 정도에 불과해서(4kcal/g) 외부로부터 공급이 없으면 12시간 이내에 다 소모된다. 반면에 지방은 체중 60kg 성인의 경우 체지방률이 20%라고 가정하면 무려 12kg의 지방을 저장할 수 있어서 108,000kcal의 에너지를 사용할 수 있다(9kcal/g). 하루에 2,000kcal를 사용하더라도 50일 이상 사용할 수 있는 양이다.

지방산의 베타산화(β-oxidation)

지방산 구조에서 말단인 카복실기(-COOH) 탄소로부터 첫 번째 탄소를 α 탄소, 두 번째 탄소를 β 탄소로 명명하는데, 두 번째 탄소에 수소가 포화상태로 결합되어 있는 상태에서(-CH$_2$) 산소와 반응하여 산화(-CO)된 상태를 말한다.

세포질에 있는 지방산이 베타 산화되어 APT를 생산하기 위해서는 미토콘드리아 내부로 들어와야 하는데, 지방산 단독으로는 들어갈 수가 없고 카르니틴(carnitine) 분자의 도움을 받아야 한다(carnitine shuttle). 베타 산화의 시작은 지방산이 지방산 운반 단백질에 의해 세포 내로 유입되어 아실 Co-A 생성 효소인 FACS에 의해 fatty acyl-CoA로 변하는 과정이다.

이후 CPT1, 2의 도움으로 미토콘드리아 내부로 유입되어 베타산화 반응이 일어난다. 복잡한 단계의 베타산화 반응을 거치면 지방산이 여러 분자의 acetyl-CoA 단위로 생성되는데 TCA 회로를 거치는 동안 생성된 NADH, FADH$_2$가 전자전달계로 이동하여 ATP를 생산하게 된다(그림 1-10).

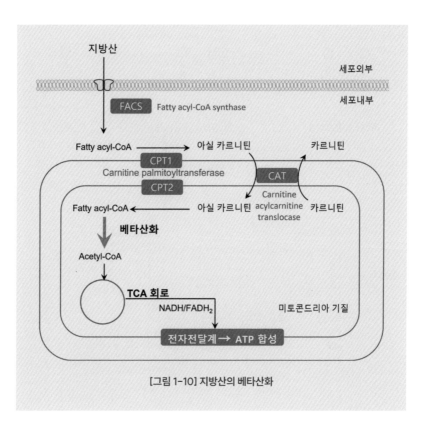

[그림 1-10] 지방산의 베타산화

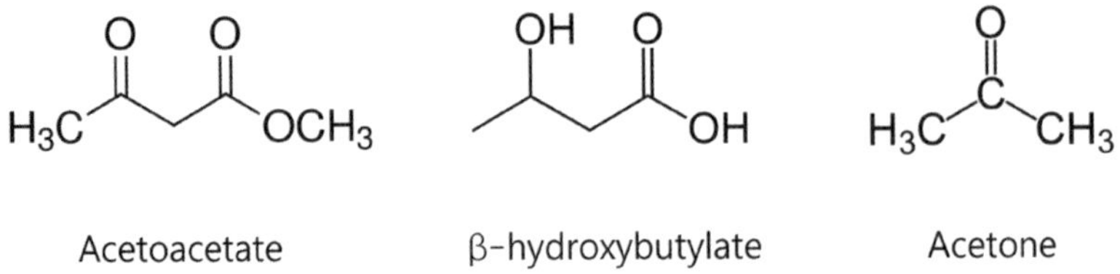

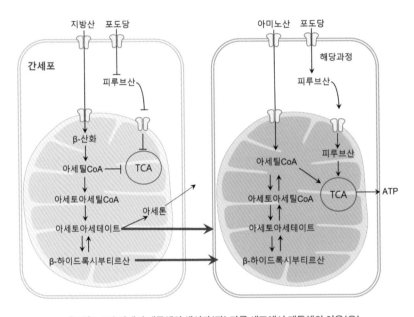

Acetoacetate   β-hydroxybutylate   Acetone

[그림 1-11] 케톤체의 화학구조

[그림 1-12] 간에서 케톤체의 생성과(좌) 다른 세포에서 케톤체의 이용(우)

아세토아세트산(acetoacetate), β-하이드록시부티르산(β-hydroxybutylate) 및 이들이 탈(脫)탄산화되어 생성된 아세톤(acetone)을 포함한 세 가지 물질을 케톤체라고 한다(그림 1-11). 생체 내에서 이용되는 지방산의 약 40%는 간세포에 의해 섭취된 뒤 케톤체로 분해되어 혈액으로 방출된다(그림 1-12).

당분의 섭취가 제한될 때 지방을 분해해서 에너지원으로 사용하고 부산물로 생성되는 대사물질이 바로 케톤체이다. 특히 인슐린이 부족한 세포가 포도당의 섭취나 이용이 제한될 때 지방의 분해가 증가하게 되므로 혈중 케톤체의 농도는 증가한다.

케톤체를 에너지원으로 이용할 수 있는 덕분에 음식 섭취 없이도 60~70일을 생존할 수 있고 비만한 사람들은 3개월까지 생존할 수 있다고 한다. 철새들이 오래 날아갈 수 있는 이유도 바로 이 저장된 지방 에너지 덕분이다.

저장된 에너지원 지방 중에서 케톤체를 가장 잘 생성할 수 있는 것은 중쇄지방산 글리세라이드로서 그중에 포함된 지방산은 탄소 수가 8개인 카프릴산(caprylic acid)이다.

일본의 산부인과 의사인 무네타 테츠오(Tetsuo Muneta)는 2015년에 출판한 《지방의 진실 케톤의 발견》이라는 저서에서 케톤의 중요성을 강조하는 여러 가지 이론을 주장하였는데 요약하면 다음과 같다.[46]

① 임산부의 태반에서도 케톤체가 생산되고 태아와 신생아의 혈당치는 35mg/dL 정도로 낮고 케톤 농도는 높은 것으로 보아 포도당이 아닌 케톤체를 주식으로 이용할 가능성이 크다.

② 지방산은 혈관-뇌 장벽(BBB)을 통과할 수 없으나 케톤체는 통과할 수 있어 뇌가 포도당과 함께 에너지원으로 이용할 수 있는 것이다. 포도당보다도 케톤체에 더 친화적이고 케톤체가 뇌를 보호한다는 연구 결과도 발표된 바 있다.

위의 주장대로 케톤체를 에너지원으로 사용하지 못하게 되면 간에서 합성된 포도당에 전적으로 의존하게 되는데, 이것만 가지고는 뇌는 2~3주밖에 버티지 못한다. 이에 비해 케톤체가 이용되면 최소 2개월간 에너지 걱정은 하지 않아도 될 정도로 케톤체는 뇌에서 효율이 매우 높은 에너지원이다.

우리가 잠을 자는 동안 케톤체는 전체 필요한 에너지의 약 10~20%에 해당하는 에너지를 제공하는데 만약 절식 상태라면 50%까지 증가한다.[47]

중쇄지방산은 장쇄지방산과는 달리 소장에서 문맥을 거쳐 직접 간으로 들어가 대사되면 케톤체가 되는데, 장쇄지방산보다 다섯 배나 빠른 속도로 에너지원으로 이용된다. 중쇄지방산이 풍부한 식물성 기름(코코넛오일 등)을 많이 섭취하게 되면 에너지원으로 케톤체를 많이 비축하는 결과가 될 것이다.

이런 장점에도 불구하고 케톤체가 그동안 나쁜 물질로 인식되어 온 이유는 바로 케톤산증(ketoacidosis) 때문이다. 케톤체인 아세토아세트산과 β-하이드록시부티르산은 산성이 강하기 때문에, 혈중 케톤체 농도가 높아지면 혈액이나 체액이 산성으로 변하는 현상이다.

인슐린이 부족한 상태에서 지방 대사가 증가하여 혈중 케톤체가 축적되어 케톤산증이 발생할 수 있는데, 심하면 의식장애가 오거나 사망에 이를 수도 있다. 특히 당뇨병 환자의 경우 혈중 케톤체 농도 상승은 당뇨병을 더욱 악화시키는 것으로 알려져 있다. 그러나 인슐린의 기능이 건강한 사람들에게는 케톤체는 위에서 열거한 테츠오 박사의 주장처럼 매우 안전한 에너지원이다. 케톤체는 간과 적혈구를 제외한 모든 체내조직에서 쉽게 흡수되어 acetyl-CoA로 변환되어 TCA 회로에 들어가게 되면 미토콘드리아에서 산화되어 에너지를 얻는다. 아세토아세트산과

β-하이드록시부티르산은 대사 후 신장을 통해 소변으로 빠져나가고 아세톤은 호흡으로 배출된다.

간세포에는 미토콘드리아에서 케톤체를 이용하여 에너지를 생산하기 위해서 꼭 필요한 효소가 없고 적혈구에는 미토콘드리아 자체가 없어서 케톤체를 이용할 수 없다.

케톤식 식단으로 질병을 치료하려는 노력은 이미 1920년대부터 소아 뇌전증(epilepsy) 치료에 적용하는 것으로 시작되어 최근 연구에서 소아 뇌전증 환자의 발작 횟수를 크게 줄였다는 보고가 있고[48][49] 최근에는 망막변성 예방 효과가 보고되었다. 케톤식 식단에 관심이 많은 일본에서 제안된 케톤식 식단의 기본 원칙은 칼로리 계산은 하지 않고, 탄수화물 섭취는 하지 않으며, 단백질은 하루 60g만 먹고, 채소로 섬유질과 미네랄을 보충하며 코코넛오일을 한두 숟갈 섭취한다는 것이다.[46] 당뇨병이나 심장 질환이 있는 사람들의 경우 케톤체가 생산하는 ATP 생산 능력이 지방산이 산화될 때보다 더 많다는 연구 보고도 있다.[50]

최근 국내 일부 병원에서도 약물로 조절이 잘되지 않는 난치성 뇌전증 소아에게 시도할 수 있는 치료 방법의 하나로 케톤 생성 식사요법(케톤식, ketogenic diet)이 적용되고 있다.

지방회피 식단을 주장한
키스(Keys)와 쿰머로우(Kummerow)

키스   쿰머로우

현재 영양학적 권고의 중심에는 저지방 식단이 잘못된 이론일 가능성이 높다고 인지하기 시작되었지만, 여전히 지방을 적게 섭취하고 포화지방 함량이 많은 적색 육류의 섭취는 금기시되고 있는 게 사실이다.

캐나다 극지방에서 사는 이누이트족은 식단에서 지방이 차지하는 비율이 70~80%로 높은 데다 지방이 특히 많은 부위를 골라서 먹는데도 비만이나 다른 질병은 찾아볼 수가 없다고 한다.

많은 연구 결과에서도 고지방식과 심장 질환과의 상관성을 입증하는 데 실패하였음에도 고지방 식단, 특히 포화지방의 섭취를 피해야 한다는 주장을 1950년대부터 평생 주장해 온 저명한 과학자가 있는데 바로 미국 미네소타 대학교수였던 앤설 키스(Ancel B. Keys, 1904~2004) 교수였다.

키스는 식단과 질병과의 관계에서 가장 영향력 있는 연구자였는데 지방을 섭취하지 않으면 심장 질환이 사라진다고 주장하였다. 처음에는 모든 지방이 나쁘다고 주장하였으나 콜레스테롤을 증가시키는 포화지방의 섭취를 금지하여야 한다고 수정하게 된다. 키스의 주장을 1961년 미국심장협회에서 받아들여 심장병을 예방하기 위해서는 저지방 식단을 권고하기에 이르렀다. 그러나 20년이 지난 1984년 키스 자신이 직접 참여한 연구에서도 포화지방의 섭취와 질병의 유병률과의 연관성을 설명하기 어려운 결과를 얻었음에도 주장을 굽히지 않았다. 저지방 식단을 평생 주장하던 키스는 100세까지 장수하면서 자신의 주장을 마지막까지 전파하였다.

　미국 일리노이대학의 프레드 쿰머로우(Fred A. Kummerow, 1914~2017) 교수는 트랜스지방의 해를 평생 주장한 과학자로서 키스와 함께 식단-심장 질환 연구계의 거물이었다. 그는 다른 모든 건강 단체에서 트랜스지방에 대한 경고를 해 왔으나 회피해 오던 미국심장협회가 트랜스지방에 대한 경고를 하도록 노력하였다.

　트랜스지방을 쓰는 대형 식품업체와 식용유 협회 등의 압력에 굴하지 않고 쿰머로우는 평생 외롭게 트랜스지방이 심혈관계 질환을 유발한다는 위험성을 알리는 데 노력하였다. 그 결과 현재는 미국 전역에서 사용이 금지되고 FDA의 강력한 규제 대상이 되었다. 98세에도 논문을 발표할 정도로 열정적이었던 쿰머로우는 103세까지 장수하였다.

2장

백색지방

White fat

백색지방
white fat

• • •

　백색지방조직(white adipose tissue)은 에너지의 저장 기능, 열 손실을 감소시키는 단열 기능, 그리고 내부 기관에 대한 물리적 완충 기능, 각종 신호 전달 물질들을 생산하는 내분비 기능 등을 수행한다. 백색지방조직은 하나의 지질 방울 안에 에너지를 저장하여 세포의 독성을 방지해 주는 지방세포(adipocyte)와 미세혈관 내피세포, 내막세포, 섬유아세포, 근육세포, 지방 전구세포, 면역세포들로 구성된 기질 혈관 분획(stromal vascular fraction, SVF)으로 구성되어 있다.

　다른 세포들에 비해 백색지방세포는 크기가 커서 백색지방조직 전체에서 백색지방세포의 비율은 20~40%이고, 각 지방세포는 세포 부피의 약 90%를 차지하는 한 개의 지질 방울로 채워져 있다. 최근에는 이 기질 혈관 분획에 간엽 줄기세포가 포함되어 있어 적절한 환경과 조건에서 연골, 뼈, 근육 등의 다른 조직으로 분화가 가능하다. 성체줄기세포 중에서 가장 얻기 쉽고 풍부하게 얻을 수 있는 곳이 지방조직이기도 하다. 또한 기질 혈관 분획에 지방세포의 원기 세포(progenitor)가 존재하는 것이 밝혀졌다.[1]

　지방을 과도하게 섭취하면 에너지원으로 사용하고 남은 지방은 체내에 축적되게 되는데 주로 복부, 엉덩이, 허벅지 등에 분포된 백색지방 조직에 축적된다. 인체에서 백색지방의 양은 성인 남성의 경우 체중의 6~25%, 성인 여성의 경우 14~35% 정도이다. 정상인 몸무게의 평균 10~20%가 백색지방조직이고 비만인의 경우는 40~70%에 이른다. 여성이 남성에 비해 지방을 축적하려는 경향이 더 큰 이유는 인간의 아기가 보통 뚱뚱한 상태로 태어나고 아이의 뇌는 많은 지방으로 채워져 있는 것으로 볼 때 임신, 출산과 연관성이 크다.

전체 백색지방조직은 지방세포의 분화, 증식, 팽창과 사멸에 의해서 결정되는 동시에 지질 방울 내에 트리글리세라이드 저장과 분해(lipid turnover)에 의해서 조절된다.

2004년 미국의 과학자들이 지방조직에 저장된 트리글리세라이드와 지방세포의 반감기를 측정해 본 결과 각각 200~270일, 240~425일인 것으로 나타났다.[2] 이 자료로 계산해 보면 인체의 지방세포는 일 년에 약 10%씩 교체되고 있는 셈이다.

백색지방세포의 숫자는 사춘기가 지나면서 증가하지 않는 것으로 알려져 왔으나, 최근 연구에서 칼로리 섭취가 과도하면 숫자도 크기와 함께 증가한다는 보고가 있어 고도 비만 환자들은 백색지방세포의 크기와 숫자 모두 정상인에 비해 과도하게 증가한 상태가 된다. 비만 환자들에게서 나타나는 지방세포의 크기가 증가한 상태를 비대증(hypertrophy), 숫자가 증가한 상태를 과형성(hyperplasia)이라고 한다.

비만인의 평균 백색지방세포의 크기(평균 직경 120μm)는 정상인(75~80μm)의 약 두 배 정도로 커져 있는데, 커질수록 염증 분자들을 더 많이 분비한다. 청소년들의 경우 지방세포는 대사가 활발한 상태여서 지방 생성과 소실이 균형을 잘 이룰 수 있지만 60대 전후가 되면 지방 생성이 과도하게 되어 비만하기 쉬운 상태가 된다.

지방세포의 크기가 커지고 숫자가 늘어나게 되면 지방조직은 아디포넥틴 분비를 감소시키고 TNF-α, IL-6와 같은 많은 염증 사이토카인 분자들을 분비하면서 염증 반응을 일으킨다. 그중에서 단핵구 유인 단백질(monocyte attractant protein)이 혈류 중에 분비되면 대식세포가 침투해 들어와 염증을 악화시킨다. 이 상태가 되면 지방세포로 유입된 유리 지방산들은 지방조직에 저장되지 않고 간이나 근육 등에 침착되어 인슐린 저항성을 일으킨다.

인체가 잉여 에너지를 저장하는 방법은 간에 글리코겐(glycogen)을 저장하는 것과 백색지방세포에 트리글리세라이드를 저장하는 것인데, 보통 건강한 성인의 경우 글리코겐 형태로 저장할 수 있는 에너지는 최대 2,500 kJ인 데 비해 트리글리세라이드 형태로 저장할 수 있는 최대 에너지양은 500,000 kJ 이상이다(1cal=4.2J). 글리코겐 1g이 저장될 때는 3~5g의 수분이 함께 저장되어야 하는 데 비해 물과 결합하지 않는 지방이 저장될 때는 순수하게 지방 성분만 저장되기 때문에 더 많은 양이 저장될 수 있다. 수천 킬로미터를 비행해야 하는 철새들의 체중 절반 가까이가 지방으로 채워져 있는 이유가 에너지 비축을 많이 할 수 있기 때문이다. 낮은 저장 효율에도 글리코겐 형태로 에너지를 저장하는 이유는 고강도 활동에서 필요한 무산소 대사에 이용이 가능하고 뇌, 태아가 선호하는 포도당을 공급할 수 있기 때문이다.

백색지방세포의 기원에 관해서는 아직도 많은 논쟁이 있다. 지방세포의 전구세포(progenitor cells), 지방조직 모세혈관 혈관 벽을 구성하는 주피세포(pericyte), 또는 내피세포(endothelial cell)에서 기원한다는 보고가 있다.[1] 특별하게 분화된 내피세포가 지방세포 전구세포(preadipocyte)가 되

고 중간엽줄기세포(perivascular mesenchymal stem cell)화되어 특정한 신호
전달에 의해 지방세포가 생성된다는 설이다.[3] 중간엽줄기세포에서 백색
지방세포로 분화하는 운명을 결정하는 조절인자는 PPARγ이다.

백색지방의
종류

· · ·

백색지방은 크게 피하지방(subcutaneous fat[*])과 내장지방(visceral fat)으로 나누지만, 골수지방(bone marrow fat)도 포함할 수 있다. 심장의 외막층에 축적되는 지방(epicardial fat)도 백색지방이다(그림 2-1).

피하지방(subcutaneous fat)

피하지방은 진피(derma)와 근막(fascia) 사이의 피하조직(hypodermis)에 위치하는데 영양분의 저장 및 지방 합성, 외부로부터 열의 차단 및 충격 흡수 등의 역할을 담당한다. 피하지방은 성별, 나이, 신체 부위에 따라 두께가 다른데 일반적으로는 여성이 남성에 비하여 두껍고 중년으로 갈수록 허리 부위의 피하지방이 두꺼워진다. 피하지방은 가장 중요한 기능인 신체의 보호 외에도 내장지방과 같이 내분비 기관의 역할들을 수행하는데, 렙틴과 아디포넥틴과 같은 호르몬을 분비한다. 특히 해상 포

---

[*] subcutaneous는 라틴어로 'beneath the skin'이란 뜻이다.

유동물들에게 피하지방은 물로부터 체온이 빼앗기는 것을 방지해 주는 훌륭한 단열재이다. 왜냐하면 육상동물에 비해 물속에서는 25배나 빠르게 체온을 잃기 때문이다.

내장지방이 각종 면역세포가 분비하는 염증성 분자들에 의해 대사 질환에 노출되는 데 비해 피하지방은 그 정도가 매우 낮다.[4] 피하지방에서는 감마아미노부티르산(GABA)을 생성할 수 있는데 GABA 신호 전달 경로는 항염증성 반응을 매개한다.[5]

피하지방은 크기가 작은 지방세포를 가지고 있어서 지방산과 트리글리세라이드 흡수 속도가 빨라 지방조직 외에서 지방이 축적되는 것을 방지해 주기도 한다.

피하지방형 비만은 여성에게 더 많이 나타나는데 여성 호르몬 수용체 (estrogen receptor)가 피하지방에 더 많이 분포되어 있다. 폐경기 이후 여성 호르몬이 감소하게 되면 남성 호르몬 수용체(androgen receptor)가 더 많은 내장지방에 지방이 축적되어 내장지방형 비만으로 바뀐다.

피하지방은 천천히 체내에 축적되는 성질을 가지고 있어 제거하는 데에도 충분한 시간이 필요하다. 내장지방에 비해 베타아드레날린 수용체 분포가 적고 인슐린 작용(지방 분해 억제)에 대한 민감도가 강해서 분해되기 어려운 성질을 갖고 있다.

따라서 내장 지방량이 증가하면 심각한 비만을 유발하는 데 비해 피하지방은 렙틴 분비도 많고 인슐린 저항성과 같은 비만으로 인한 질병을 유발하는 정도가 크게 낮아서 일부 연구자들은 건강에 도움을 주는 지방이라는 표현을 사용하고 있다.[6] 실제로 흉, 복부를 제외한 피하 지방량이 증가한 비만 환자는 대사 질환과 상관이 없다는 연구 결과가 있다.[7]

또한 내장지방 일부를 제거하고 그 자리에 피하지방을 이식한 결과 체중 증가가 감소하였고 인슐린 저항성을 완화시켰다고 한다. 그러나 피하지방도 내장지방과 마찬가지로 심혈관 질환의 원인이 된다는 연구 보고가 있어서[8] 과도하게 축적되면 비만의 원인에서 제외될 수는 없어 보인다.

정상인의 경우 피하지방의 비율이 전체 지방량의 약 80~90%이고 내장지방이 10% 전후지만 비만과 노화가 진행되면서 이 비율이 뒤바뀌게 된다. 여성의 경우 피하지방은 나이가 들수록 대사 질환 위험을 높이지만 남성의 경우는 나이와 무관하다는 연구 결과가 있다.[9]

피하지방형 비만은 내장지방형 비만과 달리 지방 흡입 수술과 같은 체형교정술을 통해서도 치료 효과를 볼 수도 있겠지만 꾸준한 운동을 통해서 줄이는 것이 바람직하다.

지방이 축적되는 순서는 가장 먼저 피하지방, 그다음에 내장지방 그리고 마지막으로 간, 근육, 췌장 등에 쌓인다. 간과 근육에서처럼 지방조직 외에 쌓이는 지방은 장기의 고유 기능을 방해해서 지방간, 당뇨병, 심근경색, 뇌혈관 장애 등의 질환을 유발하는 원인이다.

내장지방(visceral fat)

내장지방은 위에서부터 복강 내 인접 장기로 연결되는 복막의 주름 주위(omentum)에 축적되는 지방(omental fat)으로 내장 사이를 연결하는 장간막에 많이 쌓이게 되면(mesenteric fat) 복부 비만이 유발된다. 정상인 남성의 내장 지방량은 약 10~20%인데 비해 여성은 5~8% 정도로 적은 편이다. 내장지방조직에 존재하는 백색지방 전구세포(progenitor)는 증식과 분화 속도가 다른 지방조직보다 빠르고, 분화되면서 크기가 커지기 쉽다는 특성이 있다. 피하지방은 지방세포의 숫자가 늘어나면서 (hyperplasia) 증가한 데 비해 내장지방은 크기가 커지면서(hypertrophy) 늘어나 대사 질환의 원인이 된다.

내장지방은 피하지방과는 달리 과도하게 축적되면 고지혈증, 당뇨병 등 각종 대사 질환의 원인이 된다. 내장지방은 간과의 접촉이 쉬워서 아디포카인과 지방산이 간으로 유입되어 간에서 염증 물질들을 더 많이 분비하여 지질대사에 나쁜 영향을 미칠 뿐 아니라 암의 원인이 되기도 한다. 실제로 내장지방을 엉덩이에 이식하면 각종 대사장애가 발생한다는 연구 결과도 보고된 바 있다.

임상에서는 내장지방 대신 복강 내 지방(intraabdominal fat)이란 용어를 사용하는 경우가 있는데, 이는 다시 복막 내 지방(intraperitoneal 또는 visceral fat)과 후복막 지방(retroperitoneal fat)으로 나눈다. 복막 내 지방과 후복막 지방의 비율은 대략 7:3 정도인 것으로 알려져 있고 일반적으로 각종 대사 질환의 원인이 되는 내장지방은 복막 내 지방을 의미한다.

내장지방조직에는 베타아드레날린 수용체가 많이 발현되고 인슐린 작용에 저항성이 있어 지방 분해가 잘되기 때문에 피하지방보다 줄이기가 쉽다.[10] 지방 분해를 촉진하는 베타아드레날린 수용체 민감도는 남성이 여성보다 12배 높고 지방 분해를 억제하는 $\alpha2$ 아드레날린 수용체에 대한 민감도는 17배 낮다는 연구 결과가 있다.[11] 그러나 지방 분해가 잘된다는 것은 혈중 지방산 농도가 높아 지방조직 외에서 지방을 더 축적되게 하는 원인이 될 수도 있다.

내장지방은 피하지방에 비해 렙틴과 아디포넥틴 같은 좋은 아디포카인들의 분비가 적고 인터루킨 6(IL-6)과 같은 인슐린 작용을 방해하는 염증성 사이토카인을 더 많이 분비하므로 대사 질환 위험이 더 큰 것이다.[12] 만성 스트레스는 코티솔을 분비하여 식욕 증가로 내장비만을 증가시키는 원인이 된다.

내장지방은 아디포넥틴의 작용을 방해한다. 아디포넥틴은 지방세포에서 분비되어 당의 대사를 촉진해 혈당을 조절하고 혈관을 확장해 혈압을 낮추며, 세포벽을 복구하여 혈관 건강을 지켜주는 등 인체에서 중요한 역할을 하는 호르몬이다.

여성의 백색지방은 주로 둔부, 가슴, 넓적다리 주변에 잘 축적되는데 사춘기 여성들은 피하 지방량이 많고 폐경기가 지나면서 복부 지방량이 증가한다. 여성의 지방에는 태아 발달과 영양 공급에 중요한 성분이 되는 장쇄 불포화지방산이 많이 함유되어 있어 부드럽다. 이런 이유로 여성의 몸에 있는 지방을 가이노이드 지방(gynoid fat)*이라 부르기도 한다. 여성의 내장지방 축적은 남성에 비해 각종 대사 질환의 원인이 되는 정도가 더 크다고 알려져 있다.[9]

한편 남성들은 나이와 무관하게 복부, 특히 내장지방이 많다. 인종별 지방이 축적되는 정도도 차이가 있다고 알려져 있는데 우리나라 사람들과 같은 극동아시아 민족들이 특히 내장 지방량이 최고 수준이라고 한다.[13]

나이가 들수록 남녀 모두에게서 내장지방이 대사 질환의 위험도를 높이는데 근육이 부족한 것도 원인이다.[9] 따라서 나이가 들수록 근육량을 늘려서 지방을 에너지원으로 사용하는 것이 대사 질환 예방을 위해 중요하다. 동시에 지방을 합성하는 원료인 탄수화물 섭취를 줄여야 한다.

피하지방은 부드러운 조직이라서 심할 경우 지방흡입술(liposuction)을

---

* 가이노이드는 부드러운 재질로 만들어진 여성형 로봇을 말한다.

통해 인위적으로 제거하는 것이 가능하지만 내장지방을 줄이는 방법은 운동과 식이요법뿐이다.

내장지방량의 자기 진단법은 뱃살을 직접 만져보는 것인데, 피하지방이 많으면 상대적으로 뱃살이 물렁물렁해서 손으로 잘 잡히고, 내장지방이 많으면 딱딱해서 잘 잡히지 않는다. 또한 복부 형상만으로도 자가 진단이 가능한데 윗배는 들어가고 아랫배만 볼록 나왔다면 피하지방이 쌓이고 있는 단계이고 배 전체가 공이 들어가 있는 것처럼 둥글게 나왔다면 내장지방이 많이 쌓였을 가능성이 크다. 배꼽을 중심으로 윗배와 아랫배가 모두 나와 울룩불룩 접힌 뱃살을 지니고 있다면 내장지방과 피하지방이 모두 쌓인 상태로 가장 위험한 상태라 하겠다.

허리둘레로도 자가진단이 가능한데, 배꼽 주변의 살집이 가장 두꺼운 부위의 둘레가 남성은 90cm 이상, 여성은 85cm 이상이면 내장지방이 쌓여있을 가능성이 크다. 그러나 정확한 진단을 위해서는 CT, MRI, DEXA와 같은 측정 장비를 이용하는 것이 바람직하다.

활용도가 비교적 높은 CT를 이용하면 복부의 총지방과 내장지방을 비교적 정확하게 측정할 수 있는데, 복강 내 지방 축적의 지표로는 내장지방 면적과 내장지방 면적/피하지방 면적의 비율이 사용되며 전자가 더 좋은 지표로 알려져 있다. 비만 관련 질환의 위험에 대한 내장지방 면적에 대한 기준이 명확하지는 않지만, 일본인을 대상으로 한 연구에서는 내장지방이 100㎠ 이상일 때 심혈관 질환의 위험이 증가한다고 보고되고 있다.[14]

피하지방과 내장지방은 같은 백색지방임에도 불구하고 유전자 발현 패턴은 완전히 다르고 피하지방이나 내장지방 모두 백색지방조직을 이루고 있는 개별 지방세포들은 이질성을 나타내어서 포도당 및 지방의

흡수 속도, 지방 합성 속도 및 호르몬에 대한 반응 등이 제각기 다른 것으로 최근에 밝혀졌다.[15]

최근 국내 연구팀이 내장지방이 피하지방보다 해로운 지방조직으로 작용하는 원인을 조사한 결과, 비만 시 내장지방 줄기세포군은 지방조직의 증가를 유도하고 염증 반응과 섬유화를 유발하여 지방조직 기능을 악화시킨 데 비해, 피하지방 줄기세포군은 지방조직의 에너지 소비를 촉진하고 염증 반응을 억제하여 지방조직 기능을 개선하였다는 사실을 발견하였다.[16]

골수지방(bone marrow fat)

골수지방은 1898년 영국의 Stockman 박사에 의해 발견되었으나[17] 연구가 거의 이루어지지 않고 있다가 100년이 지난 2000년대에 이르러 그 기능에 관한 연구가 활발해지기 시작했다.

골수지방은 뼈의 안쪽 공간(cavity) 속에 존재하는데 골수줄기세포에서 유래하며, 전체 골수 구성 성분 중의 약 70%를 차지하고 건강한 성인의 경우 전체 지방의 약 10% 정도를 차지한다. 골수는 구성 세포의 비율에 따라 적골수(red bone marrow)와 황색골수(yellow bone marrow)로 구분되는데 적골수는 대부분 조혈세포로, 황색골수는 대부분 지방조직으로 구성되어 있다.

발견 초기 골수지방은 뼈의 구멍을 채워주는 충전제 정도로 인식되기도 했지만 많은 연구를 통해 에너지 저장, 내분비 기관 역할, 뼈의 대사, 뼈종양의 생성과 전이 등에 관여하는 것으로 알려져 있다.[18]

골수지방은 골수줄기세포(bone marrow mesenchymal stem cells)의 분화

과정에서 PPAR, FGF21 등의 전사인자가 활성화되면 뼈를 형성하는 골아(조골)세포(osteoblast)로 분화하지 않고 지방세포로 운명이 바뀌며 생성된다. 뼈가 되지 못한 지방인 셈이다.

골수지방은 태어날 때부터 형성되고 골수의 중요한 기능인 조혈(hematopoiesis) 기능이 나이가 들면서 저하되면 증가하기 시작한다. 또한 골밀도가 낮거나 영양 상태가 좋지 않을 때 증가하고 빈혈, 백혈병, 추위 노출, 운동 상태에서는 감소한다.[19] 특히 운동은 골수지방을 줄이는 동시에 골밀도를 증가시켜 주는데 골수지방을 에너지원으로 사용하여 뼈 생성에 기여한다.[20] 그러나 절식 상태에서는 운동이 뼈 건강에 영향이 없거나 부정적인 결과가 보고되었다.[21]

골수지방이 증가하게 되면 혈액의 형성을 억제한다는 점이 가장 심각한데, 골수가 지방세포로 가득 차 있을 때는 조혈 모세포들의 숫자가 줄어들고 분화도 감소한다는 것이다.[22]

골수지방세포는 갈색지방 특이 유전자들의 발현이 확인되어 갈색지방의 성격도 동시에 나타내는 것으로 보고되기도 했으나[23] 두 지방세포와는 뚜렷하게 구별되는 특징들이 많이 보고되고 있다.[24]

골수지방세포는 다른 백색지방세포보다 크기가 작은 편이지만 지방산 대사가 더 활발하게 이루어진다는 사실이 이미 오래전에 보고되었다.[25]

골수지방조직은 비만 상태에서 지방세포의 크기와 수가 증가한다는 점에서는 다른 백색지방조직과 같지만, 염증, 인슐린 반응성 등에서는 다른 기능을 하는 것으로 보고되었다. 즉, 비만 상태에서 다른 백색지방 조직은 염증 반응이 촉진되고 인슐린 저항성이 발생하지만, 골수지방조직에서는 반대로 염증 관련 유전자들의 발현이 오히려 감소하고,[26] 인슐린 신호 전달에서 핵심 역할을 하는 Akt 인산화 정도도 정상 수준인 것으로 나타났다.[27] 이 결과는 골수지방이 감염과 같은 상황에서 골수의 기능 유지에 어떤 역할을 하고 있다는 점을 시사해 준다.

근육에 흡수되는 포도당 중 30%가량이 골수에 흡수되어 골수지방조 직 내에서 트리글리세라이드 형태로 합성되어 저장되는데, 골수에서 조 혈 기능을 포함한 골수의 기능 유지를 위한 에너지원으로 사용되는 것 으로 생각된다.[28]

골수지방의 중요성이 증가하면서 2018년에 국제 골수지방학회(The International Bone Marrow Adiposity Society)가 구성되어 활발한 연구 활동이 이루어지고 있다.

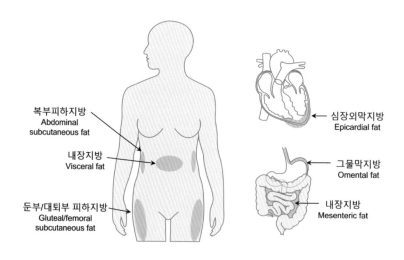

복부피하지방
Abdominal
subcutaneous fat

내장지방
Visceral fat

둔부/대퇴부 피하지방
Gluteal/femoral
subcutaneous fat

심장외막지방
Epicardial fat

그물막지방
Omental fat

내장지방
Mesenteric fat

[그림 2-1] 인체의 주요 백색지방 분포

백색지방이 과도하게 축적되면 지방세포는 염증 반응을 일으키게 되 는데, 이때 분비되는 염증 사이토카인(MAP1, TNF-α, IL-6 등)은 증가하고 아디포넥틴은 감소하게 되는데 염증 반응이 일어난 지방세포는 지방을 저장하는 대신 분해를 촉진하여 지방산이 혈류를 타고 다른 세포로 전달되어 축적됨으로써 지방독성(lipotoxicity)을 일으킨다. 이 상태가 되면 인슐린 저항성으로 당뇨병이 유발되고 암의 원인까지 된다. 특히 대장암, 폐암, 전립선암은 비만이 원인 제공을 한다는 연구 결과가 보고된 바있다.[29]

지방세포의 형성
adipogenesis

• • •

지방 전구세포(preadipocyte)가 지방을 저장할 수 있는 형태로 분화하는 과정을 adipogenesis라고 한다. 지방세포의 분화는 전구세포가 세포분열이 중지되고 나서 세포 성장이 정지되고 지방 입자가 형성되면서(adipogenesis) 성숙해 나가는 과정을 밟는다. 지방세포는 중간엽줄기세포에서 발생하는데, 이후 Myf5(myogenic factor 5) 유전자가 없는 전구세포가 백색지방으로 분화된다.[3) 지방세포의 분화는 여러 종류의 호르몬 작용과 많은 종류 전사인자의 상호작용으로 매우 복잡하게 일어난다.

지방세포의 분화에서 인슐린은 중요한 역할을 하는데 지방 전구세포는 인슐린 자극으로 지방세포로 분화를 시작한다. 이 과정에서 PPARγ, C/EBPα, C/EBPβ, C/EBPδ 등의 전사인자들의 발현이 증가한다. C/EBPβ, C/EBPδ 등은 분화 초기에, C/EBPα는 분화 후기에 발현되고 PPARγ는 지방세포의 분화에서 가장 중요한 전사인자로서 결핍되면 분화가 중단된다(그림 2-2).

C/EBPα와 PPARγ는 백색지방의 분화과정에서 백색지방 특이 유전자들의 발현을 조절하는 중요한 전사인자로 알려져 있다. 이들 전사인자 외에도 백색지방의 분화에 관여하는 전사인자들이 계속 밝혀졌는데,

Wnt, Foxo1, CREB, ADD1/SREBP-1c, Krüppel-like factor(KLF) 등이다.

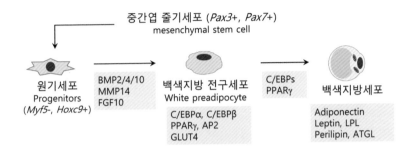

중간엽 줄기세포 (*Pax3+*, *Pax7+*)
mesenchymal stem cell

원기세포
Progenitors
(*Myf5-*, *Hoxc9+*)

BMP2/4/10
MMP14
FGF10

백색지방 전구세포
White preadipocyte

C/EBPα, C/EBPβ
PPARγ, AP2
GLUT4

C/EBPs
PPARγ

백색지방세포

Adiponectin
Leptin, LPL
Perilipin, ATGL

[그림 2-2] 백색지방세포의 분화

지방세포의 팽창
hypertrophy

• • •

지방세포가 지질을 많이 함유하여 팽창하는 과정에서 세포막에 있는 카베올라(caveola)*가 중요한 역할을 한다. 카베올라는 세포막에 존재하는 카베올린(caveolin) 단백질에 의해서 플라스크 형태의 작은 함입이 생겨 형성된 구조물인데, 활면소포체에서 생성되어 골지체를 거쳐 세포막에 자리 잡아 펼쳐지면서 세포막 팽창에 기여한다. 일반적인 세포막에는 인지질이 대부분이지만 카베올라에는 스핑고지질(sphingolipids)이 많이 함유된 것이 특징이다.

카베올라는 지방세포의 지질 방울에 지방의 유입이 증가하면 이를 감지하는 기능을 하고 있는데 지방세포막에 수십만 개가 형성되어 있어 지방세포 크기가 50% 정도까지 팽창될 수 있는 준비를 해 준다. 카베올라의 필수 지질 성분인 콜레스테롤은 지방세포가 팽창하면서 지질 방울 쪽으로 이동하게 되어 세포막에는 콜레스테롤이 부족한 상태가 된다. 이것은 세포막으로 이송되어야 할 포도당 운반 단백질(GLUT4) 수 부족을 초래하여 인슐린 저항성을 유발한다. 또한 카베올라는 세포막 팽창과 동시에 지질 방울 입자의 성장에도 관여한다는 것이 밝혀졌다.[30]

---

* 라틴어로 little cave란 의미이다.

지방의 합성
lipogenesis

• • •

지방 합성은 간에서만 일어나는 것으로 알려져 있었다. 그러다 2000년대 이후 많은 연구를 통해 간보다는 적지만 지방조직에서도 지방이 합성된다는 사실이 알려졌으나 여전히 논란이 존재한다. 예를 들면 지방 합성에 관여하는 유전자 및 단백질들이 지방세포에서 고탄수화물 식이에 의해 증가한다는 연구 결과와,[31] 변화가 없다는 결과가[32] 2003년도에 동시에 발표되었다. 이런 상반된 연구 결과에도 불구하고 인체 지방조직에서도 지방이 합성된다는 건 사실로 받아들여지고 있다. 지방세포에서의 지방 합성은 주로 간에서 형성된 VLDL 또는 장에서 형성된 카일로마이크론이 운반해 온 트리글리세라이드를 LPL이 분해하여 생성된 지방산으로부터 합성한다.

대부분의 체내에서 합성되는 지방은 에너지원으로 이용되고 남는 포도당을 원료 물질로 사용하여 간에서 일어난다. 지방 합성에 관여하는 많은 분자와 효소 이름들이 복합해서 이 책에서 모두 다룰 수는 없고 개요만 설명하고자 한다.

포도당이 세포 내로 유입되면 해당과정이 일어나 두 분자의 피루브산이 생성되면 미토콘드리아로 유입되어 TCA 회로에 들어가서 피루브산 환원 효소(pyruvate dehydragenase)에 의해 아세틸 CoA가 생성된다. 지방산으로 전환되는 아세틸-CoA의 대부분은 해당과정을 통해 포도당에서 유래한다. 아세틸 CoA는 지방산 합성의 출발 물질로서 카복실기(-COOH)가 결합된 말로닐 CoA(malonyl-CoA)가 된다. 마지막으로 복잡한 구조의 지방산 합성 효소(fatty acid synthase)와 결합하여 여러 단계의 화학반응을 거쳐 지방산이 생산된다. 3개의 지방산이 결합하여 에스테르 결합을 통해 최종적으로 트리글리세라이드를 형성하는 데 필요한 글리세롤도 해당과정을 통해 공급된다(그림 2-3).

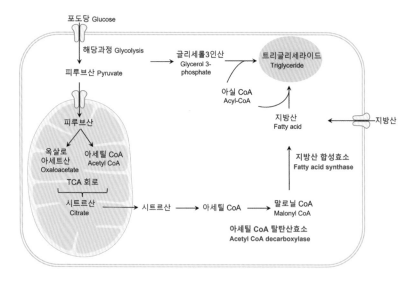

[그림 2-3] 지방 합성(lipogenesis) 경로
대부분 간에서 일어나고 지방세포에서는 간에서보다 적은 양을 합성한다.

지방을 저장하는 지질 방울
lipid droplet

• • •

　백색지방세포 안에는 지질에 의한 세포독성을 줄이기 위해 하나의 지질 방울 속에 트리글리세라이드(triglyceride, TG)와 스테롤 에스테르(sterol ester)를 저장하고 있다. 지질 방울은 백색지방세포 부피의 약 90% 이상을 차지하기 때문에(지질 방울의 약 65%는 트리글리세라이드) 다른 세포들과는 달리 백색지방세포의 핵과 미토콘드리아는 세포막 쪽으로 밀려나 기형적인 구조를 나타낸다.

　지질 방울은 지방세포의 소포체(endoplasmic reticulum) 이중 막 사이에 트리글리세라이드와 스테롤 에스테르가 쌓이면서 층의 구분이 일어나고(delamination), 지방이 점점 더 축적되면 렌즈(lens) 구조가 형성되면서 지질 방울이 소포체로부터 분리되면서 생성된다. 이렇게 생성된 지방 방울은 인지질 단일층(phospholipid monolayer)과 지방 분해 효소들과 이들을 조절하는 단백질들로 둘러싸여 있다. 과거에는 지질 방울을 리포좀(liposome), 지방체(lipid body, fat body), 아디포좀(adiposome) 등으로 불리기도 했다. 소포체 막에서 떨어져 나온 초기 지질 방울들은 내부에서 지방이 합성되어 축적되고 작은 입자들끼리 합쳐져서 하나의 거대한 지질 방울이 형성된다. 지질 방울의 생성에는 DGAT1(diacylglycerol acyltransferase 1)과 DGAT2라는 효소가 핵심적인 역할을 한다.

지질 방울은 지방세포에서뿐만 아니라 간과 근육세포 등에서도 생성되고 심지어 미생물의 몸 안에서도 생성되는데, 그 기능은 서로 조금씩 다르다. 지방세포에서 지질 방울은 지방을 저장하는 중요한 기능 외에도 막의 합성과 단백질분해 등의 기능도 수행한다.[33] 최근 연구에서는 지질 방울이 인체를 감염시킨 병원균이나 바이러스의 영양원 역할을 하기도 하지만 독소에 감염된 세포에서 항바이러스 및 항생물질로 지질 방울을 채워 박테리아 독소를 제거한다는 연구 결과도 보고되었다. 따라서 지질 방울을 이용한 의약품 개발도 가능할 것으로 보인다.

지질 방울 표면은 단층의 인지질로 구성되어 있고, 페리리핀(perilipin) 단백질이 둘러싸고 있다. 페리리핀은 1991년 미국의 연구팀에 의해 발견된 후 지금까지 5종의 페리리핀(perilin 1~5)이 발견되었는데[34] 지방세포에서는 주로 페리리핀 1이 많다. 효모의 지질 방울에서는 패리리핀이 존재하지 않는 것으로 보아 페리리핀이 지방 입자를 생성하는 데 반드시 필요한 것은 아니다. 페리리핀은 지방 분해가 일어날 때 지방 분해 효소들을 통제하는 역할을 한다.

지방 분해
lipolysis

• • •

지방 분해는 기초 지방 분해(basal lipolysis)와 촉진된 지방 분해 (stimulated lipolysis) 두 가지로 나눈다. 기초 지방 분해는 호르몬 자극 없이 지질 방울 또는 세포질에 존재하는 지방 분해 효소들에 의해 지방 분해가 일어나는 것인데, 지방세포의 성장과 혈중 지방산 농도를 조절하는 지방 대사의 기본 메커니즘이다.

배가 고픈 상태이거나 체내에 에너지가 필요한 상황이 되어 인슐린 농도가 낮은 상태로 떨어지게 되면 뇌에서 전달된 호르몬이 아드레날린 수용체를 자극하여 지방 분해 효소들을 활성화시키며 지방 분해가 촉진되는데, 기초 지방 분해에 비해 분해 속도가 훨씬 빠르다. 인체에서 기초 지방 분해는 내장지방보다 피하지방에서 더 활발하고 촉진된 지방 분해는 내장지방에서 더 활발하게 일어난다. 내장지방에 혈관과 신경이 더 많이 분포되어 있어 대사 활동이 활발하기 때문이다.

여기서는 지방세포의 열발생 경로와 연계되는 촉진된 지방 분해에 대해 상세히 설명하고자 한다. 지방 분해를 촉진하는 호르몬으로 뇌의 시상하부에서 분비된 노르에피네프린(norepinephrine)이 지방을 분해하라는 명령을 지방세포에 전달한다. 명령받은 지방세포막의 베타아드레날린 수용체가 활성화되면 G 단백질의 *α*s 소단위체가 cAMP를 생산하는 아데닐산 고리화 효소(adenylyl cyclase)를 활성화해 cAMP 농도가 증가하여 단백질 인산화 효소(protein kinase A, PKA)가 활성화된다.

PKA는 연속적으로 지질 방울에 존재하는 페리리핀과 호르몬 감수성 지질 분해 효소(hormone-sensitive lipase, HSL)를 인산화시켜 세포질에 있는 HSL이 지질 방울 표면에 접근하도록 한다(지방 분해가 일어나지 않는 상태에서는 지방 입자 표면에 존재하는 페리리핀 단백질은 HSL 효소의 접근을 막고 있다).

세포질에 존재하는 HSL은 저장된 트리글리세라이드로부터 최종 에너지 산물인 지방산을 생성할 때 두 번째 단계에 작용하는 효소로서 디아실글리세롤(diacylglycerol)을 모노아실글리세롤(monoacylglycerol)로 가수분해하는 작용을 촉매한다. HSL가 인산화되면 지질 방울 표면으로 이동하고 인산화된 페리리핀은 자신과 결합하고 있던 CGI 단백질을 분리시킨다. CGI는 지방 분해 첫 단계 작용 효소인 지질 분해 효소(adipose triglyceride lipase, ATGL)와 결합하여 활성화함으로써 지질 분해가 촉진되는데, 트리글리세라이드가 다이글리세라이드로 분해된다(그림 2-4).

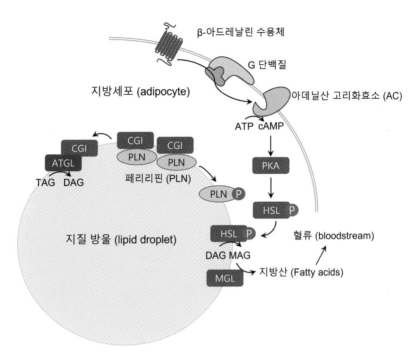

β-아드레날린 수용체

G 단백질

지방세포 (adipocyte)

아데닐산 고리화효소 (AC)

ATP cAMP

CGI
CGI
CGI
PLN
PLN
ATGL
TAG DAG
페리리핀 (PLN)

PLN Ⓟ

PKA

HSL Ⓟ

지질 방울 (lipid droplet)

HSL Ⓟ

혈류 (bloodstream)

DAG MAG

지방산 (Fatty acids)

MGL

[그림 2-4] 베타아드레날린 수용체 활성화에 의해 촉진된 지방 분해 경로
(Ⓟ: 인산화된 (phosphorylated) 단백질)

2004년에 ATGL이 발견되기 전까지 지방 분해는 대부분 HSL에 의존하는 것으로 이해됐었다. ATGL이 결핍되면 지방 분해율이 75% 감소한다는 연구 결과로 볼 때, ATGL은 지방 분해 핵심 효소이고 HSL과 함께 전체 지방 분해의 약 95%를 담당한다.

그러나 지방 분해가 억제되어야 하는 경우에는 인슐린 작용과 별도로 $\alpha2$ 아드레날린 수용체가 활성화되어 G 단백질의 αi 소단위체가 아데닐산 고리화 효소 활성을 저해시키게 되면 cAMP 농도감소로 PKA 활성이 억제되어 지방 분해가 억제된다(그림 2-5). 이 과정은 인슐린 작용에 의해서도 동일하게 일어나는데 인슐린이 인슐린 수용체에 결합하면 AKT 분

자가 활성화되고 cAMP를 분해하는 PDE3B(phosphodiesterase-3B) 효소
작용(cAMP 분해)을 증가시킴으로써 cAMP 농도가 줄어들게 되어 PKA가
억제되고 지방 분해가 감소한다.

cAMP/PKA 경로와 유사하게 포유류의 심장에서 생성되는 나트륨이
뇨펩티드(natriuretic peptide) 또한 지방세포막에 존재하는 자신의 수용체
와 결합하면 cGMP 농도를 증가시켜 PKG를 활성화시키고 페리리핀 1
을 인산화시켜 지방 분해를 촉진한다(그림 2-5).

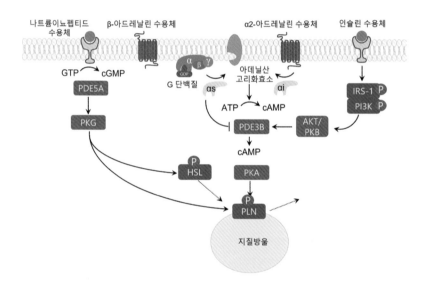

[그림 2-5] 지방세포에서 지방 분해 신호 전달 경로
(Ⓟ: 인산화된 phosphorylated 단백질)

실험용 쥐와 같은 설치류에서는 β3 아드레날린 수용체 활성화에 의
해, 인체에서는 β2 수용체의 활성화에 의해 지방 분해가 촉진되는 것으

로 알려져 있다. 비만한 사람을 대상으로 한 실험에서 $\beta2$ 수용체 민감도는 정상인보다 70% 정도 낮고 수용체의 수도 50%가 감소한다고 한다. 그러나 최근 $\beta3$ 수용체가 인체의 지방세포에서도 발현된다는 많은 보고가 있어 지방 분해 증가에 의한 열 생성 촉진 목적으로 $\beta3$ 아드레날린 수용체 항진제인(과민성 방광염 치료제로 사용해 오던) 미라베그론(mirabegron) 약물 효과에 대한 연구가 수행되었다.[35]

cAMP의 발견과 노벨상

c AMP   서더랜드

(사진: Wikimedia Commons)

어떤 세포가 인근 세포에 신호 전달할 필요가 있을 때 자신이 분비한 물질을 "1차 메신저"라 한다. 전하를 띄는 등의 이유로 인근 세포 내로 직접 들어올 수가 없을 경우 인근 세포의 수용체에 결합하게 되고 세포 내로 신호 전달이 일어나서 cAMP와 같은 "2차 메신저"가 생성되는 것이다. cAMP는 1957년 아드레날린의 신호 전달 물질로 미국의 서더랜드(Earl W. Sutherland) 박사에 의해 처음 발견되었고, 1958년에 합성 효소인 아데닐산 고리화 효소(adenylyl cyclase)와 분해 효소인 PDE(phosphodiesterase)가 발견되었다.

서더랜드 박사는 1947년 글리코겐 합성 경로 규명으로 부인인 저티 고리(Gerty T. Cori) 박사와 함께 노벨상을 받은 칼 고리 박사(Carl F. Cori)의 지도로 센트루이스 워싱턴의대에서 박사학위를 받고 고리 박사 연구실에 박사 후 연구원으로 들어가 글리코겐 합성 과정에서 호르몬의 역할을 연구하였다. cAMP 발견 공로로 서더랜드 박사도 1971 노벨 생리의학상을 수상하였다.

지질 방울은 이처럼 지방세포 내부에서 지방이 분해되지만 특정한 신호 전달이 있을 경우 리소좀(lisosome)에서 분해가 일어나기도 한다. 이런 자가포식작용(autophagy)은 지질 분해 효소가 부족한 간세포에서 더 많이 일어나는데 이 기능이 부족하면 지방간(steatosis)이 일어난다.

이렇게 분해된 최종 산물인 지방산은 혈액의 알부민(albumin)과 결합하여 골격근이나 심장 등 에너지가 필요한 조직으로 운반된다. 세포 속으로 이동된 지방산은 세포호흡을 통해서 ATP를 생성해서 에너지로 쓰인다.[33]

인체가 과도하게 포도당을 많이 섭취하면 포도당은 지방산으로 합성되어 트리글리세라이드로 형태로 지방조직에 저장되는데, 이때 인슐린이 지방 합성을 촉진한다. 반대로 에너지를 저장할 때는 인슐린 수용체로부터 호르몬 민감성 지질 분해 효소의 탈 인산화가 진행되어 지방 분해가 중단된다. 인슐린의 지방 분해 저해 작용이 없다면 지방조직에서 지방 분해가 급격히 일어나서 과도한 케톤 생성으로 인해 심각한 대사 장애가 발생한다.

지질 방울에 대해서는 상세한 생성 기전을 포함하여 아직 밝혀지지 않은 부분이 많다. 최근에는 간염 바이러스의 증식 과정에 지질 방울이 필요하다는 연구 결과도 있어 바이러스의 증식과 지질 방울의 관계에 관한 연구가 진행되고 있다.

지방세포의
신호 전달

● ● ●

지방조직에는 지방세포 외에 섬유아세포(fibroblast), 기질세포(stromal cell), 그리고 T-cell, 과립구(granulocyte), 단핵구(monocyte), 대식세포(macrophage) 등의 면역세포들이 함께 존재하고 이들 세포가 분비하는 아디포카인의 종류는 지금까지 발견된 것만 50여 종이 넘는 것으로 알려져 있다. 지방조직은 렙틴, 아디포넥틴, 레지스틴과 같은 아디포카인(adipokine)들 외에도 성장인자, 염증성 인자들을 함께 분비한다.

과거에는 백색지방을 단순히 지방을 저장하는 기관으로만 인식되어오다가 최근에는 여러 가지 대사 조절을 담당하는 물질들을 분비하는 내분비 기관의 하나로 인식되고 있다. 백색지방조직에 존재하는 지방세포들은 대사 활성이 매우 높아 간, 골격근 혹은 심장에서 일어나는 호르몬 자극에 빠르게 반응하는 특징이 있다. 백색지방이 과도하게 많으면 인슐린 생산을 조절하는 아디포넥틴 분비를 감소시키고 각종 염증성 분자(사이토카인)들을 분비하여 당뇨병과 심장 질환의 위험을 증가시킨다.

지방세포가 분비하는 아디포카인
adipokines

· · ·

렙틴(leptin)이 발견되기 전까지 지방조직은 단순히 잉여 에너지를 저장하는 장소로만 인식되어 왔으나, 지금은 많은 세포 신호 전달 물질, 즉 사이토카인(cytokine)을 분비하는 내분비 기관으로서의 기능이 강조되고 있다. 지방조직에서 분비되는 사이토카인을 아디포카인(adipocyte cytokine)이라 부르는데, 다른 호르몬들과 마찬가지로 순환계로 이동하면서 인체의 많은 장기에 영향을 주며, 특히 에너지 대사와 면역계에 중요한 역할을 한다.

렙틴을 시작으로 지금까지 발견된 아디포카인 대부분은 단백질성이란 특징이 있고 아디포넥틴과 같이 인체에 좋은 역할을 하는 것이 있는가 하면 레지스틴(resistin)처럼 부정적인 작용을 하는 것들도 있다. 백색지방이 과도하게 많으면 인슐린 생산을 조절하는 아디포넥틴 분비가 감소하고 각종 염증성 사이토킨을 분비하여 당뇨병과 심장 질환의 위험을 증가시킨다(그림 2-6). 많은 아디포카인 중에서 여기서는 가장 중요한 몇 가지 아디포카인에 한정하여 소개한다.

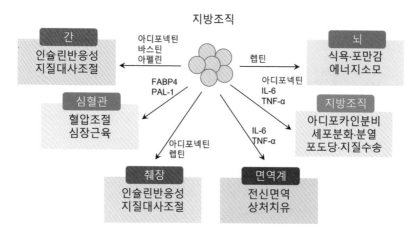

[그림 2-6] 아디포카인의 주요 기능

렙틴

체내 지방의 양은 백색지방세포가 생산하는 렙틴(leptin*)에 의해 일정하게 조절된다. 렙틴 연구의 출발은 1949년 미국 Jackson 연구소의 더글라스 콜맨(Douglas Coleman, 1931~2014) 연구팀에 의해 시작되어[36] 1994년 미국 록펠러대학의 제프리 프리드먼(Jeffery Friedman) 교수팀에 의해 렙틴 유전자가 결핍되면 비만이 유발된다는 사실이 밝혀짐으로써 완성되었다.[37]

콜맨 연구팀은 엄청나게 뚱뚱한 돌연변이 쥐를 얻어 교배 실험을 한 결과 이 형질이 열성으로 유전됨을 확인하였다. 즉, 부모로부터 모두 돌연변이 유전자를 받은 새끼 쥐는 식욕을 주체하지 못해 토끼로 착각할

---

* 그리스어 leptos(thin)에서 명명되었다.

만큼 살이 찐다는 것이다. 이 가상의 유전자는 'obese(뚱뚱한, 줄여서 ob)'로 이름을 붙였고 이후 많은 연구자가 ob 유전자 연구에 뛰어들었다.

콜맨 연구팀이 시도한 연구 방법은 정상 쥐와 유전적으로 비만한 쥐의 체액이 교차하도록 외과 수술적으로 결합해 비만에 어떤 영향을 주는지를 알아보는 개체 연결법(parabiosis)이었다. 이 실험을 통해 연구팀은 비만 쥐가 정상 쥐의 ob 유전자에서 생성된 알 수 없는 어떤 성분을 공유해서 비만이 통제된다는 사실을 알게 된 것이다. 유전적으로 비만 쥐에서 지방세포가 호르몬 신호를 사용한다는 사실을 발견한 것인데, 유전적으로 비만 쥐(ob/ob)는 이 호르몬이 생성되지 않아 뇌에 식욕 억제 신호를 보낼 수 없어 비만이 된다는 사실을 알게 된 것이다. 이 연구를 통해 혈액을 통해 어떤 물질이 뇌로 신호를 보낼 것이라고 확신하게 되었다.[38] 그러나 어떤 물질인지는 모르고 있었는데 이후 프리드먼 교수팀이 1980년대 중반부터 연구를 시작하여 1994년 마침내 그 물질이 렙틴이라는 것을 발견한 것이다.[37]

프리드먼 교수팀에 의해 렙틴이 발견되기 전 허비(G.R.Hervy)는 콜맨 교수팀이 시도했던 개체 연결법을 이용하여 시상하부가 손상된 쥐는 식욕 억제가 안 되어 비만 쥐가 되는 것을 관찰하였다.[39]

또한 허비는 일반 실험용 쥐들이 스스로 칼로리 섭취를 조절하여 정상 체중을 유지하는 것을 알아내었는데 체내 지방이 뇌로 신호를 보내 정상 체중을 유지하는 것이라는 가설을 네이처지에 발표하였다.[40]

프리드먼 교수 연구팀은 유전자를 찾는 여러 기법을 동원해 비만 쥐의 유전체 분석을 통해 마침내 쥐의 6번 염색체에서 ob 유전자의 위치를 확인했다. 이 유전자는 아미노산 167개로 이뤄진 작은 단백질을 암호화하고 있었으며 비만 쥐의 경우 ob 유전자의 DNA 염기 하나에 변이가 일어나

105번째 아미노산(아르기닌)이 종결코돈으로 바뀌어 식욕 억제 호르몬 단백질을 생성할 수가 없었다. 연구팀은 이 단백질이 식욕을 억제하는 호르몬으로 작용한다고 추정하고(작동하지 않으면 식욕이 통제되지 못하므로) '마르다'는 뜻의 그리스어 '렙토스(leptos)'에서 따온 '렙틴(leptin)'이라고 명명하였다. 드디어 지방세포에서 식욕 억제 호르몬 렙틴의 정체가 밝혀진 것이다.

렙틴 수용체(db 유전자가 생산)는 렙틴 발견 다음 해인 1995년에 발견되었다.[41] 뇌의 시상하부와 여러 가지 조직에서도 광범위하게 발현되는 렙틴 수용체는 여러 종류의 아형이 알려졌지만 크게 ObRa, ObRb 두 종류로 나눌 수 있고, 식욕 억제 신호 전달을 유도하는 것은 ObRb이다. 렙틴 수용체는 뇌 전체에서 발현되는데 이는 섭식 행동에 영향을 미치는 신경회로들이 뇌 전체에 분포되어 있음을 의미한다. 렙틴 유전자가 결핍된 ob/ob 마우스 모델은 주로 비만 연구에, 렙틴 수용체가 결핍된 db/db 마우스 모델은 주로 제2형 당뇨병 연구에 많이 이용한다.

시상하부에서 렙틴의 식욕 억제 기전이 잘 알려졌지만 다른 조직에서 렙틴의 기능은 아직 많이 연구되지 않았다. 폐세포와[42] 유방암세포의 증식을 촉진하는 성장인자 역할을 한다는 것이 밝혀지는 등[43] 렙틴의 기능 연구가 활발하게 이루어지고 있다.

시상하부는 불완전한 혈관-뇌 장벽(blood-brain barrier, BBB)으로 인해 혈액 내를 순환하는 여러 인자와의 접촉이 비교적 자유로운 부위이며 뇌의 다른 부위로부터의 신호 또한 받기가 쉽다. 렙틴은 지방세포에서 지방 축적으로 인해 분비되어 BBB를 통과한 후 시상하부의 궁상핵(arcuate nucleus)에서 b형 렙틴 수용체와 결합하여 프로오피오멜라노코르틴(proopiomelanocortin, POMC) 뉴런을 자극한다. 그 결과 만들어진 멜라닌 세포 자극 호르몬(α-melanocyte stimulating hormone, α-MSH)이 실방핵

(paraventricular nucleus, PVN)에서 제3/4형 멜라노코틴(melanocortin) 수용체 (MC3/4R)에 작용하면 멜라노코틴계(melanocortin system)가 활성화되어 식욕을 감소시킨다(그림 2-7).

뇌에서 식욕을 조절하는 식욕 억제 신호를 'anorectic signal'이라 하고 대표적인 신호 전달 물질이 백색지방에서 분비되는 렙틴, 뇌에서 분비되는 프로오피오멜라노코르틴, 코카인-암페타민 전사 조절 단백질 (cocaine- and amphetamine-regulated transcript, CART) 등이다. 반대로 식욕을 증가시키는 신호는 'orexigenic signal'이라 하는데 아구티 관련 단백질(agouti-related protein, AgRP), 신경펩타이드 Y(neuropeptide Y, NPY), 멜라닌 응집 호르몬(melanin-concentrating hormone, MCH), 그렐린(ghrelin, 창자에서 분비) 등이다(그림 2-7).

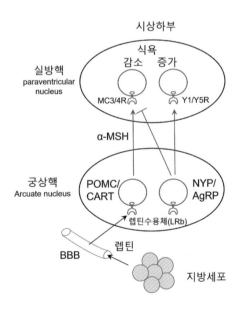

[그림 2-7] 렙틴의 신호 전달에 의한 식욕 억제 작용

비만 상태에서 렙틴의 혈중 농도가 증가하여 인슐린 저항성을 유발하고 중추신경계 자극 능력을 감소시켜 식욕 억제 작용을 제대로 할 수 없게 되는 렙틴 저항성이 유발된다. 렙틴 저항성은 비만 이외의 원인에서도 일어나게 되는데, 혈중 인슐린 또는 트리글리세라이드 농도가 매우 높을 때, 과당을 과다 섭취할 때, 심한 스트레스에 노출될 때, 외부 노출이 극도로 줄었을 때도 유발된다.

렙틴이 주로 지방세포에 의해 생성되어 혈중으로 분비되지만 이후 연구에서 다른 조직에서도 이 호르몬이 생산된다는 사실이 알려졌다. 즉, 태반조직, 위 점막, 골수, 유방 상피세포, 골격근 세포, 뇌하수체, 시상하부 및 골조직 등에서도 소량의 렙틴이 생성된다. 흥미롭게도 닭의 경우 렙틴은 지방조직보다 간에서 주로 분비된다.

렙틴의 식욕 억제 기능이 밝혀지자 학계는 물론 대중들도 엄청난 관심을 보였다. 체내 렙틴 호르몬의 양을 조절하면 비만이 쉽게 해결될 수도 있다는 희망을 보았기 때문이다. 따라서 ob 유전자가 지방조직에서 분비되는 호르몬 렙틴을 암호화하고 있을 거란 확신이 있었다. 그러나 렙틴 발견 직후부터 실시된 임상시험 결과는 실망스러웠다.[44] 정상인 및 비만 환자에게 피하주사로 재조합 렙틴을 주사한 결과 일부 시험군에서는 혈중 렙틴 농도 증가로 체중 감량 효과를 거두긴 했지만, 효과를 확신할 수준은 아니었다. 이런 결과에도 불구하고 과학자들은 렙틴을 비만 치료에 지속적으로 적용해 보고자 노력해 왔다. 췌장에서 분비되는 아밀린(amylin)과 병행해서 투여하였을 때와[45] 아밀린 유사 물질(pramlintide/metreleptin)을 혼합 투여하였을 때[46] 유의미한 체중 감량 효과가 관찰되었다. 렙틴이 요요현상을 극복하고 체중 감량 효과를 지속적으로 유지하는 효과가 있다는 데는 공감대가 형성되어 있다.[47]

렙틴은 지방조직에서 분비되는 호르몬이라 지방조직이 커질수록 렙틴의 수치도 증가하여 식욕 억제 신호가 뇌에 전달되어 신경 전달 물질들의 분비를 통해 식욕을 감소시키고 체내 지방 합성을 줄이는 동시에 베타산화를 촉진하여 에너지 소비와 열을 방출시킨다. 반면 칼로리 섭취가 줄어들어 체내 렙틴 농도가 감소하게 되면 식욕 증진 신경 전달 물질들이 분비되어 식욕을 증가시킨다. 이와 유사하게 위장관(gastrointestinal tract)에서 분비되는 그렐린(ghrelin)은 단기적인 식욕 촉진제로서 렙틴과는 다르게 짧은 시간에 작용한다. 그렐린은 혈관 내부로 분비되어 뇌의 시상하부에 있는 식욕 증진 뉴런에 작용함으로써 인체가 배고픔을 느끼게 하여 섭식 행동을 유발하는 것이다. 식욕 조절을 통제하는 렙틴과 그렐린의 표적 분자는 AMPK인데, AMPK에 의한 식욕 조절 기전에 대해서는 5장에서 상세히 설명한다.

렙틴 결핍으로 인한 비만은 렙틴의 외부 주입으로 치료될 수 있겠으나, 순수하게 렙틴 결핍으로 인한 비만은 인체에서는 매우 드물다는 사실이 알려지게 되었다. 이후 렙틴의 연구 방향은 식욕 억제 기능이라는 단순한 지방 조절 기능에 초점을 두었던 발견 초기의 연구에서부터 시작해 렙틴의 복잡한 생리적 기능 및 다른 물질과의 상호작용이 속속 밝혀짐에 따라 영역을 점점 확대하고 있다. 에너지 항상성과 관련하여 렙틴은 중추신경과 별개로 다양하게 대사 신호 경로를 활성화하는 것으로 밝혀지고 있다.

성별에 따른 렙틴 유전자 발현 양상과 분비 패턴은 상반된 결과가 보고되었다. 남성 호르몬인 테스토스테론(testosterone)을 지방세포에 노출했을 때 렙틴 생성을 억제하는 반면 여성 호르몬인 에스트라다이올(estradiol)은 촉진한다는 연구 결과가 있다.[48] 반면 인체를 대상으로 한

실험에서는 성호르몬이 렙틴의 혈중 농도와 무관하다는 결과가 보고된 바 있다.[49]

혈중 렙틴의 농도는 단순히 체지방량에만 비례하는 것만은 아니다. 렙틴의 수치는 수면 중에 가장 높게 유지되고 임신 기간에는 렙틴의 농도가 증가해도 식욕 감퇴로 이어지지 않는다. 말초조직에서 렙틴의 농도가 일정 수준으로 증가하면 혈중 렙틴의 농도가 증가하더라도 중추신경계로 전달되는 렙틴의 양이 증가하지 않는다.

흥미롭게도 정자가 렙틴을 분비하고 렙틴이 결핍된 비만 생쥐 암수 모두 불임이 되는 점을 생각해 볼 때 렙틴은 생식과 태아 발달에도 영향을 미치는 것으로 생각된다.[50]

아디포넥틴(adiponectin)

아디포넥틴(발견 당시 Acrp30, AdipoQ, GBP28, apM1 등 발견자에 의해 여러 가지 이름으로도 불림)은 지방세포에서 분비되는 호르몬 단백질 중에서 렙틴과 함께 가장 많은 관심을 받아왔다. 아디포넥틴은 혈중 아디포카인 중에서 농도가 가장 높은데 렙틴의 1,000배 정도로 많다. 아디포넥틴은 1994년 렙틴의 발견 열기가 한창이던 1995~1996년 사이에 서로 다른 네 연구 그룹에서 거의 동시에 발견되었고,[51-54] 그 수용체는 2003년에 가서야 일본인 과학자들에 의해 발견되었다.[55] 2013년에는 AdipoRon 이라고 명명된 아디포넥틴과 매우 유사한 작용을 하는 항진제를 합성하는 데 성공하였다.[56] AdipoRon은 경구 투여가 가능하고 당뇨병과 비만에 아디포넥틴과 같은 효과를 나타내었고 작용 기전도 유사한 것으로 알려졌다. 또한 효모에서 발견된 오스모틴(osmotin)이 근육세포에서 아디포넥틴 수용체의 리간드로 작용하여 AMPK을 활성화할 수 있는 것으로 알려졌다.[57] 아디포넥틴은 발견 초기에는 지방세포에서만 발현되는 것으로 알려져 있었지만 이후 조골세포, 근육세포, 간세포 등 다른 세포에서도 발현된다는 사실이 밝혀졌다.[58]

아디포넥틴 단백질의 형태는 삼량체(trimer), 육량체(hexamer), 다량체(multimer), 구형 등 다양한 형태로 존재한다. 근육에서 주로 발현되는 아디포넥틴 수용체 1형(AdipoR1)은 구형 아디포넥틴에 친화도가 가장 큰 데 비해 간에서 주로 발현되는 제2형 수용체(AdipoR2)는 전장(full-length) 아디포넥틴과 가장 잘 결합한다.[58] 많은 경우에 아디포넥틴 다량체 활성이 더욱 중요하게 작용한다. 예를 들면 아디포넥틴의 주요 표적인 AMPK를 활성화하는 것도 다량체이고 인슐린 민감성 항진제인 티아졸리딘디온(Thiazolidinedione, TZD) 투여 시에도 다량체 농도가 증가한다. 한편 2004년에 새롭게 발견된 또 다른 수용체인 T-카드헤린(cadherin)은 육량체 아디포넥틴에만 선택적으로 결합한다.[59]

아디포넥틴은 여러 가지 대사 기능을 증진하는 기능이 알려져 있는데, 주요 표적은 간이며 간의 인슐린 민감증 증가, 항염증 반응, 동맥경화 및 심혈관 질환 방지 등이 대표적인 기능으로 혈중 아디포넥틴을 높은 농도로 유지하는 것이 여러 가지 대사 질환을 예방하기 위한 좋은 전략이 된다.

아디포넥틴의 대사 질환 개선 효과를 이해하기 위해서는 아디포넥틴 수용체의 어댑터단백질을 알아야 한다. 지금까지 APPL1, APPL2 두 종류의 어댑터단백질들이 발견되었는데, 이 어댑터단백질을 출발로 대사 질환 개선에 긍정적인 세포 내 신호 전달을 촉진하는 단백질이다.[60] 아디포넥틴이 수용체와 결합하게 되면 어댑터단백질이 하류로 복잡한 신호 전달을 매개하는데, 특히 AMPK와 p38MAPK를 인산화시켜 활성화함으로써 포도당 및 지방산의 흡수를 증가시키고 동시에 지방 산화를 촉진하며 eNOS(endothelial nitric oxide synthase) 활성을 증가시켜 혈관을 확장한다.

한편 간에서는 아디포넥틴에 의해 지방산의 합성과 포도당 생성이 억제된다. 그런데 아디포넥틴이 뇌의 시상하부에 존재하는 아디포넥틴 수용체와 결합하게 되면 AMPK가 활성화되어 음식 섭취량을 늘리고 신체 에너지 소모량을 줄이게 된다. 또한 어댑터단백질은 인슐린 수용체를 활성화해 인슐린 민감성을 증가시킨다(그림 2-8).

혈중 아디포넥틴의 농도는 여성이 남성보다 더 높은데 역설적으로 여성 성호르몬인 에스트로젠에 의해 억제된다. 따라서 임신한 여성의 아디포넥틴 농도는 감소하고 수유 기간에도 프로락틴(prolactin: 젖분비 자극 호르몬)의 억제 작용으로 인해 감소한다.[61]

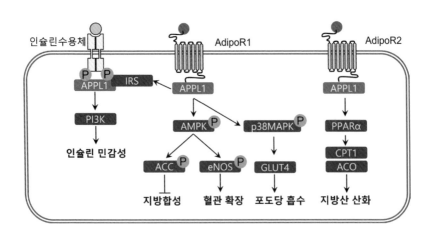

[그림 2-8] 아디포넥틴의 주요 기능
(Ⓟ: 인산화된(phosphorylated) 단백질)

아디포넥틴은 지방산 대사와 관련된 핵심 단백질들을 활성화한다. 지방세포와 간세포에 존재하는 ACC(acetyl-CoA carboxylase)는 malonyl-CoA를 생성하여 지방산 합성을 조절하는 중요한 효소이다. ACC는 acetyl-CoA에 카복실기를 결합시켜 malonyl-CoA로 합성하는 효소로서 지방산 합성에서 가장 중요한 역할을 하는 반응을 지배하는 율속단계(rate-limiting) 효소이다. Malonyl-CoA는 카르니틴 아실기 전달 효소 I(carnitin acyltransferase I, CPTI)의 기능을 억제시키는데, CPTI은 지방산을 미토콘드리아로 이동시켜 베타산화가 일어나도록 도와주는 기능을 한다. AMPK는 백색지방과 간에서 ACC를 인산화시켜 실활시키게 되면 malonyl-CoA의 양도 줄어들게 됨으로써 지방산의 합성 과정이 억제되고 동시에 malonyl-CoA에 의해 억제되어 있던 지방산의 산화 과정(β-oxidation)이 다시 활성화된다.

레지스틴(resistin)

레지스틴은 2001년 미국의 라자르(Mitchell A. Lazar) 박사팀에 의해 처음 발견되었다.[62] 연구팀은 제2형 당뇨병이 유발된 쥐의 지방세포에서 분비되어 혈중 농도가 증가하면서 인슐린 저항성을 일으키는 분자를 발견하고 레지스틴이라 명명하였다. 그러나 발견 직후부터 레지스틴 분자가 비만과 당뇨병 유발과 상관성이 없다는 연구 논문들이 많이 발표됨으로써[63][64] 논란의 중심에 있는 사이토카인이 되었다. 논란의 가장 큰 이유는 마우스와 같은 설치류에서와 인체에서 레지스틴의 기능이 다르기 때문인 것 같다.

이런 논란에도 불구하고 라자르 박사팀은 레지스틴이 비만과 당뇨병에서 부정적인 역할을 한다는 증거를 지속적으로 제시하였다. 예를 들면 레지스틴 결핍 마우스에서는 간에서 AMPK 활성을 증가시켜 포도당 합성(gluconeogenesis)이 감소한다는 사실을 발견하여[65] 레지스틴 신호 전달 경로를 표적으로 하면 새로운 당뇨병 치료제가 개발될 가능성이 있다고 주장하였다. 연구진은 지방세포가 생산하는 레지스틴의 양을 줄이도록 하거나 레지스틴에 대한 항체를 개발하거나 레지스틴의 작용을 차단하는 약을 개발함으로써 레지스틴 저해제가 당뇨병 치료제가 될 가능성이 있다고 설명했다.

마우스에서는 레지스틴이 지방조직에서 주로 분비되지만 인체에서는 대식세포에서 많이 분비된다. 비만 상태의 마우스와 인간 모두 대식세포는 실제로 지방세포와 서로 혼합되어 있고 과도한 영양분 상태에서 지방세포는 대식세포가 만드는 같은 염증성 물질을 분비하고 대식세포는 지방세포처럼 지방을 저장하는 역할을 하기도 한다. 마우스에서 레지스틴이 인슐린 저항성을 유발하여 제2형 당뇨병의 지표이며 인체에서는 염증 반응을 일으켜 류마티스, 패혈증, 췌장염, 동맥경화와 같은 염증성 질환들의 바이오마커로 활용되고 있다.[66] 또한 위암,[67] 유방암,[68] 대장암[69] 등의 암 환자 혈중 레지스틴 농도가 증가한다는 연구 결과가 있다.

레지스틴 관련 연구는 마우스를 이용한 실험 결과가 많고 인체 실험 결과와 상반된 경우가 많아서 앞으로 인체에서 레지스틴의 생리작용에 대한 보다 많은 연구가 필요한 실정이다.

인슐린 증감제인 TZD를 처리하면 설치류나 인체 혈중 레지스틴 농도가 감소하고 레지스틴 유전자 발현이 감소된다.[70]

비만과 당뇨병 이외에도 심혈관 질환, 류마티스, 패혈증 환자에게서

레지스틴의 혈중 농도가 증가할 뿐 아니라 암이 진행될 때도 증가하는 것으로 알려져 있다.[71]

레지스틴 수용체 기능을 하는 decorin 동형단백질이 2011년 지방세포의 원기 세포(progenitor cells)에서 발견되었는데[72] 백색지방세포의 크기를 조절하는 것으로 알려졌다. 인체에서는 국내 연구팀에 의해 새로운 레지스틴 수용체 CAP1(Adenylyl cyclase-associated protein 1)이 발견되었다.[73] CAP1은 단핵구에서 레지스틴과 선택적으로 결합하여 지방세포의 염증 반응을 유도하는 것으로 알려졌다.

3장

갈색지방

Brown fat

갈색지방
brown fat

• • •

인간을 포함한 포유동물은 과잉의 칼로리를 섭취하였을 경우 잉여 칼로리를 저장하는 백색지방조직(white adipose tissue, WAT)과 저장된 에너지를 열로 발생시켜 연소시키는 갈색지방조직(brown adipose tissue, BAT)이라는 두 종류의 지방조직을 가지고 있는 것으로 알려져 왔다. 흥미롭게도 갈색지방조직은 배형성(embryogenesis) 과정에서 백색지방조직보다 먼저 형성되지만, 인간의 경우 출생 5개월 만에 1/3이 줄어들고 성인이 되면 2/3 이상 사라진다. 이렇게 줄어든 갈색지방조직을 이용하는 방법은 두 가지다. 하나는 많지 않지만 가진 갈색지방조직을 활성화하는 것이고 둘째는 줄기세포로부터 얻은 갈색지방세포를 이식하는 것이다. 과학자들은 후자에 비해 전자의 가능성에 더 무게를 두고 활발히 연구를 진행하고 있다.

갈색지방조직은 분화한 갈색지방세포(brown adipocyte)가 20~30% 정도이고 나머지는 기질 혈관 분획(stromal vascular fraction)으로 이루어져 있는데, 기질 혈관 분획은 지방 전구세포(preadipocyte), 내피세포(endothelial cell), 조혈세포(hematopoietic cell), 신경세포(neural cell) 등으로 구성되어 있다.[1]

갈색지방은 혈관이 많고 사이토크롬c(cytochrome c)처럼 철을 함유하는 효소가 필요한 미토콘드리아가 많아서 조직의 색깔이 갈색에 가까워서 갈색지방조직이라 불린다. 백색지방과 가장 큰 차이는 혈관과 신경이 많이 분포되어 있고 세포호흡을 하는 데 필요한 에너지 중의 하나인 지방산을 빨리 분해해서 공급해야 하므로 크기가 작고 많은 수의 지질 방울에 지방을 저장한다는 점이다. 또한 갈색지방세포는 지방을 분해해서 에너지 대사를 조절해야 하는 신호를 뇌와 교신해야 하는데 갈색지방세포 주변에 인접한 원심 신경섬유(efferent fiber)로부터 수많은 자극을 받는다. 무엇보다 가장 큰 차이점은 백색지방에서는 나타나지 않는 열발생 단백질인 UCP1이 항상 발현된다는 점이다.[2]

인간과 같은 정온동물이 체온을 유지하기 위해 몸에서 열을 만드는 과정을 열발생(thermogenesis)이라고 하는데, 성인이 추울 때 근육을 떨면서 열을 발생하는 것(shivering thermogenesis)와 비교하기 위하여 갈색지방의 열발생을 비떨림 열발생(non-shivering thermogenesis)라고 부른다. 근육이 충분히 발달하지 못한 신생아가 추워도 떨지 않는 이유는 갈색지방이 풍부해 체온 조절에 필요한 열을 충분히 생성할 수 있기 때문이다. 근육이 떠는 작용을 이용하여 체온 조절을 할 수 없는 신생아의 몸에 충분한 갈색지방이 존재한다는 사실은 매우 흥미롭다.

이처럼 갈색지방이 필요한 첫 번째 이유는 체온을 조절하기 위함이고 둘째는 과잉의 에너지를 열로 소모하는 것이다. 갈색지방을 통해 에너지가 소모될 것이라는 예상은 1970년대부터 시작되었다. 영국의 두 과학자는 쥐를 이용한 실험을 통해 지방과 탄수화물이 강화된 카페테리아 다이어트로 식이한 결과 예상과는 달리 체중 증가가 관찰되지 않았음을 알고 섭취한 칼로리 일부가 열로 발생되어 소모된다는 사실을 발견하였다.[3]

갈색지방세포는
어디에서 왔는가?

● ● ●

갈색지방과 백색지방 모두 중간엽줄기세포(mesenchymal stem cells)에서 발생하는데, 이후 Myf5(myogenic factor 5), Pax7(paired box 7) 유전자를 가진 전구세포가 형성되면 여기에서 근육세포와 갈색지방세포로 분화하게 된다(그림 3-1). 반면, Myf5 유전자가 없는 전구세포는 백색지방세포로 분화된다. 따라서 갈색지방세포는 백색지방세포와는 다르게 근육세포와 발생 기원을 공유하고 있어 미토콘드리아가 많은 특성 등 근육세포와 비슷한 세포의 성격을 나타내고 있다.[4]

Myf5와 Pax7 유전자는 근육 전구세포를 표현하는 전사인자를 암호화하고 골격 근육 신생에 중요한 역할을 수행하는데, 이는 갈색지방세포가 근육세포와 유사한 유전자 발현 패턴을 나타낸다는 의미이다.[5] Myf5 유전자가 발현되면 백색지방세포로는 분화되지 않지만, 갈색지방전구세포는 PRDM16(PR domain containing 16)이란 전사 조절 단백질 발현을 억제하게 되면 근육세포로 분화되므로 갈색지방 및 베이지색지방세포의 분화에서 PRDM16은 가장 중요한 전사인자이다.[6]

2007년 PRDM16이 발견되기 전까지 갈색지방세포는 백색지방세포와 기원이 같은 것으로 여겼었고[7] PGC-1α가 갈색지방세포의 운명을 결정하는 조절인자로 생각하였다. PRDM16은 PGC-1α, C/EBPβ, PPARα, PPARγ 등과 결합하여 갈색지방세포로 분화되는 운명을 결정하며 열발생 관련 유전자들의 발현을 조절한다는 사실이 상세히 밝혀졌다. EBF2(early B cell factor 5) 역시 PRDM16과 함께 갈색지방으로의 분화를 매개하는데 PRDM16이 결핍되면 어떤 경우든 갈색지방세포의 특징이 소멸한다. 이후의 연구에서 PRDM16 외에도 EHMT, miR-133a와 같은 많은 유전자가 갈색지방세포와 근육세포의 운명을 결정하는 데 관여한다는 사실이 알려졌다.[8]

　PGC-1α 역시 갈색지방세포의 분화에 없어서는 안 되는 중요한 조절인자이다. PGC-1α 발현을 촉진하는 단백질(SRC1)과 억제하는 단백질들(SRC2/3, Twist1)에 의해 발현이 정교하게 조절된다.[9]

　PRDM16과 PGC-1α가 갈색지방세포의 열발생을 촉진하는 조절자라면 Wnt는 억제자이다. 배아 발달과 조직의 항상성 유지에 필요한 Wnt는 갈색지방세포가 형성될 때 발현이 줄어들고 PPARγ, C/EBPα 발현을 저해하여 분화 과정을 억제한다. 만약 분화 과정에서 Wnt 신호가 증가하면 백색지방세포의 성질을 나타내게 된다.[1)10]

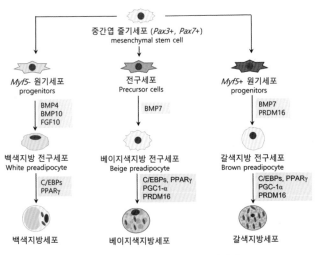

[그림 3-1] 지방세포들의 기원과 분화기전

열발생을 위한
갈색지방세포 유전자들의 협력

••••

모든 지방세포의 형성 과정에서 PPARγ와 C/EBPα,β,δ가 공통적으로 관여하는데 갈색지방과 베이지색지방은 PPARα, PGC-1α, PRDM16, FOXC2, FOXO1 등의 전사인자가 추가로 필요하다.

PGC-1α는 미토콘드리아 생합성과 열발생 프로그램에 필수적인데 PPARα/γ, PRDM16와 결합하여 Ucp1과 같은 열발생 관련 유전자들의 발현을 유도하는 데 핵심적인 역할을 한다.

활성화된 AMPK는 직접 PGC1-α를 인산화시켜 활성화하기도 하고 SIRT1를 활성화해 PGC1-α와 PPARγ를 탈아세틸화시킴으로써 미토콘드리아 생성과 열발생을 촉진하는 전사인자들을 활성화한다. PKA에 의해 인산화된 p38 MAPK는 PGC1-α를 직접 인산화시키기도 하고 전사인자 ATF2를 인산화함으로써 활성화한다. 핵수용체인 PPARγ와 그 파트너인 RXR(Retinoid X Receptor)에 PGC1-α와 PRDM16이 결합하는 것은 갈색지방의 형성 및 열발생을 위해 반드시 필요하다(그림 3-2).

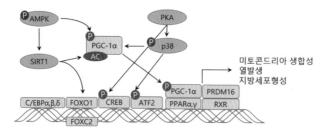

[그림 3-2] 갈색지방세포의 전사 조절

갈색지방의
발견

● ● ●

갈색지방은 저장된 에너지를 연소시켜 체지방을 줄여주기 때문에 건강에 유익한 지방이지만, 사람의 경우 갈색지방은 태아와 신생아 때만 존재하고 성인이 되면 거의 없어져 대부분 백색지방만이 분포된 것으로 알려져 왔었다. 그러나 분자 영상 기술의 발달에 힘입어 2009년 최초로 성인에게서도 갈색지방조직의 존재를 명확하게 확인하게 되었다.

미국 조슬린 당뇨병센터(Joslin Diabetes Center)의 칸(Khan) 박사팀의 연구에 의하면 PET-CT 촬영 결과 여성은 1,013명 중 76명이(7.5%), 남성은 959명 중 30명(3.1%)이 갈색지방조직을 갖고 있었다. 갈색지방조직을 가진 사람의 비율이 성인의 경우 10%가 되지 않고 여성이 남성보다 더 많은 갈색지방을 갖고 있다는 사실을 밝힌 것이다. 유아기에는 갈색지방이 설치류와 마찬가지로 주로 어깨뼈 사이(interscapular)에 많이 존재하지만, 성인은 분포가 확장되어 목 주변(cervical), 빗장뼈 주변(supraclavicular), 가슴세로칸 주변(mediastinum), 척추 주위(paravertebral), 신장 부근(suprarenal)에 걸쳐 존재하고 건강한 성인의 경우 갈색지방조직의 중량이 50~80g 정도라고 한다(그림 3-3).[11) 12)]

또한 성인의 갈색지방조직은 어린아이들과는 다르다고 알려졌는데,

어린아이들의 갈색지방세포가 전형적인 갈색지방 형태인 다실 형태(multilocular)인 데 비해서 성인의 경우 단일 형태(unilocular)와 다실 형태가 혼합되어 있다.

이 외에도 인체에서 갈색지방조직은 심장의 외부막(심외막, epicardial)에서도 발견되고 UCP1 활성이 다른 갈색지방조직에 비해 높은 편으로, 동맥이나 심근이 저온증에 노출되면 생명이 위태롭게 되므로 이를 방어하기 위한 것으로 보인다. 심외막에 존재하는 갈색지방세포는 나이가 많을수록 감소한다.[13]

갈색지방의 존재를 처음 알린 사람은 놀라울 정도로 오래전인데 1551년 스위스의 동식물 연구가였던 콘나드 게스너(Conard Gessner)였다. 게스너는 다람쥐과 동물인 마못(mammot)의 어깨뼈 사이 조직에서 지방도 아니고 근육도 아닌 부분을 발견하였다. 1895년에 되어서야 이 조직을 갈색지방으로 명명하게 되었고 1961년에 드디어 추위에 노출될 때 열발생을 하는 조직이란 사실이 알려지게 되었지만, 대부분 인체가 아닌 실험동물에서 발견한 사실들이었다.[14]

갈색지방의 열발생 기능을 최초로 추측한 연구 결과는 1902년 뉴먼(Neumann)에 의해 발표되었는데, 체중 증가가 반드시 과식에 의해 일어나지 않는다는 실험 결과로부터 일부 칼로리가 열로 소모될 것이라고 주장하였다.[15]

인체에서 갈색지방의 존재 역사도 아주 오래되었는데, 1920년 영국 임페리얼 암연구소의 크래머 박사가 실험동물과 인체 모두에서 갈색지방의 존재를 주장하였다.[16] 당시에는 갈색지방을 "분비샘과 같은 조직(gland-like type of tissue)"이라 불렀다. 1966년 사망한 신생아들의 부검을 통해서 인체에서 처음으로 갈색지방의 존재가 확인되었고 열발생 기능이 있음도 동시에 확인하였다.

1972년 아일랜드 Trinity 대학의 히톤 박사가 전체 나이대별(0~80세), 신체 부위별로 갈색지방이 분포되어 있다는 결과를 잘 정리해서 발표하였다.[17] 2000년대 이후 영상의학의 발달과 함께 성인의 몸에서 갈색지방이 존재한다는 사실이 시각적인 데이터로 보고되기 시작하였다. 2007년 스웨덴 연구팀에 의해 PET-CT 영상으로 보고된 후[18] 공교롭게도 같은 해에(2009년) 서로 독립적인 세 연구 그룹이 더욱 정밀하게 촬영한 성인의 갈색지방조직 영상 이미지 논문을 발표하였다.[11] [19] [20]

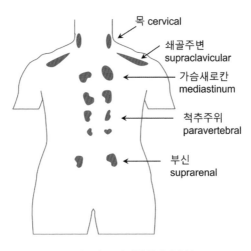

목 cervical

쇄골주변
supraclavicular

가슴새로칸
mediastinum

척추주위
paravertebral

부신
suprarenal

[그림 3-3] 인체 갈색지방 분포

영유아들은 갈색지방이 어깨뼈 사이에 많이 분포하고 체중의 5% 정도로 매우 많지만, 성인의 경우 이 부분의 갈색지방은 사라지고 목과 쇄골 주변(supraclavicular)에 주로 분포하나 체중의 0.5~1% 이하로 줄어들면서 수십 그램 이하에 불과하다(사람에 따라 0~300g). 특히 인체의 모든 갈색지방세포가 UCP1을 발현하는 것이 아니라 전체 갈색세포 중에서 3~31%(평균 13%)만이 UCP1 단백질을 가진 세포라는 것이 이미 오래전에 알려졌다.[21) 또한 여성이 남성보다 두 배 정도 많은 갈색지방량을 보였고 나이가 들면서 남성보다 열발생 능력이 비교적 높게 유지된다.

이후 많은 과학자가 인체 갈색지방조직을 분석하기 위한 수단으로 포도당 유사 물질인 FDG(2-fluro-2-deoxy- D-glucose)를 이용한 PET-CT를 사용해 왔으나, 갈색지방조직의 활성을 정확히 평가하는 수단이라 하기 어렵다. 왜냐하면 갈색지방의 에너지원으로 포도당보다는 지방산을 훨씬 더 많이 사용하기 때문이다. 이런 단점으로 인해 많은 연구자의 연구 결과가 일치하는 사례를 찾기 힘들다. 예를 들면 추위에 노출된 24명(14명이 비만)의 건강한 남성들을 대상으로 한 실험에서는 23명이 갈색지방 활성이 관찰되었으나, 같은 해에 동일한 학술지에 발표된 2,934명을 분석한 결과에서는 250명(8.5%)만이 갈색지방 양성 반응이 나타났다고 한다(그림 3-4).[22)

한편 나이에 따라서 갈색지방의 활성도는 많은 차이를 보였는데, 23~35세 32명의 실험 참여자 중에서 17명(53%)에게서, 38~65세 참여자에게서는 24명 중 2명(8.3%)만이 활성도를 보였다. 나이가 들면서 갈색지방조직의 활성이 저하되는 이유는 복부 비만이 가장 큰 원인인 것으로 알려져 있다.[23)

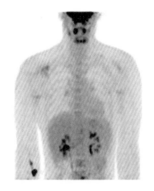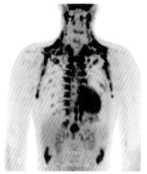

[그림 3-4] 성인의 갈색지방 분포를 나타내는 PET-CT 사진. 갈색지방이 부족한 사람(좌)과 풍부한 사람(우)이 대비된다. 진하게 표시된 부분이 갈색지방이다.

(사진: Wikimedia Commons)

^{18}F-FDG/PET-CT 촬영에 의한 갈색지방조직의 분포를 확인하는 방법은 포도당의 유입속도에만 의존하기 때문에 정확성이 떨어진다. 최근 FDG를 사용하는 PET-CT 단점을 극복하기 위해 포도당 대신 지방산을 직접 측정하려는 노력이 시작되었다.[24] 적외선 피부 온도 측정기(infrared thermography)와 갈색지방조직이 백색지방조직에 비해 수분과 철을 더 많이 함유한다는 점에 착안한 T2 mapping[25] 등의 새로운 기술이 개발되었다.

노르에피테프린과 같은 카테콜아민에 의해 교감신경이 과도하게 자극되면서 발생되는 갈색세포종(pheochromocytoma)에서도 갈색지방조직의 기능이 활성화되어 ^{18}F-FDG/PET-CT상에서 강한 양성반응을 나타낸다.[26]

그러나 갈색지방 또는 베이지색지방을 과도하게 늘리려는 시도가 문제가 될 수도 있다. 이들 세포가 만들어 내는 UCP1이 많아지면 체온이 올라가고 땀이 많이 나며 호흡이 가빠질 수 있다. UCP1과 유사하게 미토콘드리아 내막에 수소 이온의 통과를 쉽게 해주는 언커플링(uncoupling) 약물인 다이나이트로페놀(2,4-Dinitrophenol, DNP)은 1930년대 초부터 비만 치료제로 인기리에 사용된 적도 있었으나[27] 이런 부작용 때문에 현재는 전 세계적으로 금지된 약품이다. 그러나 쥐를 이용한 실험에서는 실온에서 DNP를 2개월간 투여한 결과 특별한 부작용 없이 에너지 대사 증가율 17%, 체중 감소율 26%라는 탁월한 효과가 입증되기도 했다.[28]

UCP1 단백질과 언커플링
uncoupling

• • •

갈색지방세포의 미토콘드리아에서 UCP1 단백질의 언커플링 현상을 이해하기 위해서는 먼저 ATP 생성 과정을 이해하여야 한다. 세포가 에너지로 사용하는 ATP를 최대로 생산하는 세포소기관이 미토콘드리아다. 탄수화물, 지방, 단백질 모두 분해되어 미토콘드리아 내부로 들어가면 아세틸 코엔자임 A(Acetyl CoA)로 전환되어 TCA 회로로 들어간다. TCA 회로에서는 NAD^+(nicotinamide adenine dinucleotide)가 NADH로, FAD(flavin adenine dinucleotide)가 $FADH_2$로 환원되고 이후 세포호흡을 위한 전자전달계가 가동되는데, 이때 미토콘드리아 내막에는 전자친화도가 높은 복합단백질(mitochondrial complex) 4종이 존재하는데 이 단백질들이 전자친화도가 더 강해서 NADH, $FADH_2$ 분자에서 전자를 뺏는 것이다 (그림 3-5).

이 과정에서 유리된 수소이온(H^+)은 복합단백질들에 의해 미토콘드리아 기질로부터 내막과 외막 사이 공간으로 수송되는데, 첫 번째, 세 번째 복합단백질은 각각 NADH 분자당 4개의 H^+를 수송할 수 있고(미토콘드리아 기질에 있는 H^+도 함께 수송), 네 번째 복합단백질은 2개의 H^+를 수송할 수 있으며 두 번째 복합단백질은 수송 능력이 없다. 복합단백질들이 전자전달계를 가동하는 데 필요한 최초 기질인 NADH 한 분자당 총 10개, $FADH_2$의 경우는 첫 번째 복합단백질을 경유하지 않고 두 번째 복합단백질부터 기질로 사용되므로 총 6개의 수소이온이 수송되는 것이다.

미토콘드리아 외부로 수송된 수소이온들은 ATP 합성 효소(미토콘드리아 내막에 수백, 수천 분자 이상이 존재)를 작동시키는 구동력이 된다. 수소이온 한 개가 유입될 때 ATP 합성 효소(활성화되면 모터처럼 회전)는 120도 회전하게 되는데, 완전히 한 바퀴(360도) 회전하면 ATP 한 분자가 합성된다. 따라서 3개의 수소이온이 유입되면 1분자의 ATP가 합성되지만, ATP 합성에 필요한 인산(Pi)이 세포질에서 미토콘드리아 내부로 유입될 때 (ADP+Pi →ATP) 1개의 수소이온이 필요하게 되어 한 분자의 ATP가 합성되는 데는 총 4개의 수소이온이 필요하다. 따라서 한 분자의 NADH로부터 2.5분자의 ATP($10H^+/4H^+$)가, 한 분자의 $FADH_2$로부터 1.5분자의 ATP($6H^+/4H^+$)가 합성된다.

포도당 한 분자가 TCA 회로에서 6분자의 NADH, 2분자의 $FADH_2$를 생산하므로 ATP 합성 효소가 생산하는 ATP 분자 수는 총 18분자인데 이는 해당과정(glycolysis)과 TCA 회로에서 기질들이 인산화되는 과정에서 생산되는 4분자의 ATP 생산량과는 비교할 수가 없이 많으므로 생명체가 미토콘드리아를 통해 세포호흡을 하는 이유이다.

전자전달계의 마지막에 전달된 전자는 산소와 결합하며 물 분자로 전환되어 자리를 비워주게 되면서 전자전달계는 계속 순환된다($1/2O_2+2e^-$ $+2H^+ \rightarrow H_2O$). 운동은 에너지를 지속적으로 필요로 하므로 ATP를 계속 생산할 수 있는 유산소 운동이 건강에 좋다. 해당과정에서도 포도당 한 분자당 2 NADH, 해당과정 후 피루브산이 Acetyl-CoA로 변환하는 과정에서도 2 NADH가 생산되므로 이들 분자는 모두 미토콘드리아의 전자전달계 복합단백질의 기질이 되어 ATP 합성에 사용된다(그림 3-5).

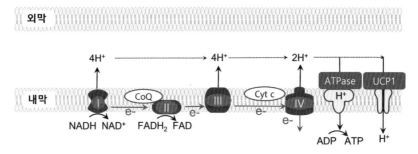

미토콘드리아

[그림 3-5] UCP1의 uncoupling 작용

인체의 주된 에너지원으로 ATP가 사용되므로 NADH 자체 또는 코엔자임 같은 전자전달계 복합 효소와 함께 항노화 건강식품으로 판매되는 사실은 흥미롭다. 세계적인 노화 학자인 하버드의대 싱클레어(David A. Sinclair) 교수는《노화의 종말(원제 Lifespan: Why we age-and why we don't have to)》이라는 저서에서 본인과 가족 일부가 노화 억제를 위해 NADH를 복용 중이라고 고백하였다.

갈색지방세포가 열발생을 하는 원리를 연구하던 과학자들은 1970년대 말에 UCP1 단백질의 발견에 성공하게 된다. 1970년 후반부터 갈색지방세포에서 열발생을 일으키는 단백질을 찾는 연구가 활발했는데, 프랑스 연구팀은 실험용 쥐를 추위에 노출했더니 미토콘드리아 단백질량이 많이 증가하는 것을 발견하고 분자량 32만 달톤에 해당하는 특정 단백질까지 발견하였다. 이 단백질의 양은 다시 실온으로 바꾸어 주었을 때 원래 상태로 줄어든다는 사실을 알게 되었고[29] 이후 이 단백질의 기능을 의미하는 "uncoupling 단백질"이란 용어가 등장하게 되었다.

UCP1 단백질은 추위에 노출되어 최대로 활성화되었을 때 갈색지방 세포 미토콘드리아 전체 단백질의 약 5%를 차지할 정도로 많이 생성된다. 세포호흡 과정에서 미토콘드리아 내막에서 외막 방향으로 수송된 수소이온(H^+)을 지방산과 함께 미토콘드리아 내막으로 유입된다. 지방산의 카복실기로 인해 음이온을 띠기 때문에 수소이온 수송이 가능한데 UCP1이 수소이온을 수송하는 상세한 기전에 대해서는 아직도 논란이 많다. 고분자 및 저분자 지방산 모두 수소이온 수송에 참여할 수 있지만, 고분자 지방산은 미토콘드리아 내막의 지질층과 같은 소수성을 띠어 수소이온 수송이 끝난 뒤 UCP1 단백질에서 분리가 쉽지 않아 저분자 지방산이 수소이온 운반에 유리하다는 주장도 있지만[30], 아직 확실히 규명되지 않았다.

어쨌거나 지방산 없이는 수소이온 수송이 불가능한 것은 확실하여서 지방 분해가 활발하게 일어나야만 UCP1이 활성화되어 수소이온 수송이 촉진된다. 이렇게 UCP1이 미토콘드리아 내막 안으로 수소이온이 유입되는 과정에서 열이 발생한다. 수소이온 자체가 열을 발생시키는 것이 아니라 수송된 수소이온을 ATP 합성 효소가 이용하지 못하게 되어 (uncoupling) 전자전달계가 더 높은 단계로 가동되어야 하므로(지방 산화 반응속도를 높여야 하므로) 이로 인해 열이 발생하는 것이다. 고추 같은 매운 음식을 먹을 때 땀이 나는 이유는 고추 속의 캡사이신(capsaicin) 성분이 UCP1 활성화 경로를 유발하여 열을 발생시키기 때문이다.

UCP1 단백질의 작동을 위해 사용되는 기질은 포도당, 지방산 외에도 가지사슬아미노산(branched-chain amino acid, BCAA)이 사용될 수 있다. BCAA란 필수 아미노산 중 발린(valine), 류신(leucine), 이소류신(isoleucine) 으로 구성된 아미노산 그룹을 말한다. BCAA가 에너지원으로 효과가 좋아서 근육 운동을 하는 사람들이 즐겨 이용해 오던 건강식품인데, 역설적으로 혈중 BCAA 농도가 높으면 당뇨병과 비만이 되기도 한다. 그러나 갈색지방은 혈중 BCAA를 흡수해서 연료로 사용하여 실험 쥐와 인체 모두에서 미토콘드리아의 열발생을 촉진한다는 연구 결과가 있다.[31] 지금까지 UCP1 작동을 위해 이들 여러 종류의 미토콘드리아 연료 중에서 어떤 것을 우선하여 선택하는지 그리고 노화가 진행되면서 열발생을 위한 선택 스위치가 어떤 방법으로 이동하는지는 아직 밝혀지지 않았다.

UCP1의 구조가 석시닐화(succinylation; succinyl 기: $-CO-CH_2-CH_2-CO_2H$) 되어야 안정적으로 언커플링 반응을 수행할 수 있다. 석시닐화 반응은 sirtuin 5에 의해 일어나는데 NAD^+가 충분히 공급되어야 한다. NAD^+ 공급이 없으면 열발생 스위치 작동에 문제가 생긴다.[32]

갈색지방세포에서 UCP1은 추위에 노출되거나 베타아드레날린 수용체의 항진제 등이 결합하는 등의 자극이 없을 때는 ATP, ADP와 같은 퓨린 뉴클레오타이드(purine nucleotide)에 의해 작동 스위치가 꺼져있다. 퓨린 뉴클레오타이드가 UCP1의 저해제란 의미이다. 외부 자극이 있으면 이들 저해제가 떨어져 나가면서 활성화되는 것이다. 추위에 노출되어 UCP1에 의한 열발생이 진행되는 과정에서 세포호흡을 위한 전자전달계 작동이 많이 증가하게 되므로 활성산소 생성이 증가하게 되고 따라서 항산화 효소들의 발현도 증가하는 현상이 나타난다.[30] 역설적으로 유전자 조작이나 약제를 투여하는 등의 방법으로 활성산소를 증가시키면 갈색지방에서 열발생도 증가하게 된다.[33]

정상적인 갈색지방 기능을 위해서는 UCP1의 열발생 활성화가 절대적으로 필요하다는 것이 일반적이다. 인간을 비롯한 대부분 포유류는 진화 과정에서 추운 환경에서 생존하려면 체온 유지가 필요했기 때문에 갈색지방세포의 발열 메커니즘을 발달시켜 왔다. 그러나 지구의 기온이 상승하면서 점차 이 메커니즘이 필요 없게 되었고 이러한 환경 변화는 갈색지방세포에 심한 스트레스 요인이 된다. 노화, 극심한 비만 등의 이유로 갈색지방세포는 발열 기능을 멈추고 스스로 소멸하는 세포 자연사(apoptosis)가 일어나거나 백색지방세포로 변해간다.

신생아 때 체중의 5%이던 갈색지방이 성인이 되면서 0.1~0.5%까지 줄게 되는 이유가 여기에 있다. 갈색지방의 활성화 비율 또한 20대에서는 50%인 데 비해 50, 60대에서는 10%로 뚝 떨어진다고 한다.[23] 이와 같은 사실에도 불구하고 비만을 연구하는 과학자들은 갈색지방세포에 관심이 많다. 갈색지방을 자극해 지방 연소(열발생)를 극대화해 비만 치료에 적용하는 것이 가능할 것이라고 여전히 믿고 있기 때문이다.

갈색지방은 UCP1 없이도
열을 발생한다

● ● ●

만약 갈색지방에서 UCP1의 기능이 제대로 작동하지 않으면 어떤 일이 벌어질까? 이 질문에 답하기 위하여 많은 연구자가 UCP1 유전자를 제거한 실험용 쥐를 제작하여 많은 실험을 하였다. 2003년에 발표된 한 편의 논문은 UCP1을 신봉해 오던 비만 연구 과학자들을 혼란에 빠뜨렸다. UCP1 생성이 억제된 실험용 쥐가 오히려 비만에 더 저항한다는 연구 내용이다.[34]

20℃에 노출된 UCP1이 없는 쥐는 근육 떨림을 증가시켜 오히려 체온이 대조군에 비해 0.1~0.3도 더 높게 나타났다. 부고환 부위의 (epididymal) 백색지방조직은 변화가 없었으나 사타구니 부위의(inguinal) 백색지방조직에서는 갈색지방세포들이 출현하였다. 예상대로 UCP1 유전자 작동이 꺼진 쥐의 백색지방 일부가 갈색지방으로 변해 있었다. 이 결과는 갈색지방에서 UCP1이 정상적으로 기능을 하지 못하는 상황이 되면 대체 수단을 마련하는 기능이 있다는 것을 의미한다.

갈색지방에서 UCP1 단백질이 기능을 제대로 수행하지 못하는 일이 벌어지면 다른 방법으로 체온을 조절한다는 사실이 밝혀졌는데 생리작용을 수행하기 위해서 ATP가 가수분해되었지만, 생산적인 방향으로 대사가 일어나지 않을 경우(무익회로, futile cycle) 열이 발생한다. 무익회로에 의한 열발생은 세 가지로 분류할 수 있는데 크레아틴, 칼슘, 그리고 지방산 순환 회로이다.

크레아틴(creatine)은 아미노산 유사 물질로서 아미노기 대신에 구아니딘기를 가진 유기산이다. 크레아틴은 척추동물의 근육과 뇌에 주로 존재하며, 평소에는 크레아틴 인산화 효소(creatine kinase)에 의해 ATP의 인산기를 받아 고에너지 분자인 인산크레아틴(phosphocreatine) 형태로 존재한다. ATP 결핍 상태에서 인산크레아틴은 분해되어 발생하는 에너지로 ATP를 합성할 수 있다.

크레아틴의 생합성은 주로 간과 신장에서 이루어져 혈액을 통해 근육, 뇌 등의 조직으로 전달되는데, 95% 이상이 골격근에 저장되어 있다. 휴식기 상태의 근육은 지방산이나 포도당 등으로부터 산화적 인산화를 통해 ATP를 생성하는데 이때 글리코겐과 인산크레아틴을 합성하여 에너지를 저장하게 된다. 격렬한 운동을 할 때 골격근은 전체 대사의 90% 이상을 차지하고 근육 대사는 근육의 수축과 이완에 필요한 ATP 생성에만 집중한다. 근육 수축을 위해 ATP가 필요할 때, 인산크레아틴에 저장된 인산기가 ADP와 결합하여 ATP가 생성된다. 인산화 크레아틴이 고갈될 정도의 격렬한 운동 시에는 근육은 전적으로 저장된 글리코겐에만 의존하게 되고, 해당작용에 의한 ATP 생성으로 근육 수축을 유발한다.

크레아틴 무익회로(futile cycle)란 인산크레아틴으로부터 합성된 ATP를 사용하여 기질을 생성물로 전환반응시킨 다음 다시 기질로 돌아가는 회로를 말한다. ATP가 무익한(futile) 일을 한 셈이다. 이때 연료 분자인 ATP가 소모될 때 '폐열'이 발생하게 된다. 다시 말해 세포호흡으로 만들어진 소중한 ATP가 근육의 수축 같은 중요한 일에 연료로 쓰이는 대신

크레아틴을 인산크레아틴으로 바꾸는 데 소모된다. 인산크레아틴은 분해되어 다시 ATP 합성의 기질로 사용되므로 크레아틴 ↔ 인산크레아틴 순환 회로가 바로 무익회로란 의미이고 이 과정에서 열이 발생한다. 크레아틴 무익회로를 활성화해 ATP를 많이 쓰게 하고 따라서 이를 충당하기 위해 미토콘드리아에서 세포호흡이 활발해지면서 영양분을 더 많이 소모하게 되어 비만 억제에도 도움이 된다.[35)36)]

이와 유사하게 근육세포의 소포체(endoplasmic reticulum) 막에서 칼슘 농도를 조절하는 막단백질인 SERCA(sarco/endoplasmic reticulum Ca^{2+}-ATPase)는 근육 이완 시 ATP를 가수분해하면서 세포질로부터 소포체 내부로 칼슘을 수송하는 ATP 가수분해 효소의 일종이다(ATP 분자당 2 Ca^{2+} 수송). 이때 sarcolipin(SLN)과 같은 물질이 SERCA 단백질과 결합하게 되면 칼슘 수송이 중단되는 uncoupling이 일어나는데, ATP가 칼슘 수송에 사용되지 못하고 계속 가수분해됨으로써 열이 발생한다.[37)38)]

SERCA 기능을 제어하는 단백질 중에서 가장 먼저 발견된 것은 phospholamban(PLN)인데, 골격근보다는 심장 근육세포에서 더 우세하게 나타난다. 이들 두 조절단백질 외에도 myoregulin, endoregulin, another-regulin 등의 저분자 펩타이드들도 SERCA와 결합하면 칼슘 수송이 차단되는 것으로 알려졌다.[39)]

SERCA가 근육세포의 소포체 내로 칼슘을 유입시키는 단백질인 데 비해 ryanodine 수용체(RYR)는 소포체 내부에서 세포질로 칼슘을 수송하는 단백질(엄밀하게는 복합체)이다. 아드레날린 수용체(α, β 모두)가 활성화되면 SERCA 및 RYR가 동시에 활성화되는데 소포체에서 세포질로 칼슘 농도가 증가하고 이어서 미토콘드리아 내부로 유입되어 TCA 회로에 관여하는 효소들을 활성화함으로써 ATP 생산이 증가하게 된다. RYR에 의한 칼슘 방출을 줄여주면 근육이 이완되는 효과가 나타나는데, 실제로 Dantrolene이란 약제가 척추 손상, 발작, 뇌성마비 또는 다발성경화증 등의 중증 만성 질환으로 인한 경직 증상의 치료에 사용되고 있으며 몸에 열이 지나치게 많은 환자에게도 처방되고 있다.[40]

비만 억제를 위한 근육에서의 열발생 의존도는 나이가 들수록 갈색지방에 의한 열발생을 기대하기 어려워서 더욱 중요하다. 근육 수축 때 근육에서 열이 발생하는 경우는 미오신(myosin) 활동에 의한 ATP 가수분해와 SERCA를 통한 칼슘 수송 과정의 무익회로(futile cycle)의 경우다.

최근 연구에서 SERCA/RYR 칼슘 수송 시스템은 갈색지방 및 베이지색지방에서도 열발생에 관여한다는 사실이 밝혀졌다.[41] 갈색 및 베이지색지방세포에서도 칼슘은 중요한 신호 전달 물질로 작용하여 근육세포에서와 마찬가지로 열발생 경로를 활성화한다.[42] 이 경우 $\alpha 1$, $\beta 3$ 아드레날린 수용체가 동시에 관여하는데 이 두 수용체가 추위나 노르에피네프린 등에 의해 활성화되면 세포질 내 칼슘 농도가 증가하고 소포체 막에서 칼슘 펌프 역할을 하는 SERCA(유입)/RYR(유출) 단백질 집단이 활성화된다. 이 과정에서 SERCA 단백질의 기능을 조절하는 단백질과 결합하는 일이 발생하게 되는데 이렇게 되면 칼슘 수송이 중단되는 uncoupling이 일어나고 ATP 가수분해만 일어나므로 열이 발생하게 되는 것이다.[38]

또한 갈색지방과 베이지색지방에서 세포 내 칼슘 농도 증가는 cAMP→PKA/CaMK2→CREB→UCP1 경로를 자극하여 열발생을 촉진한다.[42] 그러나 SERCA/RYR에 의한 칼슘 사이클을 통해 발생하는 열량이 UCP1에 의한 발열량과 비교하여 어느 수준인지, 그리고 인체 내에서 얼마나 유효하게 작동되는지 등에 관한 정보는 대단히 부족하다.

지방세포에서 분해된 지방산의 약 40% 정도가 트리글리세라이드로 재합성되는데, 이 과정에서도 ATP가 비생산적으로 소모되는 무익회로에 해당하여 열이 발생한다. 지질 방울에 저장된 트리글리세라이드가 분해되어 지방산과 글리세롤이 생성되고 분해 산물인 글리세롤이 ATP를 소모하여 트리글리세라이드로 재합성될 때(글리세롤+글리세롤-3-인산→트리글리세라이드) 열이 생성되는 것을 지방산 순환에 의한 열발생이라 한다. UCP1 비의존성 열발생 과정 모두 ATP가 분해되면서 발생하는 에너지가 생산적인 세포 활동에 이용되지 못한다는 공통점이 있다(그림 3-6).

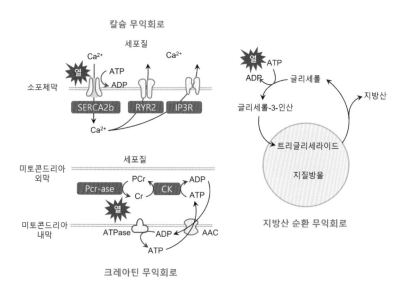

[그림 3-6] 지방세포에서 UCP1 비의존적 열발생 기구

1970년대에서 1980년대까지 비만을 치료할 목적으로 β3 아드레날린 수용체 항진제를 이용하여 인체에서 베이지색지방세포 생성을 촉진

하려는 약제는 빈맥(tachycardia), 심장발작, 고혈압 등의 부작용이 관찰되어 임상 과정에서 퇴출당하였다가, $\beta3$ 수용체에 더 민감한 약제 미라베르곤(mirabergon)이 개발되었다. 미라베르곤은 원래 민감성 방광염 치료제로 승인되어 사용되어 오다가 $\beta3$ 수용체의 선택적 활성화에 의한 열발생 효과가 입증됨으로써 비만 치료제 후보로 등장하게 되었다.[11]

그러나 최근 인체 갈색지방세포에서의 열발생은 $\beta3$이 아닌 $\beta2$ 수용체의 활성화에 의존한다는 연구 논문이 유명 학술지에 발표되었다.[43] 연구자들은 $\beta1$, $\beta2$, $\beta3$ 수용체 유전자를 교차로 발현을 억제하는 실험을 통해 $\beta2$ 수용체 활성 시에만 열발생이 증가한다는 사실을 알아냈다. 그러나 같은 해 갈색지방에서의 열발생 주인공으로 $\beta1$을 지목한 연구 결과가 발표되었고[44] 다음 해에는 다시 $\beta3$가 주인공이라는 논문이 발표되었다.[45] $\beta3$ 수용체 활성에 의한 열발생은 쥐와 같은 설치류에서나 유효하다는 결과 앞에서 $\beta3$ 수용체 항진을 통한 비만 치료제 개발 열기에 대혼란이 생기에 된 것이다. 앞으로 베타아드레날린 수용체 활성화에 의한 인체에서의 갈색지방 및 베이지색지방에서의 열발생 기전은 더욱 정밀한 추가 연구가 필요하다.

인체 세포는 종류에 따라 ATP 생산을 담당하는 미토콘드리아의 개수가 많이 차이가 나는데(1,000~2,500개), 근육세포처럼 에너지가 많이 요구되는 세포는 많고 백색지방세포처럼 에너지 수요가 상대적으로 낮은 세포는 적은 숫자가 존재한다. 갈색지방세포에는 미토콘드리아 내막에 존재하는 단백질들이 반응할 때 철을 많이 필요로 하므로 갈색으로 나타난다. 이에 비해 백색지방은 미토콘드리아 개수가 적어서 갈색을 띠지 않는다. 복부에 쌓인 백색지방의 양과는 대조적으로 갈색지방은 성인이 되면 인체 내에 수십 그램 정도만 존재하는 것으로 알려져 있다. 불과 수십 그램밖에 안 되더라도 갈색지방은 근육과 함께 에너지 소모에 크게 기여하므로 그 역할을 간과해서는 안 된다.

지금까지 갈색지방이 에너지 대사에 미치는 영향을 정량적으로 측정하여 보고한 자료는 매우 부족하다. 갈색지방이 기초대사에 미치는 영향은 예상과는 달리 크지 않아서 추위에 노출되었을 때 갈색지방 100g당 약 10~15kcal인데, 이는 전체 칼로리 소모량의 10~20%에 해당하는 적은 양이다. 또 다른 보고에서는 갈색지방을 가진 성인 비율이 낮고 특히 비만인의 경우 10g 내외의 갈색지방만을 갖고 있어 전체 에너지 소모에 기여하는 정도가 4% 정도에 불과하다는 연구 결과가 있다.[11] 또한 갈색지방은 탄수화물이 풍부한 식사를 했을 때 추위에 노출되었을 때와 유사한 열발생량을 보인다고 한다.[2] 탄수화물 섭취가 인슐린 분비를 증가시키고 포도당 운반단백질(GLUT4) 발현을 증가시켜 갈색지방세포 내로 포도당의 유입을 증가시키게 되고 세포호흡을 촉진함으로써 열발생이 증가하는 것이다. 추위에 노출되었을 때의 열발생과는 명확히 구분되는 식이에 의한 열발생이다. 또한 인슐린은 시상하부의 따뜻함에 민감한 뉴런(warm-sensitive neuron)의 활동을 저해한다.[2]

지금까지의 연구 결과를 종합해 볼 때 분명한 사실은 갈색지방이 조직 무게로 환산했을 때 근육보다 에너지 소모가 훨씬 더 많다는 점이다. 주요 에너지원인 포도당의 흡수 속도를 비교해 보면, 갈색지방은 1분당 갈색지방 그램당 163nmol, 근육은 그램당 18nmol로 갈색지방이 훨씬 더 빠르게 포도당을 흡수한다.[46]

한편 갈색지방이 지방산을 흡수하는 속도는 근육과 백색지방에 비해 2배 정도 더 빠르다.[47] 추위에 노출되었을 때와 식사 후 갈색지방 100g당 하루에 소모되는 에너지를 계산한 결과 평균 13kcal라는 보고가 있다.[47)][48)] 가장 최근의 연구 결과에서는 추위에 노출되면 에너지 소모량이 하루 1,908kcal에서 2,128kcal로 11.5% 증가하였다고 한다.[49)] 건강한 성인의 경우 갈색지방이 평균 63g으로 일 년에 약 4kg의 지방을 줄일 수 있다는 보고도 있고,[50)] 50g의 갈색지방조직이 전체 에너지 소모량의 약 20% 정도를 담당한다는 보고도 있다.[11)]

그러나 $\beta3$ 아드레날린 수용체 항진제인 미라베르곤을 200mg 투여하였을 경우 한 해에 5kg, 3년간 약 10kg의 체중 감량 효과가 있고 하루 최대 200kcal 에너지 소모 효과가 관찰되었다.[51)] 가장 최근에 발표된 연구 논문에 의하면 18~40세 여성들을 대상으로 100mg 미라베르곤을 4주간 투여한 결과 갈색지방량, 아디포넥틴, HDL의 증가, 인슐린 민감도 개선 효과 등이 뚜렷하게 나타났으나 체중 감량 효과는 나타나지 않았다.[52)]

미국 록펠러 대학병원의 폴 코헨(Paul Cohen) 박사팀의 연구 결과에 의하면, 갈색지방을 가진 사람들은 주요 사망 원인 중 하나인 제2형 당뇨병과 관상동맥 질환, 신진대사 질환에 걸릴 가능성이 더 낮은 것으로 나타났다. 52,487명의 환자를 촬영한 134,529건의 PET-CT 영상을 검토한 결과, 그중 약 10%의 사람들이 감지할 만한 수준의 갈색지방을 지니고 있다는 사실을 알아냈다. 예를 들면 갈색지방이 없는 사람들은 제2형 당뇨병을 앓고 있는 이들이 9.5%로 나타났으나, 갈색지방을 지닌 사람들은 그 수치가 4.6%에 불과했다. 또한 갈색지방이 없는 사람 중 22%는 콜레스테롤이 비정상적인 데 비해 갈색지방이 있는 사람들의 경우 19%에서만 비정상적인 것으로 밝혀졌다.[53)]

추위에 노출되면 노르에피네프린은 $\beta3$ 아드레날린 수용체와 동시에 $\alpha1$ 아드레날린 수용체에 결합할 수 있는데, 이때 소포체 막에 존재하는 칼슘펌프인 SERCA2b/RYR2가 PKA에 의해 인산화되어 활성화되고 세포 내 칼슘 농도가 증가하게 된다. 칼슘은 VDAC, MCU 등의 칼슘 채널 단백질들의 도움으로 미토콘드리아 내부로 유입되어 피루브산 탈수소 효소(pyruvate dehydrogenase)를 활성화하고 ATP 합성을 촉진한다. 이렇게 합성된 ATP는 크레아틴 무익회로(futile cycle) 또는 칼슘 무익회로에서 사용되는데 크레아틴이 인산화되고 다시 탈인산화되는 과정과 소포체 막에서 ATP를 소비하여 칼슘을 수송하는 단백질인 SERCA가 칼슘을 더 이상 수송하지 못하게 되면 고에너지 ATP는 생산적인 일도 안 하고 (무익회로) 분해되면서 열을 발생시키게 되는 것이다.

미토콘드리아 내막의 칼슘 통로인 MCU가 지나치게 과발현되어 미토콘드리아 내에 칼슘 농도가 지나치게 증가하게 되면 비만이 유발되고,[54] 갈색지방세포의 에너지 대사를 오히려 방해하여 백색지방으로 전환되는 일이 발생할 수도 있다.[55] 따라서 세포 내 칼슘 농도를 세포가 대사 활동을 하는 데 필요한 적정 농도로 일정하게 유지해 주는 일이 중요하다.

새롭게 발견된
두 종류의 갈색지방세포

∙ ∙ ∙

　최근 미국과 중국의 국제 공동 연구팀에 의해 열발생 능력이 높은 것과 낮은 서로 다른 두 종류의 갈색지방세포가 존재한다는 흥미로운 연구 결과가 보고되었다.[56] 실험용 쥐를 이용한 실험에서 열발생 활성이 높은 갈색지방세포는 UCP1과 아디포넥틴의 발현이 많았고 낮은 세포는 적었다. 실험용 쥐를 추위에 노출시킨 결과 열발생 능력이 낮은 세포가 높은 세포로 전환되었다. 베타아드레날린 수용체 및 미토콘드리아 밀도 등 대부분의 열발생 관련인자들이 열발생 능력이 높은 세포에서 유리하였지만, 크레아틴 대사와 지방산 유입 속도는 오히려 열발생 능력이 낮은 세포에서 높았다. 열발생 능력이 낮은 세포는 UCP1 비의존적 열발생 기구를 작동한다는 의미이다.

갈색지방세포의
열발생

• • •

식사에 의한 열발생(Diet-induced thermogenesis)

인체가 섭취한 음식의 에너지를 소모하는 방식은 크게 세 가지인데, 생명 활동을 위해 최소한으로 필요한 기초대사량으로 60~70%, 운동 등의 활동대사량으로 10~20%, 그리고 식사에 의해 열발생으로 5~15%를 소모한다. 우리가 섭취한 음식의 에너지는 열로 소비되거나 글리코겐이나 지방과 같은 고에너지 물질 또는 ATP로 저장된다.

먹는 음식의 종류에 따라 비만이 유발되는 정도가 다르다는 사실은 이미 100년 전부터 제기되었음에도[57] 아직도 확실한 증거를 제시하지 못한 채 논란이 많다. 1990년에 발표된 총설 논문에서 49건의 연구 결과 중 29건만이 식품의 열발생 효과를 증명했다고 했다.[58] 최근의 보고에 의하면 개개인의 비만 환자에게서 식사에 의한 에너지 소모 차이를 발견하기 어렵다는 결론을 내렸다.[59] 식사에 의한 에너지 소모량은(보통 간접 열량 측정법으로) 정확히 측정하기 어려운 이유가 장내세균에 의한 영향을 반영하기 어렵기 때문이다.

식사에 의한 열발생(diet-induced 또는 postprandial thermogenesis, thermic effect of food)은 소화, 영양성분의 전달 및 저장 등의 의무적으로 필요한 경우와 열발생과 같은 선택적인 경우로 나눌 수 있지만, 대부분은 영양성분의 저장과 열발생으로 소모된다. 식사에 의한 열발생은 영양소의 종류와 음식의 에너지 함량에 따라 달라지는데 전체 에너지 소모량에서 차지하는 비율은 지방의 경우 0~3%로 낮고, 탄수화물은 5~10%, 단백질이 가장 높아서 20~30%, 알코올은 10~30%를 차지한다.[60][61] 단백질이 탄수화물이나 지방에 비해 포만감을 오래 유지하기 때문이다. 또한 많은 양의 단백질을 섭취했을 때 초과 단백질을 저장할 수 있는 마땅한 방법이 없어 과잉 아미노산이 체내로 유입되게 되면 이를 산화시키거나 다른 방법으로 제거하여야 하므로 아미노산의 산화 증가가 열발생을 증가시키는 요인으로 작용할 수도 있다. 에너지원으로 사용되는 비율은 반대로 지방이 가장 높고 단백질이 가장 낮다. 그러나 탄수화물과 지방의 열발생 순위에 대해서는 상반된 연구 결과가 존재한다.

인체를 대상으로 한 많은 실험에서 고단백질 식사군이 고탄수화물 식사군에 비해 체중 및 체지방 감소량이 많다고 보고하였지만, 일부 연구에서는 차이가 없다는 결과도 있어 향후 추가 연구가 필요하다.[62]

식사에 의한 열발생은 식사 후 분비되는 여러 가지 호르몬들이 그 역할을 수행한다. 식사에 의해 열이 발생하는 원리도 추위에 노출되는 경우와 유사하게 교감신경계의 자극과 호르몬의 영향이다. 따라서 갈색지방세포가 중요한 역할을 한다. 실제로 갈색지방조직을 제거할 경우 렙틴과 식사에 의한 열발생이 60% 이상 감소한다는 연구 결과가 있다.[63]

식사에 의한 열발생이 추위에 의한 열발생과 다른 점으로 베타아드레날린 수용체 자극은 필요하지만 UCP1의 기능과는 무관하다고 알려져 왔으나, 최근 연구에서는 UCP1의 역할 없이 열발생이 일어나지 않는다는 결과가 보고되었다.[64] 베타아드레날린 수용체가 결핍된 실험용 쥐는 열발생에 필요한 감상샘 호르몬 T3를 생성하지 못하는 등 갈색지방세포의 기능을 현저하게 저하시킨다.[65] 식사에 의한 열발생은 입맛에 잘 맞는 음식일수록 맛을 잘 느끼면서 식사할 때 교감신경계를 더욱 흥분시켜 식사 유도에 의한 열발생 효과가 더 크다.

정상인의 경우 식후 48시간 이내 혈중 렙틴 농도는 최대 8배까지 증가하여 교감신경계를 자극하여 베타아드레날린 수용체가 활성화됨으로써 열발생이 일어난다. 그러나 혈중 렙틴 농도가 2ng/ml을 초과할 정도로 비만인 상태가 되면 열발생 스위치가 작동하지 않는다는 사실이 최근에 밝혀졌다.[63] 렙틴에 의한 열발생 효과도 지방 분해를 차단하면 작동되지 않는다는 점에서 지방산은 어떤 경우이든 열발생 연료로 반드시 필요하다.

그러나 최근 일부 논문에서는 식사에 의한 열발생은 갈색지방세포의 역할과는 무관하다는 결과를 발표하고 있다. 예를 들면, 포도당을 섭취한 직후 PET/MRI 촬영 결과 갈색지방세포에서의 ^{18}F-FDG 흡수 속도가 증가하지 않았고 갈색지방조직이 많이 분포한 쇄골 부위의 체온 증가도 관찰되지 않았기 때문이다.[49]

^{18}F-FDG/PET-CT 촬영으로 식사 유도 열발생을 정확히 측정하는 것은 어렵다. 왜냐하면 식후 인슐린이 갈색지방뿐만 아니라 포도당을 필요로 하는 근육과 같은 다른 조직으로도 신속하게 흡수시키기 때문에 갈색지방조직의 ^{18}F-FDG가 저평가되기 때문이다. 이를 보완하기 위한 ^{15}O-PET 측정법이 개발되어 산소 소모량과 혈류량 측정을 통해 실제 에너지 소모량을 평가할 수 있게 되었다.[66] 이 방법으로 식사 유도에 의한 열발생량을 측정한 결과 추위에 의한 열발생량과 크게 차이가 나지

않는다는 사실을 알게 되었다. 또한 갈색지방을 많이 가진 사람들이 식사 유도에 의한 열발생량도 많다는 사실을 알게 되었다.

필자가 최근 고추의 매운 성분인 캡사이신이 UCP1에 의한 열발생 효과뿐만 아니라 UCP1 비의존적 열발생(ATP 소모 무익회로 활성화) 효과도 있다는 내용의 논문을 제출하였는데, 심사위원 한 사람이 "그렇다면 멕시코인들처럼 매운 고추를 많이 먹는데도 비만 인구 비율이 많은 걸 어떻게 설명할 것이냐"는 매우 공격적인 심사평을 보내와서 당황한 적이 있다. 이 심사자의 지적대로 식사 유도에 의한 열발생은 전체 에너지 소모 측면에서 차지하는 비율이 10% 내외로 낮은 것은 분명하지만 장기간에 걸쳐 축적된 열발생 효과는 체중 감량 및 유지에 도움이 될 수 있을 것이라는 답변을 해야 할 것 같다. 식사 유도에 의한 열발생에 대해 많은 과학자가 지속적으로 관심을 가지는 이유도 이 때문이 아닐까 한다.

식사 유도에 의한 열발생이 추위에 의해 자극되는 교감신경계-베타아드레날린 활성화 경로와 동일하게 일어나는 것은 아니고 다른 요소들의 영향을 받는다는 많은 연구 결과가 있다. 예를 들면, 추위에 노출된 사람들의 교감신경계-베타아드레날린 경로는 활성화되어 에너지 소모 증가가 확인되었으나 식사 유도에 의한 효과는 관찰되지 않았다.[67] 따라서 식사 유도에 의한 열발생 메커니즘은 음식이 소화되고 흡수되는 장이 추가적으로 중요한 역할을 할 수 있을 것이란 가설이 가능한데 과학자들이 이를 입증해 나가고 있다. 추위에 의한 열발생이 뇌-갈색지방세포 축에 의한다면 식사 유도에 의한 열발생은 아래 설명과 같이 장-뇌-갈색지방세포 축에 의해 일어난다.

십이지장 점막 세포에서 분비되며 이자액이나 쓸개즙의 분비를 촉진하는 단백질 호르몬인 **세크레틴**(secretin)은 갈색지방세포에 존재하는 자신의 수용체(secretin receptor)에 결합하여 열발생 신호 전달을 일으킨다는 사실이 인체 갈색지방세포에서도 증명이 되었다.[68] 세크레틴은 교감신경계 자극 없이 먼저 갈색지방세포에서 열발생을 일으킨 후 뇌 시상하부의 POMC 뉴런을 자극해 포만감을 느끼게 한다.

십이지장 점막 세포에서 분비되어 췌장액의 분비를 촉진하는 콜레시스토키닌(cholecystokinin, CCK)*도 세크레틴과 유사하게 미주신경(vagus nerve)에 있는 수용체에 작용하여 미주신경을 자극하고 이 신호가 시상하부에 전달되어 열발생을 촉진하는 동시에 섭식을 감소시키는 것으로 알려져 있다.[69] 이들 두 호르몬과는 정반대로 그렐린(ghrelin)과 그 수용체는 농도가 증가할수록 UCP1 발현이 감소하여 섭식을 증가시키게 된다.[70]

담즙산(bile acid)은 쓸개즙의 주요 성분으로 간에서 콜레스테롤로부터 만들어지는데 에너지 대사에서 매우 중요한 역할을 한다. 담즙산 수용체는 세포핵뿐만 아니라 세포막에도 존재한다. 갈색지방에 존재하는 TGR5(Takeda G-protein-coupled receptor 5)는 담즙산과 결합하여 갈색지방의 갑상샘 호르몬 신호체계를 활성화함으로써(갑상샘 호르몬 T4를 T3로 전환하는 효소를 활성화) 열발생을 유도한다. 더불어 담즙산은 장내에서 TGR5가 활성화되면 장에서 분비되는 호르몬인 인크레틴, 특히 글루카곤 유사 펩타이드-1(glucogon-like peptide-1, GLP-1) 분비를 촉진해 인슐린 분비를 촉진하기도 하고 지방세포의 열발생을 유도한다.[71]

인슐린 또한 식사에 의한 열발생에 많은 영향력이 있는 호르몬이다. 인슐린은 소화된 영양성분들을 지방과 같은 고에너지 물질로의 합성과

---

* 쓸개즙(chole) 주머니를(cyst) 움직이는(kinin) 효소라는 의미이다.

갈색지방세포에서 미토콘드리아 합성과 열발생을 촉진한다.

FGF21(Fibroblast growth factor 21)도 식사에 의한 열발생에 관여하는 펩타이드 호르몬인 것으로 알려졌다. FGF21은 식사와 관계없이 간에서 분비되지만, 식후 백색지방세포에서도 분비되어 베이지색지방을 유도한다.[72]

실제로 고지방식이는(지방함량과는 관계없이) 갈색지방세포에서 UCP1 발현을 증가시킨다. 고지방식에 의한 베이지색지방의 유도 효과에 관한 연구 결과는 상반되는 경우가 많고 아직 인체에서의 결과는 보고된 바가 없다.

불포화지방산 섭취에 의한 갈색지방에서의 열발생 촉진 효과와 베이지색지방의 유도 효과가 많이 보고되어 있다. 특히 오메가-3 불포화지방산의 경우, 지방산 수용체(free fatty acid receptor 4) 활성화에 의해 FGF21, miR-30b, miR3-378 등의 발현 유도를 통해 열발생이 촉진되는 것으로 알려져 있다.[73] 감마리놀렌산과 같은 오메가-6 불포화지방산과 EPA, DHA와 같은 오메가-3 불포화지방산 모두 지방세포의 열발생을 촉진하지만, 효과는 오메가-3 지방산이 더 좋은 것으로 알려졌다.[74]

단백질의 섭취가 지방세포의 열발생에 미치는 영향에 대해서는 실험용 쥐를 이용한 실험에서 상반된 연구 결과가 보고되었다. 저 함량 단백질 섭취가 갈색지방조직을 활성화한다는 보고가 있는가 하면[75] 비만인 쥐에서는 효과가 없다고 한다.[76] 그러나 고함량 단백질 섭취가 갈색지방조직 활성화에 더 유리하다는 결과가 있고[77] 실제로 인체에서도 입증되었다.[62]

단백질 중에서는 가지 난 아미노산인 류이신을 많이 함유한 카제인(casein)과 대두단백질(soy protein)이 갈색지방 활성화에 의한 비만 예방에

좋다고 알려져 있다.[78] [79]

이러한 단백질의 열발생 효과에도 불구하고 일부 아미노산 절식이 지방세포의 열발생에 효과가 있다는 보고가 있다. 예를 들면 메치오닌과 류이신 절식이 갈색지방세포의 활성화와 베이지색지방 유도에 의한 에너지 소모 증가로 비만에 효과가 있다는 것이다. 메치오닌과 류이신은 지방세포의 열발생에서 중요한 역할을 담당하는 베타아드레날린 수용체와 FGF21 발현을 방해하는 것으로 알려졌다.[80] [81] 그러나 류이신의 경우 갈색지방을 활성화하는 동시에 베이지색지방을 유도한다는 보고도 있어 개별 아미노산의 열발생 기능에 관해서는 추가 연구가 필요해 보인다.

갈색지방세포가 분화하는 과정에서 혈관 및 미토콘드리아 생성에 중요한 역할을 하는 산화질소의 원료 아미노산인 아르기닌(arginine) 역시 지방세포의 열발생에 긍정적인 역할을 한다.[82]

탄수화물 성분이 포함된 식사에 의한 열발생 효과에 관한 연구는 많지만 밀기울, 귀리 등의 섬유질 탄수화물 성분이 0.8% 함유된 고지방식이 베타아드레날린 수용체/cAMP/PKA/PGC-1α 경로 활성화에 의해 갈색지방을 활성화시키는 동시에 베이지색지방 생성을 유도한다는 보고가 있다.[83]

이상과 같이 식사에 의한 열발생 효과는 분명히 확인되었고 열발생량도 무시할 수준이 아니다. 그러나 과도한 식사에 의한 갈색지방 또는 베이지색지방의 열발생은 식후 4시간 동안만 지속된다는 연구 결과가 있어 식사를 통해서 에너지를 소모하려는 노력은 무의미하다는 주장도 있다.[84] 그럼에도 불구하고 식사에 의한 열발생에 과학자들의 관심이 지속되는 이유는 추위에 의한 열발생을 통해 체중을 줄인다는 것이 현실적으로 어렵기 때문이다.

추위에 의한 열발생(Cold-induced thermogenesis)

포유동물들이 추위에 노출되면 피부에 존재하는 추위를 감지하는 감각 신경이 뇌로 신호를 전달하고 교감신경계를 활성화하여 노르에피네프린과 같은 신경 전달 물질을 분비하여 갈색지방세포를 자극하게 된다. 갈색지방 세포막의 베타아드레날린 수용체가 자극되면 일련의 신호 전달을 거쳐 지방 분해가 촉진되고 미토콘드리아에서 UCP1 단백질에 의해 열발생이 일어난다. 이것이 가능한 이유는 피부 표면에 추위를 감지하는 센서 단백질 TRP(transient receptor potential)을 가지고 있기 때문이다. 이 센서 단백질은 인체 표면에 존재하는 신경*에서 감지하는 온도 범위에 따라 작동하는 다양한 형태가 존재한다. 예를 들면 TRPV1은 43℃, TRPV2는 52℃, TRPV4는 27℃, TRAP 1은 17℃ 이상의 열에서 각각 작동한다.[85]

TRPV1, TRPV4 등 많은 TRP 단백질이 추위를 감지하게 되면 뇌의 시상하부로 신호 전달이 일어나서 노르에피네프린과 같은 신호 전달 물질을 분비하여 지방세포의 베타아드레날린 수용체를 활성화해 열발생을 촉진하는 것은 잘 알려져 있다. 추위에 의한 교감신경계의 열발생 메커니즘은 식후에 일어나는 지방세포에서의 열발생과 유사한 메커니즘이지만 인체에서는 아직 확실하지는 않다. 또한 캡사이신, 멘톨과 같은 TRP를 자극할 수 있는 음식을 섭취하게 되면 지방세포에서 발현되는

---

* 구심성 신경(afferent neuron), 말초조직에서 뇌로 신호 전달.

TRP를 직접 활성화해 열발생을 촉진하는 것도 가능하다.

TRP 채널의 활성화는 추위에 노출될 때뿐만 아니라 멘톨, 캡사이신, 카테킨 등의 파이토케미컬에 의해서도 일어나는데 물질마다 표적 TRP 채널이 서로 다르다. 추위에 노출될 때는 A1, M8 채널이 활성화되고, 캡사이신과 6-파라돌(paradol)은 V1, 캡시노이드와 카테킨은 V1, A1, 멘톨은 M8 채널을 활성화시켜 열발생의 출발점인 베타아드레날린 수용체에 신호 전달을 하게 된다(그림 3-7).

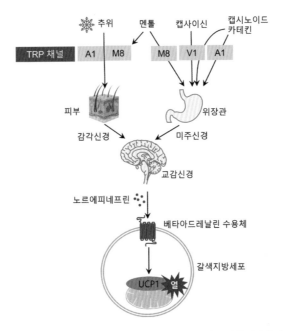

[그림 3-7] 갈색지방세포에서 교감신경계-TRP 채널에 의한 열발생 경로

노르에피네프린에 의해 G 단백질 연계 수용체의 일종인 베타아드레

날린 수용체가 활성화되어 아데닐산 고리화 효소에 의해 cAMP를 증가하게 되어 열발생을 위해 지방 분해와 열발생 관련 신호 전달이 일어난다(5장에서 상세히 설명). 지질 방울 내에 저장된 지방이 지방산으로 분해되어 열발생을 위한 연료로 사용되는데, 지방산 외에 포도당도 연료로 사용될 수 있다.

온도와 촉각 수용체의
발견과 노벨상(2021)

줄리어스   파파푸티안

(사진: Wikimedia Commons)

온도와 촉각의 비밀을 밝혀낸 공로로 미국 샌프란시스코 캘리포니아 대학의 생리학자 데이비드 줄리어스(David Julius) 교수와 캘리포니아 스크립스 연구소의 신경과학자 아르뎀 파타푸티안(Ardem Patapoutian) 박사는 2021년 노벨 생리의학상을 공동으로 수상하였다. 줄리어스 교수는 열에 반응하는 신경 말단의 센서를 식별하기 위해 고추의 매운 성분인 캡사이신을 이용하여 피부 신경 말단에서 열에 반응하는 감각 수용체 TRPV1(transient receptor potential cation channel subfamily V member 1)을 발견하였다. 다양한 온도가 신경계에서 전기 신호를 어떻게 유도할 수 있는가를 이해할 수 있게 하는 단서를 제공한 것이다.

두 사람은 멘톨을 사용하여 서로 독립적으로 연구하던 중에 멘톨의 수용체인 TRPM8(transient receptor potential cation channel subfamily M(melastatin) member 8) 이라는 이름의 추위를 감지하는 수용체를 발견하였다.

또한 파타푸티안 박사팀은 세포가 외부 접촉에 어떻게 반응하는지 이해하기 위한 실험을 통해 세포들이 작은 전기 신호에 반응할 수 있도록 하는 유전자를 찾아 그리스어로 '압력'을 뜻하는 '피에조1(Piezo1)'이라는 이름의 촉각 감지 수용체를 찾았고 이어 유사한 수용체인 '피에조2(Piezo2)'를 발견했다.

비운동성, 운동성 열발생
(nonexercise activity- and exercise-induced thermogenesis)

비운동성 열발생(nonexercise activity thermogenesis, NEAT)이란 계단을 오르거나 청소를 하는 등의 규칙적인 운동 이외에 일상생활에서의 움직임에 의한 열발생을 말한다. 의사들이 권고하는 비만을 예방하기 위한 운동 시간은 하루 30분, 주5일 이상인데 예상과는 달리 운동성 열발생이 비운동성 열발생에 비해 생각보다 많다고 할 수 없다. 하루 종일 측정해 보면 오히려 비운동성이 운동성에 비해 열발생량이 더 많다는 연구 결과가 있다.[86]

비만인은 정상 체중인 사람에 비해 하루 평균 2시간 더 앉아서 생활한다고 하는데, 만약 이들이 정상 체중인 사람과 같은 행동 방식으로 생활한다면 하루에 350kcal의 열량을 추가로 소모할 수 있어 일 년에 약 18kg을 감량할 수 있다는 흥미로운 연구 결과가 사이언스지에 발표된 적이 있다.[86]

인체를 대상으로 한 실험에서 비운동성 열발생이 인슐린 감수성, HDL 수치 증가 등 대사 질환 개선에 효과가 관찰되었고 특히 심혈관 질환의 예방에 미치는 영향은 예상보다 커서 대조군에 비해 약 30% 감소 효과가 있었다고 한다.[87] 비운동성 열발생을 조절하는 분자로 오렉신 (orexin)의 역할이 보고된 연구 결과가 있는데, 뇌에서 오렉신 농도가 높을 경우 비운동성 활동이 강화되어 열발생이 증가한다고 한다.[88]

그러면 운동성 열발생 효과는 어떨까? 적정 강도 이상의 규칙적인 운동은 인체 대부분의 조직에서 탄수화물 및 지질대사를 증대시키고 내분비 기능을 강화시키는 등 대사 개선 효과가 입증되었다.[89] 지방조직의 경우 예상과는 달리 갈색지방조직보다 백색지방조직에서 더 많은 반응이 일어난다. 운동에 의해 백색지방조직인 피하지방에서 베이지색지방이 유도된다는 많은 연구 결과가 보고되었다. 그러나 인체를 대상으로 한 연구에서는 운동을 통한 베이지색지방 생성 유도를 확인하는 데는 실패하였다.[90]

운동을 하게 되면 백색지방세포에 저장된 지방이 분해되어 크기가 줄어들게 되고 단열 효과가 감소하여 외부 온도에 방어하기 위해서 열을 발생시키는 기능이 필요하게 된 것으로 해석하고 있다. 실험용 쥐와 인체 모두에서 운동에 의해 피하지방 백색지방세포의 미토콘드리아의 기능이 증가한다는 공통적인 결론을 얻었으나 포도당 및 지질대사 개선 효과에 관해서는 상반된 연구 결과들이 보고되어 확실한 결론을 내리기가 쉽지 않다. 그러나 운동에 의한 포도당 흡수, 인슐린 감수성, 지방 분해, 지방산 산화 증가 등의 효과를 주장하는 논문이 많다.

근육과 심혈관계를 포함하여 지방조직에서도 당연히 비운동성에 비해 열발생 효과가 더 클 것이라고 생각할 수 있으나 연구 결과는 그렇지 않다. 또한 갈색지방조직에서보다 백색지방조직에서의 효과가 더 크다는 연구 결과가 대부분이다.

일부 상반된 주장에도 불구하고 운동에 의한 백색지방에서의 열발생 관련 대사 개선 효과가 발견되었으나 예상과는 다르게 갈색지방에서의 열발생 관련 연구 결과는 매우 실망적이다. 갈색지방세포에서의 연구 결과도 상반된 주장이 있긴 하나 운동에 의해 노르에피네프린 자극에 의한 베타아드레날린 수용체 활성화가 증가하였다는 보고가 있다. 인체를 대상으로 한 연구에서 장기간 운동을 한 남성의 갈색지방세포에서 미토콘드리아 기능 차이를 발견할 수 없었고 베이지색지방 생성도 일어나지 않았다.[91]

갈색지방세포에서 운동 효과에 관한 연구 대부분이 실험용 쥐를 이용한 것이고 인체를 대상으로 한 연구 결과는 매우 제한적이라 운동에 의한 갈색지방세포의 열발생 효과를 주장하기 어려울 것으로 판단된다. 따라서 지금까지도 많은 과학자들이 운동에 의한 지방세포에서의 열발생에 관한 퍼즐을 풀기 위한 연구가 지속적으로 이루어지고 있다.

실험용 쥐를 이용한 많은 실험에서 운동에 의한 갈색지방에서의 포도당 흡수 속도 증가로 인슐린 민감성이 증가하였지만 인체에서는 근육에서 포도당 흡수 속도가 더 크게 증가하여 갈색지방세포에서의 포도당 증가 속도는 관찰되지 않았다. 결국 갈색지방세포에서 열발생을 위한 연료 공급 측면에서 운동이 큰 영향을 미치지 않은 것으로 해석할 수 있다.

지방세포의 열발생에 관해 기념비적인 논문을 많이 발표한 하버드의대 스피겔멘(Bruce M. Spiegelman) 교수팀은 2012년 운동을 하게 되면 근육세포에서 미토콘드리아 생합성에서 필수적인 기능을 하는 $PGC1-\alpha$의 생산이 증가하고 근육세포의 막단백질인 FNDC5(fibronectin type III domain-containing protein 5)가 분해되어 분자량 12,000의 작은 호르몬 단백질 이리신(irisin)*이 생성되어 혈중 농도가 증가한다는 사실을 발견하였다.

이 단백질은 실험용 쥐의 백색지방세포에서 UCP1 발현을 촉진하고 열발생을 유발한다는 것이다. 이리신의 열발생 효과는 배양된 백색지방세포에서도 작동하였고, 인체에서도 가능성을 주장하는 논문이 발표되었다.[92] 그러나 실험에 참여한 일부 대상에게서만 효과가 관찰되었거나[93] 인체 유래의 근육세포에서 특별한 효과가 없다는 연구 결과가 보고되기도 했고[94] 심지어 역효과를 주장하는 논문도 발표되는 등,[95] 인체를 대상으로 한 이리신의 효과는 여전히 논란 중이다.

FNDC5 및 혈중 이리신의 농도를 증가시키는 요인은 운동 외에도 추위에 노출되거나(베이지색지방 생성 요인들과 중복) 렙틴을 투여하는 것이다. 렙틴은 근육을 늘려주지만, 베이지색지방 생성은 감소시키는 상반된 효과가 있다.[96] 혈중 이리신 농도가 높을수록 근육의 양과 강도가 증가한다는 결과를 믿고 운동을 하면 이리신 농도가 증가할 것이라는 가설이 설득력이 있지만 상반된 연구 결과들로 인해 이리신의 인체에서의 열발생 효과에 대한 논란은 여전하다.[97]

그럼에도 불구하고 이리신에 대한 연구자들의 높은 관심이 여전히 식지 않고 있는 이유는 이리신의 다양한 생리적 효과 때문이다. 이리신은 골격근에서 포도당 및 지방산 유입을 촉진해 고지혈증과 고혈당을 개선하여 인슐린 저항성을 개선하기도 한다.[98] 또한 이리신은 소포체 스트레스(ER stress)를 감소시켜 간 대사를 개선하고 인슐린을 생산하는 췌장의

---

* Iris: 그리스 신화에 나오는 여신으로 신들의 전령사, 심부름꾼 역할을 하는 여신.

베타세포의 수와 기능을 증가시킨다.[99] 뼈를 형성하는 조골세포의 분화를 촉진하고[100] 혈관-뇌-장벽(BBB)을 통과할 수 있어 파킨슨병 등 퇴행성 뇌 질환을 억제하는 기능도 최근에 보고되었다.[101]

심장에서 분비되는 나트륨이뇨펩타이드(cardiac natriuretic peptides, NP)는 심방(atrial NP, ANP)과 심실(ventricular NP, BNP)에서 분비되는 두 종류로 분류된다. ANP, BNP는 내분비 작용으로 갈색지방세포에서 p38MAPK 경로에 의해 PGC-1α와 UCP1 발현을 촉진하여 열발생을 증가시키고 백색지방에서 베이지색지방 생성을 유도한다.[102]

이상과 같이 운동으로 인한 지방세포의 역할은 연구 결과에 일관성이 없고 인체를 대상으로 한 연구가 부족하여 독자들도 도대체 효과가 있는지 없는지 혼란스러울 것 같다. 그래서 필자가 2023년부터 거꾸로 최신 연구 논문을 찾으려고 했으나 결론에 도달할 정도로 영향력 있는 논문을 찾는 데 실패했다. PubMed 검색을 해 보니, 1963년부터 2023년까지 60년간 출판된 전체 논문 수가 1,051건이 검색되었는데(검색어: exercise and thermogenesis), 2015년부터 최근 8년간 509건이나 검색될 정도로 최근에 연구가 활발하게 수행되는 연구 분야임은 분명하나 2017년 이후 연구 논문 수가 점차 감소하고 있다.

갈색지방세포를
활성화하는 분자들

• • •

    갈색지방세포에서 분비되는 많은 분자들을 갈색지방조직의 사이토카인(brown adipose tissue cytokine)이란 뜻으로 바토카인(BATokine)이라 부른다. 지금까지 많은 종류의 바토카인들이 발견되었는데 이들은 갈색지방조직 자체에 작용하기도 하고(autocrine), 주변 조직에 작용하기도 하며(paracrine), 혈액 중에 순환하며 다른 조직에 작용(endocrine)하기도 한다(표 3-1).

    갈색지방을 활성화하는 동시에 브라우닝을 유도하는 분자 또는 물질들에 대해서는 4장에서 상세히 소개하고 여기서는 갈색지방 활성화에 한정된 분자 또는 물질들에 대해서만 기술하기로 한다.

작용 기전	Batokines	작용기관
	열발생에 긍정적 효과	열발생에 부정적 효과
자가분비 작용	Adenosine Prostaglandins Nitric oxide BMP8b FGF2, FGF21 Follistatin	Endocannabinoids GDF8/Myostatin Angiopoietin-like 3/8(ANGPTL3/8) Chemerin
주변분비 작용	VEGF-A, Nitric acid NGF, NRG4 Adiponectin, IL-6 WNT10b	혈관계 교감신경계 면역계 뼈
내분비 작용	FGF21, IL-6, SLIT2-C NRG4, IGF1, IL-6, miR99b FGF21, IL-6 FGF21, IL-6, BMP8b IGFBP2	백색지방조직 간 췌장, 심장 뇌 뼈

[표 3-1] 갈색지방세포가 분비하는 아디포카인(바토카인)

아데노신(Adenosine)은 G 단백질 연계 수용체에 속하는 아데노신 수용체(A2A 및 A2B)와 결합하게 되면 베타아드레날린 수용체와 유사하게 cAMP 농도를 증가시켜(A1, A3 수용체와 결합하면 cAMP 농도 감소) 갈색지방세포의 열발생을 촉진한다.[103] 인체를 대상으로 한 연구에서 아데노신 투여 그룹이 추위에 노출된 그룹보다도 갈색지방조직 활성화 효과가 더 뛰어났다는 연구 결과가 있다.[104]

Adissp(Adipose-secreted signaling protein)는 최근에 발견된 바토카인으로 베타아드레날린 수용체 활성화에 의해 베이지색지방 생성을 유도하

여 비만을 예방하는 효과가 있다.[105)

뼈형성 단백질 8b(Bone morphogenetic protein 8b, BMP8b)은 열발생 자극이 있을 때 완전히 분화된 갈색지방세포에서 가장 고농도로 분비되는 바토카인의 하나이다. BMP8b는 p38MAPK/CREB 경로에 의해 갈색지방조직을 활성화시킬 뿐 아니라 베이지색지방을 유도하기도 하고 뇌에서도 분비되어 AMPK 활성을 떨어뜨려 식욕을 억제한다.[106) 107) 이 외에도 지방세포 대사를 조절하는 많은 BMP 들이 알려졌는데 각각의 기능은 5장에서 상세히 설명한다.

CLSTN3β(Calsyntenin 3β)는 갈색지방세포의 소포체에서 칼슘 분비에 관여하는 단백질로서 칼슘결합단백질 S100b와 함께 교감신경계의 활성화를 촉진하여 열발생을 증가시킨다.[108)

CXCL14(C-X-C motif chemokine ligand 14)는 열발생 자극으로 인해 갈색지방조직에서 분비되어 M2 대식세포를 유도하여 피하지방에서 베이지색지방 생성을 유도하는 작용을 하는 바토카인이다.[109) 그러나 대식세포가 베이지색지방을 유도한다는 주장은 여전히 논란 중이다.

단백질체학을 이용하여 실험용 쥐를 추위에 노출해 발현이 증가하는 단백질을 탐색한 결과 미토콘드리아 내막에 존재하는 FAM210A(Family with sequence similarity 210 member A)가 미토콘드리아 내막의 구조 유지와 열발생 촉진에 관여한다는 사실이 밝혀졌다.[110) 필자의 연구실에서도 브라우닝 유도 물질 처리 전후 지방세포의 전체 RNA 발현 패턴을 분석하여(RNA-Seq) 발현이 현저하게 증가하거나 감소하는 유전자들을 탐색한 결과, FAM107이 브라우닝 유도를 저해한다는 사실을 알게 되었다. 이 유전자의 발현을 억제한 결과(FAM210A와는 반대로) 베이지색지방 유도가 되는 것으로 볼 때 FAM 아형 단백질들의 기능이 지방세포에서 서로

상이한 것으로 보인다.[111]

초기에 발견된 바토카인 중에는 FGF21(Fibroblast growth factor 21), IL-6, neuregulin 4 등이 있는데, FGF21는 여러 조직에서 내분비 작용을 하는 바토카인이다. FGF21은 평소에는 간에서 에너지가 고갈된 상태에서 지방이 분해되어 지방산이 생성되면 직접 FGF21을 생성하는데 추위에 노출될 경우 갈색지방세포에서 베타아드레날린 수용체가 활성화되면서 FGF21 유전자 발현이 유도된다.

FGF21은 갈색지방세포의 분화와 증식에 필수적인 분자이나 추위에 노출되거나 고강도 운동 시 백색지방세포에서도 분비되어 베이지색지방 생성을 유도하는 인자로 알려져 있다.[112] 엄격한 의미로 FGF21을 갈색지방조직 고유 사이토카인으로 분류하기 어려운 측면이 있다. 왜냐하면 근육을 떨어 열을 생성할 때나 운동 시 근육에서도 분비되고 백색지방에서도 분비되어 포도당 흡수를 촉진시키거나 아디포넥틴 대체 기능을 수행하기도 하기 때문이다. 또한 췌장에서 분비되어 췌장염을 억제하는 기능을 한다.[113] FGF21의 내분비 기능 중의 대표적인 것이 심장 보호 기능인데, UCP1 발현을 억제하면 발생하는 심장 손상이 FGF21을 증가시켜 보호하는 기능이 있다.[114]

FGF21 재조합 단백질을 투여한 동물 실험에서는 체중 감소, 인슐린 감수성 증가, 알코올성 간경화 및 심혈관계 기능 개선 등의 효과를 얻었지만, 인체 실험에서는 약동력학적으로 불안정한 요소가 많아 긍정적인 결과를 얻는 데 실패했다. 따라서 FGF21 유사체를 개발하여 비만 및 당뇨병 환자들을 대상으로 임상시험을 지속하는 등의 노력이 이루어지고 있다.[115]

FGF2 역시 추위에 노출된 실험용 쥐를 이용한 실험에서 갈색지방세

포의 증식과 베이지색지방 생성을 유도하는 것이 확인되었다.[116]

폴리스타틴(Follistatin)은 변형 성장인자(TGF) 계열로서 특히 액티빈 A 및 미오스타틴(GDF8)의 활성을 조절하는 가용성 당단백질이다. 폴리스타틴은 TGF-β/Smad3 신호 전달을 차단하여 인슐린 민감도를 향상시키고 식사 유발성 비만이 예방되며, 염증성 사이토카인 수준 및 염증성 대식세포 침윤을 감소시켜 백색지방세포의 브라우닝을 촉진한다. 동시에 폴리스타틴은 추위에 반응하여 TGF-β 신호 전달 경로를 차단하고 항염증 효과를 발휘함으로써 갈색지방조직을 활성화한다.[117]

갈색지방세포에서 성장 호르몬 수용체(Growth hormone receptor, GHR)의 감소는 열발생 능력을 감소시켜 고지방식이에 의해 비만이 유도되지만 (특이하게 고지방식이에 의한 지방간 축적은 억제된다) 오랜 시간 추위에 노출시키면 열발생 능력이 회복된다. 또한 GHR은 베이지색지방 유도에도 긍정적으로 작용한다.[118]

글루카곤 유사 펩타이드 1(Glucagon-like peptide-1, GLP-1)은 최근 전 세계 비만 치료제 시장을 석권하고 있는 GLP-1 수용체의 리간드이다. 식후 GLP-1은 식욕 억제 신호 전달을 충분히 수행하기 전에 분해되어 사라지므로 식욕 억제 효과를 지속해 유지하기 위해서는 리라글루타이드(liraglutide)와 같은 GLP-1 리간드 유사체를 개발할 필요가 있었다. GLP-1 항진제는 시상하부에서 AMPK 활성을 저해해서 식사와 무관하게 갈색지방세포를 활성화하고 베이지색지방 생성도 유도한다는 것이 밝혀졌다.[119] 그러나 장내 미주신경에서의 GLP-1 수용체는 억제되는 것이 갈색지방세포에서의 열발생에 유리하다는 흥미로운 연구 결과가 있다.[120] 한편 GLP-1 항진제는 베이지색지방 생성을 유도한다. 최근 비만 치료제 시장의 선두 주자인 리라글루타이드는 GLP-1 유사체로서 식욕 억제 작용과 함께 갈색지방의 활성화, 베이지색지방 생성 등의 에너지 소모 작용까지 있어 이상적인 비만 치료제로서 모든 자격을 다 갖고 있다.

GOT1(Glutamic-oxaloacetic transaminase 1)는 해당과정에서 생성된 전자를 미토콘드리아 내막을 통해 미토콘드리아로 운반하는 통로인 말산-아스파르산 왕복 통로(malate-aspartate shuttle)에 관여하는 효소이다. 평상시에는 갈색지방세포에서 아주 소량 존재하나 추위에 노출되거나 베타 아드레날린 수용체가 활성화되면 Got1 프로모터에 PGC-1α이 결합하여 열발생을 촉진하게 된다.[121]

헵시딘(Hepsidin)은 간에서 생성되어 체내에서 철분이 일정하게 유지되도록 조절해 주는 호르몬이다. 헵시딘이 부족하면 갈색, 백색지방세포 모두 철분의 양이 지나치게 증가하여 지방세포의 형성을 방해하게 되는데 특히 백색지방에서 베이지색지방 생성을 방해한다.[122]

이노신(Inosine)은 리보오스에 하이포잔틴(hypoxanthine)이 결합된 뉴클레오사이드의 일종으로 GABA-A 수용체 리간드로 알려져 있다.[123] 갈색지방세포가 스트레스 또는 세포 자연사 상태에서 이노신을 분비하여 주위에 있는 갈색지방세포의 열발생을 증가시키고 갈색지방 전구세포의 분화를 촉진한다.[124] 이노신은 G 단백질 연계 수용체의 일종인 퓨린 수용체(purinergic receptor)와 결합하여 아데닐산 고리화 효소를 활성화시켜 cAMP 농도를 증가시키는 것에 의해 열발생을 촉진한다.

인슐린 유사 성장인자(Insulin-like growth factor 1, IGF-1)는 수용체인 IGF-1R에 결합하여 세포의 성장, 분열, 분화 등에 관여한다. 인슐린과 유사한 구조로 인해 인슐린 수용체와도 결합하는데, 결합 강도는 낮다. IGF-1은 췌장에서만 생산되는 인슐린과 달리 인체 대부분의 조직에서 생산되며 혈중 농도도 높게 유지된다. 추위에 노출되면 갈색지방세포에서 IGF-1이 분비되어 자신의 성장, 분화를 촉진하는 자가분비 기능 외에도 혈중 순환을 통해 혈당 저하에 기여한다. 시상하부에서 발현되는 IGF-1은 인슐린 수용체와 동시에 결합할 때 갈색지방에서의 열발생을 더 높은 수준으로 증가시킨다.[125]

인터루킨 6(Interleukin-6, IL-6) 역시 바토카인으로 분류하긴 하지만 백색지방, 근육세포 등에서도 생성되고 각 조직에서의 기능은 상세히 알려지지 않았다. 실험용 쥐를 이용한 실험에서 IL-6은 급성 스트레스에 의해 유도되는 사이토카인이고 $\beta3$-아드레날린 수용체 자극에 의해 갈색지방세포에서 생산된다.[126] 한편 IL-6는 운동으로 에너지가 필요할 때 지방 분해를 위해 근육에서도 분비되어 지방세포와 교신한다. 이런 경우의 IL-6 생성은 짧은 시간 내에 일어나지만, 장기간에 걸쳐 혈중 IL-6 농도가 증가한 상태는 질환의 증거이다. IL-6 및 그 수용체가 결핍된 실험용 쥐를 이용한 실험에서 IL-6가 갈색지방세포에서 교감신경계 활성화를 통해 열발생에 관여한다는 것이 입증되었다.[127] IL-6은 뇌에서 발현되어도 갈색지방세포의 열발생 촉진으로 체중 감소 효과가 있다.[128] 갈색지방세포에서 IL-6의 발현 증가는 FGF21 발현을 동시에 증가시켜 열발생 기전에서 상호교신 작용을 한다.

JAK(Janus kinase)-STAT(JAK가 STAT을 인산화시켜 전사인자로 만듦) 신호 전달 경로는 세포분열 및 사멸, 면역 반응, 종양 형성 등 많은 세포 활동에서 중요하다. 고지방식이와 추위에 노출될 때 베타아드레날린 수용체 자극으로 인한 갈색지방세포에서 열발생 과정에서 JAK2-STAT 활성화가 반드시 필요하다. 그러나 JAK-STAT 신호 전달 경로를 억제한 결과 인체 유래 백색지방세포에서 베이지색지방이 유도되었다는 결과도 있어,[129]

4종류의 JAK, 7종류의 STAT의 조합에 따라 열발생 메커니즘이 달라질 수 있다는 것을 시사해 준다.

갈색지방조직의 프로테옴 분석을 통해 갈색지방세포의 발달 및 분화 과정에서 선택적으로 발현되는 미토콘드리아 기질 단백질인 LETMD1(LETM1 domain-containing protein 1)은 세포호흡을 증가시키고 UCP1 상위에서 열발생을 조절한다는 사실이 국내 연구팀에 의해 발견되었다.[130] 이 단백질이 결핍된 실험용 쥐는 추위에 노출되더라도 UCP1 단백질의 발현이 억제되어 있어 체온과 호흡을 유지하지 못한다.

MANF(Mesencephalic astrocyte-derived neurotrophic factor)는 퇴행성 신경질환의 방어, 췌장 베타세포 증식, 간 기능의 항상성 유지 등에 관여하는 것으로 알려져 왔다. 식후 간에서 분비된 MANF는 실험용 쥐의 백색지방세포에서 베이지색지방 생성을 유도하여 비만 억제 작용이 있다는 것이 밝혀졌다.[131] 이 단백질은 뇌 시상하부 POMC 뉴런에서도 생성되는데 POMC 뉴런에서 이 단백질이 결핍되면 갈색지방세포에서 교감신경계 신호 전달에 문제가 생겨 비만이 유발된다.[132]

혈당 조절제로 잘 알려져 있는 **메트포르민**(Metformin)은 체중 감량에는 효과가 관찰되지 않았지만, 베타아드레날린 수용체 활성화에 의한 갈색지방세포에서의 지방산 산화 및 흡수, 미토콘드리아 생합성, 열발생 촉진 작용이 있다. 그러나 인체를 대상으로 한 또 다른 연구에서는 메트포르민이 내장지방을 줄여주는 동시에 열발생을 촉진하는 효과가 있다고 보고하였다.[133]

미토콘드리아 분열과 융합은 세포의 에너지 대사 항상성을 위해 반드시 필요한데 갈색지방세포에서 특히 중요하다. 미토콘드리아 융합을 조절하는 단백질인 Mitofusin 2(Mfn2)가 결핍되면 세포호흡이 줄어들고 베타아드레날린 활성이 감소한다. 또한 지질 방울 표면에 있는 페리리핀에 작용하여 지방 분해 억제 작용을 저해한다. 흥미롭게도(Mfn1의 영향은 없고) Mfn2가 억제되면 지방을 분해해서 ATP를 생산하는 경로가 차단되는 대신 포도당을 에너지원으로 사용하는 경로가 활성화되어 인슐린 저항성과 지방간이 개선된다.[134]

히알루로난(Hyaluronan)은 히알루론산(Hyaluronic acid)이라고도 하며, 연골과 같은 결합조직에서 많이 발견되는 글리코사미노글리칸(glycosaminoglycan)의 한 종류이다. 이를 합성하는 효소가 HA synthases(HAS1, HAS2, HAS3)인데, 4-Methylumbelliferone(4-MU)는 저해제이다. 4-MU는 특별한 외부 자극 없이도 해당과정, 세포호흡, UCP1 발현을 증가시켜 갈색지방세포의 열발생을 증가시킨다.[135] 4-MU는 FDA 사용 승인이 된 약제여서 에너지 대사 증가에 의한 비만 치료제 후보로 검토해 볼 가치가 있다.

뉴레귤린 4(Neuregulin 4, NRG4)은 간을 표적화하는 바토카인으로 간에서 지방 생성을 억제하여 고지혈증과 지방간을 예방한다.[136] 비만이나 인슐린 저항성 상태에서는 혈중 농도가 감소한다. NRG4의 자가분비 기능으로는 갈색지방조직에서 신경 분화를 촉진한다.

니코틴(Nicotine)의 체중 감량 효과에 대해서는 이미 오래전부터 많이 연구되어왔는데, 실제로 고도 비만 환자를 제외하면 흡연자의 체중 감량 효과가 관찰되었다.[137] 니코틴의 항비만 효과는 시상하부의 POMC 뉴런을 자극하여 식욕을 억제하는 동시에[138] 교감신경계 자극에 의한 갈색지방의 활성화 효과에서 기인한다.[139] 최근 오피오이드(opioid) 수용체 자극에 의한 베이지색지방 생성을 유도한다는 연구 결과도 보고되었다.[140]

니코틴의 에너지 소비 효과에 관한 첫 연구는 1982년 햄스터를 이용한 실험이다. 담배 연기에 노출하거나 니코틴을 직접 주사하여 효과를 관찰한 결과, 갈색지방조직이 증가하였다.[141] 이후 많은 연구를 통해 니코틴의 에너지 소비 촉진 효과가 입증되었는데, UCP1 발현을 증가시키는 직접적인 열발생 효과도 입증되었다.[142]

산화질소(Nitric oxide)는 추위 노출 등으로 베타아드레날린 수용체가 활성화될 때 갈색지방조직에서 분비되어 갈색지방세포의 분화를 촉진하며 백색지방조직에서 베이지색지방 생성을 유도한다. 베타아드레날린 수용체가 자극되면 구아닐산 고리화 효소(guanylate cyclase) 활성화에 의해 cGMP 농도가 증가하고 PGC-1α가 활성화되어 UCP1 발현을 촉진한다.[143] 유사하게 무기 질산염을 백색지방세포에 처리하더라도 산화질소 합성을 유도하여 브라우닝을 유발한다.

비전사 RNA(Noncoding RNA, ncRNA): 단백질 합성에 관여하지 않는 (mRNA를 제외한) 모든 RNA를 비전사 RNA(noncoding RNA)라 하는데 뉴클레오타이드 수가 200개를 넘으면 long ncRNA, 22개로 짧은 것을 마이크로 RNA(miRNA)라 하고 그 외에도 많은 ncRNA가 존재한다. 이들 두 종류의 ncRNA는 지방세포에서 열발생을 유도하는 것으로 알려져 있다. 예를 들면, LINC00473으로 명명된 lncRNA는 지질 방울 표면에 존재하며 지방 분해 과정에서 핵심적인 역할을 하는 페리리핀 1(perilipin 1) 단백질과 복합체를 형성하여 지방 분해를 촉진하고 UCP1 발현을 증가시킨다.[144] 지금까지 발견된 대표적인 열발생 촉진과 관련된 lncRNA로는 AK079912, Blnc1, BATE1, BATE10, DGAT2, H19, MSTRG.310246.1, 266 등이 있고 열발생을 방해하는 것으로는 GM13133, UC.417 등이 알려져 있다.[145]

ncRNA 중에서 많은 종류의 miRNA가 지방세포의 열발생에 관여하는데 열발생 관련 유전자들의 발현에 어떤 것은 긍정적으로, 어떤 것은 부정적인 작용을 한다. miR-33은 갈색지방세포에서 발현되어 지방세포의 발달과 지방 생성을 촉진한다. 또한 갈색지방세포와 백색피하지방에서 UCP1 발현을 촉진한다.[146] 그러나 miR-33이 베이지색지방 유도를 억제한다는 반대의 결과가 보고되었는데, miR-33의 경우 5종의 유사종이 있어 각각의 역할이 보다 상세히 연구되어야 할 것으로 보인다. 지금까지 발견된 지방세포의 열발생에 관여하는 miR들을 [표 3-2]에 나타내었다.

긍정적 역할	부정적 역할
miR-17-92, miR-22, miR-30b/c, miR-32, miR-92, miR-124-3p, miR-182-5p, miR-193b, miR-196a, miR-203, miR-328, miR-337-3p, miR-365, miR-378, miR-455	miR-23b-5p, miR-27, miR-34a, miR-106b-93, miR-133a, miR-143, miR-149-3p, miR-155, miR-191-5p, miR-199a-3p, miR-199a/214, miR-327, miR-455, miR-494-3p, miR-3085-3p

[표 3-2] 지방세포의 열발생에 관여하는 miRNA[145] [147~149]

펩타이드형 신경 호르몬인 오렉신(Orexin)은 자신의 수용체(ORX1)와 결합하게 되면 G 단백질 연계 수용체 Gq에 의해 phospholipase C(PLC)→p38MAPK 경로와 동시에 BMPR1A→Smad1/5 신호 전달 경로를 활성화함으로써 갈색지방세포의 발달과 분화를 촉진하고 열발생 관련 유전자들의 발현을 증가시킨다.[150]

PPA1(Inorganic pyrophosphatase 1)은 파이로포스페이트(pyrophosphate, PPi)를 Pi로 가수분해하는 효소로서 세포 내에서 많은 이화작용에 관여한다(ATP→AMP+PPi, PPi+H_2O→2Pi). 추위 노출에 의해 유도되는 PPA1은 미토콘드리아 생합성에서 중요한 전사인자인 NRF1(nuclear respiratory factor 1)를 활성화시켜 갈색지방세포의 에너지 대사를 증가시킨다는 것이 밝혀졌다.[151]

PRMT4(Protein arginine methyltransferase 4)는 지질대사와 지방세포 형성 과정에서 중요한 역할을 하는 전사인자로 알려져 있다. PRMT4는 PPARγ를 메틸화시켜 PRDM16과 결합을 촉진하여 베이지색지방 생성을 유도한다.[152]

갈색지방세포의 미토콘드리아에서 생성되는 단백질인 **프롤린 수산화효소 2**(Proline hydroxylase 2, PHD2)는 UCP1에 결합하여 프롤린 말단기에 수산기를 첨가하여 UCP1의 활성을 증가시킨다. 이 효소의 유전자가 결핍되면 추위에 노출된 실험용 쥐의 갈색지방조직에서 열발생이 크게 감소한다.[153]

프로스타글랜딘(Prostaglandins, PG)은 탄소수 20의 불포화지방산인 아라키돈산을 출발 물질로 하여 일련의 효소 반응(COX)으로 생성되며 매우 다양한 화합물로 이루어진다. 그중에서 PGE2는 지방줄기세포를 갈색지방으로 분화 유도하는 데 기여하고 백색지방세포에서 베이지색지방 생성을 유도하며 염증인자들의 발현을 억제한다.[154] 당연히 COX-2 효소 작용이 활성화되면 프로스타글랜딘 생성이 촉진되어 갈색지방이 활성화되고 베이지색지방 유도가 활성화된다.[155]

성호르몬(Sex hormones) 중 여성 호르몬인 에스트로젠(estrogen)은 에스트론(estrone, E1), **에스트라다이올**(estradiol, E2), 에스트리올(estriol, E3), 에

스테트롤(estetrol, E4) 등의 통칭이다. 그중 가장 강력한 호르몬 작용을 하는 E2(17β-estradiol)는 뇌의 시상하부에서 에스트로젠 수용체(ERα)에 결합하면 AMPK가 비활성화되어 갈색지방세포의 β3 아드레날린 수용체의 활성화로 열발생이 촉진된다.[156]

생식 주기에 영향을 주는 여성 호르몬인 프로게스테론(Progesterone) 역시 노르에피네프린에 의한 지방 분해와 UCP1 발현을 증가시켜 열발생을 촉진한다는 증거가 많다.[157] 흥미롭게도 여성에게서 이 호르몬의 열발생 효과는 임신 중이거나 수유기에는 에너지 소모를 줄이기 위해 감소한다고 한다.[158] 여성 호르몬이 남성 호르몬에 비해 렙틴에 대한 감수성이 큰 것이 열발생 촉진 효과가 더 높은 것과 관련성이 있다.

성호르몬 수용체의 발현 패턴이 다른 점은 지방 축적 형태가 성별에 따라 차이가 나는 것과 연관이 있는 것으로 알려져 있다. 예를 들면, 에스트로젠 수용체(ER), 프로게스트론(progesterone) 수용체(PR)는 주로 피하지방에서 많이 발현되고, 안드로젠(androgen) 수용체는 복부지방에서 많이 발현된다. 폐경기 여성에게서 복부비만이 유발되는 것도 이와 연관이 있다.

추위에 노출되면 갈색지방조직에서 PGC-1α가 열발생 조절인자로 중요한 역할을 한다는 것은 잘 알려져 있다. PGC-1α의 하위 신호 전달 분자인 에스트로젠 연관 수용체(Estrogen-related receptor, ERR)가 열발생 관련 유전자들의 발현을 조절한다는 것이 밝혀졌다.[159] 핵수용체인 ERR이 없으면 추위 반응에 대한 체온 조절이 불가능하다는 사실이 오래전에 밝혀졌는데, 특히 ERRα는 미토콘드리아 생합성에 반드시 필요하다. 추위에 의해 베타아드레날린 수용체가 자극되면 ERR의 항진제로 GADD45γ(growth arrest and DNA-damage-inducible protein 45 γ)가 발현되

어 p38MAPK 활성화를 통해 갈색지방세포에서 열발생이 촉진된다.[160]

안드로젠 반응 요소(response element)가 Ucp1 유전자 프로모터에 존재하고 안드로젠 수용체가 결핍되면 비만이 유도된다는 연구 결과를 바탕으로 안드로젠이 직접 열발생을 촉진하는 효과가 있다는 주장이 있으나,[161] 반대 결과도 보고되어[157] 확실하지는 않다.

SLIT2-C는 SLIT2 단백질(180 kDa)의 C 말단 쪽 분해 산물(50 kDa)로서 갈색 및 베이지색지방세포에서 PRDM16 작용에 의해 분비되는 바토카인으로 β3-AR/PKA 경로를 활성화해 열발생을 촉진한다.[162]

SOX4는 중추신경계와 눈의 발달에 중요한 역할을 하는 전사작동체(effector)로서 갈색/베이지색지방세포에서 PRDM16의 발현을 유도하여 PPARγ를 활성화시킴으로써 열발생을 촉진한다.[163]

퍼옥시좀 내막에는 지방산을 분해하는 효소가 있어 긴 사슬 지방산을 분해하여 미토콘드리아로 보내 세포호흡에 필요한 에너지원을 생산하게 만든다. 추위에 노출되면 갈색지방세포의 퍼옥시좀이 증가하게 되는데, 퍼옥시좀 생성이 억제되면 미토콘드리아의 막 관통성 단백질(transmembrane protein)의 일종인 TMEM135가 줄어들어 갈색지방세포의 미토콘드리아 분열(fission)이 방해받게 되어 열발생 기능이 감소한다.[164]

트리요오드티로닌(triiodothyronine, T3)은 가장 강력한 갑상샘 호르몬(thyroid hormone)으로 체온이나 심장박동 등 체내의 많은 신체 활동에 관여한다. 백색지방과는 달리 갈색지방조직에서는 타이록신(thyroxine, T4)을 T3로 전환하는 데 필요한 효소인 Dio2(thyroxine deiodinase)를 발현하는데, 추위에 노출되거나 아드레날린 수용체가 활성화되면 Dio2가 활성화되어 T3를 증가시켜 열발생을 촉진한다.[165] 지방세포에서 갑상샘 호르몬의 열발생에 관한 자세한 기전은 5장에서 설명한다.

열발생에 필요한 에너지를 공급하기 위해 혈관신생은 꼭 필요하다는 점에서 혈관신생에 중요한 역할을 하는 혈관 내피 성장인자 A(VEGF-A)가 갈색지방에서 발현되는 것은 필수적이라 하겠다. 갈색지방조직에서 VEGF-A는 열발생을 유도할 수 있으며 VEGF-A 유전자를 제거하면 갈색지방량 및 혈관 밀도의 감소로 인한 미토콘드리아 기능 장애를 통한 열발생의 손실을 초래한다.[166] 따라서 VEGF-A를 제거하면 갈색지방의 백색지방화(whitening)가 일어나고 과발현되면 갈색지방 기능이 강화된다. 심각한 비만 상태에서 갈색지방세포에서 미토콘드리아의 손실과 함께 혈관 밀도가 감소하게 되고 백색지방화가 일어나며 열발생 기능이 현저히 감소한다.[167]

YB-1(Y-box binding protein 1)은 전사인자 역할을 하는 단백질로서 노화가 진행되면서 갈색지방조직에서 이 단백질의 발현이 감소한다는 사실이 발견되었다. 이 단백질의 유전자를 제거하면 갈색지방조직의 열발생 기능이 저하되어 비만이 유발되고 과발현시키면 비만이 억제되고 인슐린 저항성도 개선되었다. 그러나 YB-1은 UCP1 발현에 직접 영향을 미치는 것은 아니고 SLIT2 발현을 증가시키며 교감신경 분포에 영향을 미쳐 열발생을 증가시킨다는 사실이 밝혀졌다.[168] 천연물 성분인 사이아도피티신(Sciadopitysin)이 YB-1 단백질을 안정화시키고 전사 능력을 증가시켜 갈색지방세포의 노화를 방지할 수 있다는 것도 밝혀졌다. YB-1은 갈색지방세포의 미토콘드리아 자연사를 유도하는 기전에 의해 열발생을 촉진하는 것으로 알려졌다.[169]

갈색지방세포 활성을
방해하는 분자들

• • •

활성 중심의 촉매 부위에 금속을 필요로 하는 단백질 분해 효소인 금속 단백질 분해 효소(metalloprotease)의 일종인 ADAM17은 막단백질로 세포 표면에서 사이토카인들의 분해를 통해 신호 전달에 관여하는 중요한 효소로서 면역세포에서도 중요한 역할을 담당한다. ADAM17은 갈색지방세포에서 열발생을 저해하고 ADAM17의 분해 산물인 Semaphorin 4B 역시 자가분비 기능을 통해서 갈색지방세포에서 열발생을 저해하는 것으로 알려졌다.[170] 이 연구 결과가 발표되기 전에 필자의 연구실에서도 이미 ADAMTS15가 베이지색지방의 유도를 억제한다는 것을 보고한 바 있다.[171]

남성보다 여성의 갈색지방 분포가 많고 갈색지방세포에서 UCP1 발현도 더 높다는 것이 알려져 있는데,[172] 안드로젠 수용체(Androgen receptor)가 열발생을 억제하는 것이 이유가 될 수 있다. 안드로젠 수용체는 갈색지방세포에서 열발생의 핵심 경로의 하나인 베타아드레날린 수용체-CREB의 활성을 방해하여 열발생을 억제한다.[173]

엔지오포에틴 유사 단백질 3/4/8(Angiopoietin-like proteins 3/4/8, ANGPTL3/4/8): ANGPT는 혈관의 성장인자로서 지금까지 네 종류가 동

정되었고 유사단백질(ANGPTL)은 8종이 발견되었다. 그중에서 ANGPTL 3과 8은 백색지방조직에 지방 축적을 매개하며 피하지방에서 베이지색 지방 생성을 억제한다.[174] ANGPTL 4 역시 갈색지방세포에서 추위에 의한 열발생을 저해하는 것으로 알려졌다.[175]

갈색지방세포에서 **아쿠아포린-7**(Aquaporin-7)이 활성화되면 세포내 글리세롤 유입이 증가하여 백색지방화가 일어나는데 이것은 추위에 노출시키거나 외과수술적 비만 치료를 끝낸 실험용 쥐에서 나타나는 현상이다.[176] 아쿠아포린-7 활성화에 의해 지방 합성의 원료가 되는 글리세롤이 풍부하게 공급되어 갈색지방세포의 크기가 커지고 지방 합성 관련 유전자들의 발현이 증가한다.

악슬 키나제(AXL kinase)는 인산화 효소 수용체(Receptor tyrosine kinase)의 한 종류로 암세포 관련 내성을 일으키는 역할을 하는 수용체로 알려져 있다. AXL receptor tyrosine kinase를 저해하면 PI3K/AKT/PDE 경로가 활성화되어 갈색지방에서 열발생이 촉진된다.[177]

케모카인(chemokine)은 세포의 주화성 이동(chemotaxis)을 조절하는 사이토카인(cytokine)의 일종이다. 염증성 케모카인의 일종인 C-C motif **리간드 5**(CCL5)와 그 수용체인 CCR5는 백색지방세포에서 많이 발현되어 비만인에게서 인슐린 저항성과 염증 유발의 원인 분자 역할을 하는 동시에 갈색지방세포에서 AMPK 작용을 억제하여 열발생에 부정적인 영향을 미친다.[178]

낭포성섬유증(cystic fibrosis)은 유전성 질환으로 체내에서 점액이 지나치게 많이 생산되어 폐와 이자에 이상이 발생하기 때문에 소화 효소가 소장에 도달할 수 없는 치명적인 질병이다. CFTR(Cystic fibrosis transmembrane conductance regulator)은 세포막에서 음이온(특히 염소) 수송

채널로서 갈색지방세포에서도 발현되어 cAMP/PKA 신호 전달을 방해한다. 따라서 CFTR 유전자가 제거된 실험용 쥐가 추위에 노출되었을 때 열발생이 증가하였다.[179]

케메린(Chemerin)은 IL-6과 함께 염증 표지자로서 수지상 세포와 대식세포의 활성을 조절한다. 케메린은 비만에서 증가하고 저온에서 열발생시 감소하며 갈색지방조직에서 염증 조절제로서 중요한 역할을 한다. 그러나 갈색지방조직에서의 발현 수준과 혈중 농도 사이의 상관관계가 부족하여 갈색지방조직에서 면역세포를 유인하는 데 어떤 내분비 역할을 하는지는 불분명하다. 그리고 현재 케메린의 발현이 어떻게 제어되고 갈색지방조직에서 어떤 기능을 하는지에 대해서는 아직 잘 알려지지 않았다.[180] 그러나 추위에 노출될 때 갈색지방조직에서 케메린 농도가 줄어들고 고지방식이에 의한 비만이 유도될 때 증가하는 것으로 볼 때 지방세포의 열발생에서 부정적인 작용을 하는 것으로 추정된다.[181]

ChREBP(Carbohydrate response element-binding protein)는 인슐린과 독립적으로 간에서 탄수화물을 지방으로 전환하는 데 중요한 전사인자 역할을 한다. ChREBP-β는 평상시에는 매우 저농도로 존재하지만 추위에 노출되면 농도가 높아져서 갈색지방세포의 미토콘드리아 수가 감소되면서 백색지방화를 유발하여 열발생 기능을 저하시킨다.[182]

CIDEA(Cell death-inducing DNA fragmentation factor-α-like effector A)는 갈색지방세포의 미토콘드리아에서 과발현되고 지질 방울에서 지방 분해를 억제하는 역할을 하는 단백질이다. CIDEA 아형 중에서 CIDEAC는 Fsp27(fat-specific protein 27)로 불리기도 하는데 이 단백질은 갈색지방세포의 열발생과 베이지색지방 생성을 억제한다.[183]

CLCF1(Cardiotrophin-like cytokine factor 1)은 B 세포를 활성화하는 사이

토카인으로 알려져 있는데, 갈색지방세포에서는 비만일 때 증가하고 열발생이 일어날 때 감소한다. CLCF1 농도가 증가하면 PGC-1α, β의 전사활성을 감소시켜 미토콘드리아 생성이 억제되어 갈색지방세포의 백색지방화가 일어난다.[184]

CRTC3(cAMP-regulated transcriptional coactivator 3)는 갈색지방세포의 분화, 교감신경계로부터 신호 전달 기능, 신생혈관 생성 등을 방해하는 기전에 의해 갈색지방세포의 열발생 기능을 저하시킨다.[185]

엔도텔린 1(Endothelin 1)은 베타아드레날린 수용체가 활성화되면 분비가 억제되는데 G 단백질 연계 수용체 신호 전달에서 Gq 경로를 자극하여 갈색지방 활성화를 방해하는 바토카인이다. Gq 경로가 활성화되면 세포 내 칼슘 유입이 증가되는데 일정 수준을 능가하면 갈색지방세포의 열발생을 방해한다.[186]

엔도카나비노이드(Endocannabinoids, ECB)는 대마(*Cannabis sativa*) 성분인 카나비노이드와 유사한 물질로 1990년대 초 인간의 뇌에서 처음 발견되었고 갈색지방세포에서도 분비된다. ECB는 자신의 수용체(CB1R, CB2R) 와 결합하여 G 단백질의 Gq, Gi 경로를 모두 자극하여 칼슘 농도를 증가시키는 반면 cAMP 농도를 감소시켜 열발생 경로를 억제한다.[187]

FOXP 1(Forkhead box protein P1)은 뇌, 심장, 폐의 발달에 중요한 역할을 하는 효소인데, 갈색지방세포에서 β3 아드레날린 수용체의 발현을 막는 전사억제인자 역할을 하는 동시에 수용체의 자극반응을 둔감하게 하는 작용으로 열발생 능력을 저하시킨다.[188]

담즙산과 그 수용체인 TGR5는 모두 갈색지방세포에서 열발생을 증가시키는 것으로 잘 알려져 있지만 답즙산의 핵 수용체인 FXR(Farnesoid

X receptor)은 반대로 추위에 발현이 억제되고 과발현되면 갈색지방의 기능을 저하시킬 뿐 아니라 백색지방화를 유발한다.[189]

제니팝나무(*Genipa americana*)에 존재하는 생리 활성 물질인 제니핀(genipin)의 배당체인 **제니포사이드**(Geniposide)는 치자나무(*Gardenia jasminoides*) 열매에서 추출된다. 제니포사이드는 PKA 활성을 감소시키고 UCP1 발현 및 구조 안정을 억제하여 갈색지방세포에서 열발생을 저해한다.[190]

그렘린 1(Gremlin-1)은 지방줄기세포가 갈색지방세포로 분화할 때 필수인자인 BMP7를 억제하여 분화를 방해한다. 그렘린 1은 다른 바토카인들과는 달리 갈색지방 전구세포에서 분비된다. BMP 길항제로 알려진 그렘린은 지방 생성, 혈관신생, 조직 섬유화, 염증 반응 등을 증가시키고 갈색지방세포의 분화를 억제한다.[191]

최근 국내 연구팀이 추위 노출 시 갈색 및 베이지색지방조직에서 전사인자 HIFα(hypoxia-inducible factor α)가 유도됨을 발견하였고, 지방세포의 열생성 제어 기능을 HIFα가 매개함으로써 적정 수준으로의 체온 유지가 가능하다는 사실을 최초로 규명하였다. 지방세포에서 HIFα가 결손된 생쥐의 경우, 추위 노출에 의한 지방조직 열발생능이 증가되며, 베이지색지방세포가 활성화되었다. 추위 노출 시 활성화되는 갈색 및 베이지색지방세포 내 HIFα가 온도 변화에 따라 지나친 열발생이 일어나지 않도록 스위치로 작동한다는 사실을 규명하였다.[192]

ID1(inhibition of differentiation 1)은 많은 종류의 DNA 결합 단백질 중에서 세포 증식과 노화에 관여한다. ID1는 미토콘드리아 기능에서 중요한 역할을 하는 PGC-1α와 결합하여 갈색지방세포에서 열발생을 억제하는 동시에 Prdm16 유전자 발현을 감소시켜 베이지색지방 생성도 억제

한다.[193)

면역세포에서 전사 조절인자들이 지방세포에서도 자주 발현된다. IRF3(interferon regulatory factor 3)는 면역세포의 발달과 항바이러스 작용 등에 관여하는 전사인자 단백질인데 비만 상태의 지방세포에서 증가한다. IRF3는 하류 신호 전달 분자인 ISG15(small ubiquitin-like protein)과 함께 탄수화물 대사 경로에서 중요한 효소들의 작용을 방해하여 결국 미토콘드리아의 열발생을 저해한다.[194)

많은 종류의 세포에서 AMPK를 인산화하여 에너지 대사에서 중요한 역할을 하는 단백질로 잘 알려진 liver kinase b1(LKb1)이 활성화되면 mTOR 신호 전달이 약화되고 UCP1 생성에 필요한 C/EBPβ의 발현이 억제되어 갈색지방세포의 증식과 기능이 감소한다는 사실이 밝혀졌다.[195)

마이오스타틴(Myostatin)은 근육세포와 갈색지방세포가 동일한 중간엽 줄기세포에서 분화되었기 때문에 두 세포 간 상호 교신 작용을 담당한다. 마이오스타틴은 근육의 성장을 억제하는 단백질로서 근육에서 분비되지만 갈색지방조직에서도 분비되어 열발생 작용에 부정적인 영향을 미친다. 폴리스타틴(follistatin)이 마이오스타틴에 결합하여 길항작용을 하게 되면 백색지방에서 브라우닝이 유도되고 인슐린 저항성이 개선된다.[196)

조현병과 같은 정신과 질환을 치료하는 약물인 **올란자핀**(Olanzapine)은 장기 복용할 경우 체중 증가, 고지혈증 등의 심각한 대사 질환을 유발하는 것으로 알려져 있다. 실험용 쥐를 이용한 실험에서 올라자핀을 투여하면 지방세포에서 열발생을 유도하는 FGF21를 감소시키고 궁극적으로 UCP1을 감소시켜 열발생을 방해한다.[197)

세로토닌(Serotonin)은 뇌에서 식욕 억제 작용을 하지만 갈색지방세포에서는 아드레날린 수용체 작용을 방해하고 세로토닌 수용체(5-HT2B) 활성 증진 기전에 의해 열발생을 억제하는 것으로 알려져 있다. 세로토닌 작용을 억제하면 백색지방세포에서는 브라우닝이 유도되고 갈색지방세포의 열발생 기능이 촉진된다.[198] 인체는 갈색지방세포에서만 세로토닌 운반 단백질(serotonin transporter)을 갖고 있는데 이 단백질이 활성화되어 갈색지방세포 내로 세로토닌을 흡수하면 세로토닌이 자신의 수용체와 결합할 수 없어 열발생이 다시 회복된다. 따라서 세로토닌 흡수를 방해하는 약제인 Sertraline 또한 열발생을 억제하는 기능이 있다.[199]

스테로이드 호르몬(Steroid hormones)은 부신피질에서 합성, 분비되고, 당 대사에 효과가 있는 스테로이드 호르몬인 글루코코르티코이드(Glucocorticoid)에는 코르티손(cortisone), 코르티솔(cortisol), 코르티코스테론(corticosterone) 등이 포함된다. 글루코코르티코이드는 정도는 크지 않지만, 갈색지방세포에서 UCP1 발현을 방해하는 것으로 알려져 있다.[200] 코르티코스테론은 갈색지방세포에 지방 축적을 증가시키며 열발생 기능을 저하시킨다는 사실은 이미 오래전에 보고된 바 있다.[201] 그러나 필자의 연구실에서는 코르티손에서 유도된 합성 글루코코르티코이드의 일종인 프리드니손(Prednisone)을 3T3-L1 지방세포에 처리하였을 때 β3-AR/p38 MAPK/ERK 경로 활성화에 의해 베이지색지방 생성이 유도된다는 것을 밝혔다.[202] 그러나 인체를 대상으로 한 다른 그룹의 최근 연구에서는 프리드니손이 근육에서 UCP1 비의존적 열발생에 의해 에너지 소모를 촉진하지만 갈색지방세포나 베이지색지방에서의 열발생을 증가시키지 않는다는 결과를 보고하였다.[203]

갈색지방세포는 지질 방울에 지방을 저장하고 미토콘드리아에서 열발생을 통해 지방을 소모되는 것을 조절한다. Them1(Thioesterase superfamily member 1)은 갈색지방세포에서 많이 나타나는 효소로서 지방산 산화를 위해 long chain fatty acyl-CoA를 지방산과 CoASH로 분해한다. Them1은 분해된 지방산을 지방 방울에 저장하는 경로를 활성화해서 미토콘드리아에서의 열발생을 억제시키는 기능을 통해 갈색지방세포에서 지나친 열발생을 통제하는 브레이크 역할을 한다.[204)

선천면역에서 중요한 역할을 담당하는 세포막 단백질로 잘 알려져 있는 TRL 4(toll-like receptor 4)가 리간드인 LPS(lipopolysaccharide)에 의해 활성화되면 소포체 스트레스를 유발하고 미토콘드리아 기능 저하가 유발되어 열발생이 저해 받는다.[205)

WNT10B는 뼈, 지방세포, 근육 등 많은 조직의 발달에서 중요한 역할을 담당하는데 특히 지방세포 형성을 저해하는 것으로 알려져 있다.[206) 이 단백질을 생성하는 유전자를 녹아웃 시키면 갈색지방세포의 양과 크기가 작아지고 UCP1을 포함한 열발생 관련 유전자들의 발현이 억제되어 지방세포에서의 열발생에 부정적인 역할을 한다는 것이 새롭게 밝혀졌다.[207)

필자의 연구실에서는 3T3-L1 지방세포에 브라우닝 유도제를 처리하여 Ucp1 유전자 발현에 부정적인 영향을 미치는 몇 가지 유전자들을 선별하였는데 간단히 소개하고자 한다. **도파민수용체 4**(dopamine receptor D4, DRD4)가 백색지방에서 베이지색지방 유도를 방해하는 동시에 UCP1-비의존적 열발생(ATP-소모 무익회로 활성화)을 동시에 방해할 뿐 아니라, 근육세포에서의 열발생도 억제하는 작용을 보였다. 이 유전자를 제거하자 백색지방세포에서 β3-아드레날린 수용체가 자극되어 cAMP/PKA/p38MAPK 경로가 활성화되었고 근육세포에서는 α1-아드레날린

수용체가 자극되어 cAMP/SLN/SERCA2a 경로가 활성화됨으로써 열 발생이 일어났다.[208]

그 외에도 Lymphocyte cytosolic protein 1(LCP1),[209] Cytoplasmic FMR1 interacting protein 2(CYFIP2),[210] Cytochrome P450 2F2(CYP2F2),[211] Sodium-potassium adenosine triphosphatase $\alpha2$ subunit 2(ATP1A2)[212] 등도 필자의 연구실에서 발견된 갈색지방의 열발생에 부정적인 역할을 하는 단백질들이다.

갈색지방의 백색지방화whitening와
자연사apoptosis

● ● ●

인체의 지방세포는 에너지 축적과 소모 균형을 조절하는 기능의 하나로 백색지방이 갈색지방으로(browning: 에너지 소모가 요구될 때) 갈색지방이 백색지방으로(whitening: 에너지 축적 요구 시) 전환되기도 한다. 비만이 심각하고 노화가 진행되면서 갈색지방 일부가 백색지방으로 전환되는 일이 벌어지는데 이를 백색지방화(whitening)라 한다. 에너지를 소모해 주는 갈색지방이 줄어들거나 기능이 퇴화하는 것이므로 비만이 더 심각해지게 되는 것이다.

백색지방이 과도하게 축적되면 갈색지방세포 또는 베이지색지방의 백색지방화가 일어나는데 백색지방으로 전환되는 과정은 두 지방세포 간에 차이가 있다. 갈색지방에서는 갈색지방 자체가 사라지는 것이 아니라 열발생과 관련된 효소들의 분해가 일어나서 기능을 상실하며 백색지방화가 일어나는 데 비해 베이지색지방의 경우는 백색지방조직 내에서 생성되었던 갈색지방세포 자체가 소멸한다는 점이다.[213]

백색지방화의 원인은 여러 가지가 알려져 있는데 고온에 오랜 시간 노출되거나, 렙틴 수용체 및 지방 분해 효소의 결핍, 베타아드레날린 수용체 이상 등이다. 백색지방화의 발단은 비만인데, 갈색지방세포에 지질 방울의 크기가 커지면서 지방 축적이 증가하게 되고 혈관생성능이 저하되어 저산소증(hypoxia)이 발생한다. 혈관 신생 시 혈관 주변에서 분비되는 혈관내피세포 성장인자(Vascular endothelial growth factor, VEGF)가 감소하여 혈관생성능이 퇴화하면 미토콘드리아 숫자가 줄어들고 기능이 감소한다.[167]

최근 연구에서 제2형 당뇨병 치료제로 사용되고 있는 피오글리타존(pioglitazone)은 PPARγ 항진제임에도 불구하고 실험용 쥐에 투여한 결과 백색지방에서는 베이지색지방이 생성되고 갈색지방은 백색지방화가 관찰되어 전체적으로 체중이 증가하는 결과를 보였다.[214] 대부분의 PPARγ 항진제들이 갈색지방세포를 활성화하는 동시에 베이지색지방 생성을 유도하는 경우가 많은데 매우 특이한 경우이다.

갈색지방세포의 백색지방화가 진행되면서 미토콘드리아 수가 줄어드는 것은 주로 미토콘드리아 자가포식(mitophagy)으로 인한 것이다. 미토콘드리아가 줄어들면 당연히 UCP1에 의한 열발생 기능이 감소하고 세포는 백색지방의 성질로 변해가는 것이다. 지방 축적이 과도하면 지방세포 내로 대식세포의 유입이 증가하여 염증 분자들의 생성이 촉진되고 그 결과 갈색지방세포의 기능이 감소하고 백색지방화로 이어진다.[215]

비만이 심해지면 베타아드레날린 경로가 억제되어 VEGF 발현이 감소하는 것이 혈관생성능 저하와 연관이 있는 것으로 알려졌다. 이렇게 백색지방화된 세포는 UCP1을 포함한 갈색지방 특이 유전자들의 발현이 현저히 감소하고 백색지방의 특징인 렙틴을 생산하기 시작한다.

비만 상태가 심각한 단계까지 가면 갈색지방에서 TNF-α와 같은 염증 분자들이 분비되어 갈색지방세포의 자연사(apoptosis)를 유도한다. 비만 상태에서 추위에 노출되면 자연사하는 갈색지방세포 수가 감소한다.

이처럼 갈색지방세포의 백색지방화와 자연사는 갈색지방조직의 기능을 현저하게 떨어뜨리는 두 가지 요인이다. 백색지방화를 조절하는 분자들도 동정되었는데 스캐폴드 단백질인 p65 단백질 결핍이 백색지방화를 유발한다는 보고가 있다.[216]

4장

베이지색지방

Beige fat

베이지색지방beige fat의 생성

●●●

　베이지색지방은 백색지방과 갈색지방의 중간 성격의 지방으로 백색지방이 갈색지방으로 변한 지방이라서 베이지색지방(beige fat)이라는 이름이 붙여졌다. 백색지방에서 갈색지방 형태의 세포가 존재한다는 사실은 이탈리아 과학자들에 의해 처음 알려졌다.[1] 이탈리아 Ancona 대학 연구팀은 1994년 베타아드레날린 수용체 항진제인 CL-316243를 실험용 쥐에 투여했을 때 갈색지방세포가 활성화되어 열발생이 유도된다는 결과를 발표하였다.[2]

　후속 연구에서 CL-316243를 실험용 쥐에 투여한 결과 약 8% 정도의 백색지방조직에서 갈색지방 성격을 나타내는 세포가 발견되었다. 미토콘드리아 단백질들은 10배, 갈색지방에서 주로 발현되는 단백질들은 두 배 정도 증가하였고 지질 방울의 형태도 단일이 아닌 갈색지방의 특징인 다실(multilocular) 형태로 변형된 것을 확인하였다. 백색과 갈색지방세포의 중간 형태인 이 특이한 세포는 백색지방조직 중에 존재하는 세포 일부가 변형된 것이라는 사실도 확인하였다. 이후의 연구에서 베이지색지방이 백색지방조직 내에 존재하던 전구세포(precursor cell)로부터도 베이지색지방세포가 생성된다는 사실이 밝혀졌다.[3][4]

갈색지방세포에서는 UCP1이 항상 발현되는 데 비해, 추위에 노출되거나 베타아드레날린 수용체를 자극하지는 않는 한 백색지방으로부터 베이지색지방세포가 유도되지 않는데, 서로 다른 외부 자극에 의해 베이지색지방으로 전환되는 방법에는 여러 가지 차이가 존재한다.[5] 예를 들면 추위에 노출된 경우 $\beta 3$ 아드레날린 수용체가 아닌 $\beta 1$ 수용체가 활성화되어 백색지방조직에 존재하던 혈관 유래의 전구세포를 베이지색지방세포로 전환시킨다. 반면 $\beta 3$ 수용체가 활성화되는 경우는 이미 완전히 분화가 된 백색지방세포가 베이지색지방세포로 분화한다. 추위에 노출된 베이지색지방 전구세포는 혈관 유래의 근육세포로부터도 Myh11, Acta2 등의 특정 유전자들에 의해 생성될 수 있다.[6][7] 이런 연구 결과에도 불구하고 근육세포 유래의 베이지색지방세포 생성에 관한 논란은 여전히 존재한다.

미국 하버드의대 브루스 스피겔먼(Bruce Spiegelman) 교수팀은 갈색지방과 기능은 비슷하면서 유전적 특성은 완전히 다른 베이지색지방이 성인의 쇄골 부근 피부 아래서부터 척추를 따라 존재한다는 연구 결과를 발표했다.[4] 연구팀은 또 운동할 때 근육세포가 만드는 이리신(irisin)이라는 호르몬이 이 베이지색지방세포를 자극해 활성화한다는 사실도 발견하였다.[8] 2012년은 베이지색지방세포의 생리적 특성이 규명된 원년이 되었고 이후 베이지색지방을 이용한 비만 치료 가능성에 많은 과학자가 관심을 갖기 시작하였다.

갈색지방과 베이지색지방세포는 모두 미토콘드리아에 있는 철분으로 인해 갈색과 베이지색을 띠지만 두 지방세포는 엄연히 다르다. 갈색지방세포는 미토콘드리아에서 열을 생성시키는 데 필요한 단백질인 UCP1을 항상 많이 생성하는 데 비해 베이지색지방세포는 정상적인 상태에서는 UCP1를 거의 만들지 않다가 추위에 노출되거나 이리신 같은 특정 물질에 반응하게 되면 UCP1을 대량으로 생성하는데, 칼로리를 연소시키는 UCP1의 효과는 갈색지방이나 다름없다. 또 다른 점은 갈색지방세포는 근육세포로 분화하는 줄기세포에서 생성되지만, 베이지색지방세포는 백색지방세포 내에서 베이지색지방 전구세포로부터 만들어진다는 사실이다.[4]

사람의 경우 갈색지방은 태아와 신생아 때만 존재하고 성인이 되면 거의 사라지는 것으로 알려져 왔으나, 2009년 분자 영상기술의 발달과 더불어 성인에게서도 갈색지방조직의 존재를 직접 확인하게 되었다.[9] 갈색지방은 영유아기 체중의 5% 정도로 제법 많은 편이지만 성인이 되면서 수십 그램 이하로 급격하게 줄어들고 전혀 존재하지 않는 사람들도 있다. 따라서 비만 치료를 위한 전략으로 갈색지방 자체를 활성화시켜 체중을 줄이려는 시도보다는 백색지방 일부를 베이지색지방세포로 변환시키는 것도 효과적인 방법이 될 수 있다.

베이지색지방을 생성시켜 갈색지방과 같은 기능을 하도록 만들 수 있는 여러 가지 방법들이 보고됐지만 대부분의 연구 결과가 실험실 수준의 결과이다. 베이지색지방을 활성화하는 방법을 크게 세 가지로 나눌 수 있다. ① 추위에 노출하여 베타아드레날린 수용체를 활성화하는 방법, ② 베타아드레날린 수용체를 직접 활성화하는 물질이 함유된 식품을 많이 섭취하는 방법, ③ 운동을 해서 근육으로부터 베이지색지방 전환을 촉진하는 이리신(irisin)을 생성하게 하는 방법 등을 들 수 있다.

추운 지방에 사는 사람 중에 비만인이 적은 이유가 갈색지방이 활성화되어 있는 것이 그 이유일 수 있다. 또한 운동을 통해 베이지색지방을 유도하기 위해서는 짧은 시간에 고강도로 운동을 하기보다는 장시간 낮은

강도로 운동할 때 이리신이 많이 분비되어 베이지색지방 유도에 유리하다고 한다.[10]

생쥐 유래의 지방세포주인 3T3-L1 세포를 이용한 베이지색지방 유도 실험에서 *Cidea, Cited1* 등의 베이지색지방에서만 발현되는 고유 유전자들이 밝혀진 후 최근 유전체 분석을 통해 추가로 베이지색지방 마커 유전자들이 새롭게 발견되었다(표 4-1).[11) 12)]

베이지색지방은 백색지방 내에 존재하는 갈색지방이라는 의미로 brite(brown in white), 유도(induced) BAT, 신생(recruitable) BAT 등 여러 가지 이름으로 불리고 있다. 베이지색지방의 기원에 대해서는 아직 명확하지는 않지만 두 가지 설이 있다. 첫째, 가장 많이 연구된 내용은 백색지방세포가 추위와 노르에피네프린과 같은 물질에 노출되어 베타아드레날린 수용체가 활성화됨으로써 베이지색지방으로 변환된다는 것이고,[13)] 둘째는 근육세포에서 유래될 수 있다는[14)] 설이다. 베이지색지방세포와 갈색지방세포와의 가장 큰 차이는 갈색지방세포는 특별한 외부 자극 없이도 UCP1이 항상 발현된다는 것이고 베이지색지방은 추위나 베타아드레날린 수용체 리간드 등의 자극이 있을 때만 UCP1이 발현된다는 점이다.

	백색지방	갈색지방	베이지색지방
형태			
UCP1 발현 정도	거의 발현하지 않음	항상 과발현	중간 수준 발현
저장하는 지방 입자 형태	단일 입자	다수 입자	다수 입자
고유 유전자	Asc1, Fabp4, Fbox31, Hoxc9, Lpl, Mpzl2, Ob, Rb1	Bmp7, Cidea, Ebf3, Eva1, Lhx8, Myf5, Zic1	Cd40, Cd137, Cited1, Ear2, Shox2, Sp100, Tbx1, Tmen26

[표 4-1] 백색, 갈색, 베이지색지방세포의 특징

베이지색지방세포의
분화

• • •

　백색지방세포와 마찬가지로 베이지색지방세포는 *Myf5* 유전자가 없는 지방 전구세포에서 생성된다. *Prdm16* 유전자의 기능이 활발해지면 베이지색지방세포 발생 기전이 활성화되면서 지방 전구세포로부터 베이지색지방세포를 생성하게 된다. 또한 이미 성숙해진 백색지방세포가 환경 요인 변화에 따라 베이지색지방세포로 세포의 성질이 변화되기도 한다. 이때에도 *Prdm16* 유전자의 기능이 매우 중요하다. 따라서 근육세포와 발생 기전을 공유하는 갈색지방세포와는 달리, 베이지색지방세포는 백색지방세포와 발생 기전을 공유한다.

　베이지색지방세포는 갈색지방세포와는 다르게 *Myf5* 유전자는 발현되지 않고 PRDM16이 발현될 때(다른 여러 전사인자와 함께) 백색지방세포로부터 생성된다. 그러나 다른 연구에서는 Myf5가 발현되는 백색지방세포의 존재가 확인되기도 해서 그 기원에 대한 논란은 여전히 존재한다. 베이지색지방의 기원이 백색지방조직뿐 아니라 근육 유사 전구세포(muscle-like precursor)에서도 *Myh11* 유전자 조절에 의해 생성될 수 있다는 연구 보고가 있어,[8] 베이지색지방의 기원에 관한 추가 연구가 필요해 보인다.

베이지색지방세포의 발생 과정에 관여하는 조절인자와 보조인자들을 발굴하기 위해 지난 20여 년간 활발하게 연구되어 지금까지 많은 분자가 동정되었다. PPARγ는 백색지방세포의 분화를 조절하는 중요한 전사인자인데 베이지색지방세포의 분화에서도 중요한 역할을 한다. PPARγ 리간드인 로지글리타존(rosiglitazone)을 백색지방 전구세포에 처리하면 갈색지방세포에서 과발현되는 유전자들의 발현이 증가한다. 이때 PRDM16이 존재하지 않을 경우 UCP1 발현이 억제되어 베이지색지방 생성이 되지 않는데, 이는 PPARγ와 PRDM16이 함께 UCP1 발현을 중재한다는 것을 의미한다.[15]

또한 PPARγ가 SIRT1이란 단백질에 의해 탈아세틸화될 때 PRDM16과 결합하여 베이지색지방세포의 생성이 가속화된다는 사실도 밝혀졌다.[16] 미토콘드리아의 발생을 조절하는 전사인자인 PGC-1α 역시 PRDM16과 결합하여 갈색지방세포 특이적 유전자들의 발현을 조절한다. 이미 오래전에 복부지방에서 FOXC2이 과발현될 경우 베이지색지방 유도가 된다는 보고도 있으므로[17] 표적 유전자를 잘 설정해서 비가역적으로 베이지색지방 생성을 유도하는 약제가 개발될 경우 효과적인 비만 치료제 개발이 가능할 것으로 기대할 수 있다.

한편 지방조직 외 조직에서 분비되는 인자들에 의해서도 베이지색지방 생성이 유도된다는 보고가 있다. 먼저 간에서 지방산 산화에서 중요한 역할을 하는 FGF21(fibroblast growth factor 21)는 PGC-1α 발현을 증가시켜 갈색지방을 활성화하는 동시에 베이지색지방을 유도하기도 한다.[18] 운동 시 근육에서 분비되는 이리신이 베이지색지방 생성을 촉진한다는 사실이 2012년 알려졌으나,[8] 인체를 대상으로 한 연구 성과는 만족한 수준이 아니므로 이리신이 비만 치료제 개발 표적으로 사용되기에는 아직도 추가 연구가 필요하다.

운동을 하게 되면 베타아드레날린 수용체가 활성화되고 노르에피네프린 분비가 증가하게 되어 당연히 갈색지방에서 UCP1의 발현이 증가하여야 할 것이다. 그러나 일반적으로는 그렇지 않고[19] 지방 축적이 가속화되는 상황에서만 운동이 갈색지방의 UCP1을 증가시키는 것으로 나타났다.[20] 많은 동물 실험에서 운동이 갈색지방을 활성화하고 베이지색지방을 유도한다는 결과와는 달리 인체 실험에서는 정상인[21] 그리고 비만 환자[22]들을 대상으로 한 연구에서 모두 유의미한 결과를 얻지 못했다.

베이지색지방세포의 발생은 실험 쥐를 추위에 노출하는 실험을 통해 처음으로 발견되었으나 그 관련 기전은 비교적 최근에 밝혀지기 시작하였다. 추위 노출 이외에도 PPARγ를 비롯한 여러 가지 유전자가 활성화되거나 운동에 의해서도 백색지방 내 UCP1의 발현이 증가하고 이와 더불어 베이지색지방세포의 생성이 증가하게 된다. 지금까지 알려진 베이지색 세포의 전환을 매개하는 중요한 인자는 PRDM16과 PGC-1α로서 다양한 단백질들에 의해 그 발현이 조절된다.

추위에 노출될 때 유도되는 베이지색지방세포는 백색지방 중에서도 특히 사타구니 주위의(inguinal) 피하지방에서 잘 일어나고 부고환(epididymal) 백색지방에서는 잘 유도되지 않는다는 특징이 있다.[4]

지난 10여 년간 필자의 연구실을 포함하여 많은 연구 그룹이 베이지색지방을 활성화하는 물질을 탐색하고 관련 유전자들을 발굴하는 데 많은 노력을 쏟았다. 그중 가장 잘 알려진 것이 베타아드레날린 수용체 활성화 경로이다.

베이지색지방 생성을 유도하는 분자와 물질

• • •

염증 반응 사이토카인(Inflammatory cytokine)

염증 반응에 관여하는 인터루킨-4(Interleukin-4, IL-4)와 IL-13은 UCP1 유전자의 기능을 활성화하여 세포 내의 UCP1 단백질을 증가시켜 발열 반응을 촉진할 수 있게 한다.[23] 그 외에도 IL-25,[24] IL-6[25] 등도 베이지 색지방세포 분화를 촉진하는 것으로 알려졌다.

섬유아세포 성장인자-21
(Fibroblast growth factor-21, FGF21)

섬유아세포 성장인자-21은 정상 상태에서는 간에서 주로 분비되지만, 운동을 할 때는 근육에서도 분비된다. 또한 발열 반응을 촉진하는 전사조절인자의 기능을 활성화하여 베이지색지방세포의 분화를 촉진할 수 있다.[26] 절식 또는 기아 상태에서 지방 분해로 생성된 지방산이 간에서 FGF21의 합성과 분비를 촉진하고 표적 세포는 백색지방세포가 되지만 추위에 노출되면 갈색지방조직이 간보다 더 많이 생성하여 FGF21은 아디포카인인 동시에 바토카인(batokine) 역할도 한다.

담즙산(Bile acid)

간과 쓸개에서 분비되어 지방산을 유화시키는 담즙산에는 글리코콜산(glycocholic acid), 타우로콜산(taurocholic acid) 등이 있다. 담즙산은 지방세포막에 존재하는 담즙산 수용체와 결합하여 지방세포 내의 cAMP 농도를 증가시킨다. 이후 cAMP는 발열 반응을 촉진하는 다양한 유전자를 발현시켜 갈색지방세포를 활성화하고 베이지색지방세포의 분화를 촉진한다.[27] 그러나 담즙산이 지방세포에 과도하게 유입되면 오히려 열발생 기능을 방해하는 것으로 알려졌다.[28]

페놀계 화합물(Phenolic compounds)

필자의 연구실에서 2019년도에 발표한 총설 논문에서 베이지색지방을 유도하는 폴리페놀계 천연물들을 조사한 이후에도[29] 많은 물질이 추가로 발견되었다.[30]

커큐민(Curcumin)은 동인도산의 생강과에 속하는 강황 뿌리에서 추출된 노란색의 폴리페놀계 물질로, 일반인에게는 커리(curry)의 주성분으로 잘 알려져 있다. 필자의 연구실에서 커큐민을 백색지방세포주인 3T3-L1 세포에 처리한 결과 베이지색지방의 유도를 확인하였다.[31] 이 외에도 커큐민의 브라우닝 관련 연구 결과는 많이 보고되었는데 다른 페놀계 화합물들과 유사하게 $\beta3$-AR/p38MAPK/AMPK 활성화 경로를 통해 베이지색지방이 유도되었다.[32] 실험용 쥐를 이용한 실험에서 50mg/kg 이상 섭취하면 브라우닝이 유도되는 것으로 알려졌다. 그러나 커큐민은 간과 위장관 벽에서 신속하게 대사되어 버리기 때문에 생체흡수율을 높이는 방법이 제안되었다. 인체는 다양한 물질을 수용성으로 만들기 위해 글루쿠론화(glucuronidation)를 사용하여 간에서 담즙을 통해 반응이 일어나게 되는데, 이 반응의 저해제인 피페린(piperine)을 커큐민과 함께 복용하면 체내 이용률을 150% 이상 증가시킬 수 있다.[33)]

레스베라트롤(Resveratrol)을 포함하여 과일의 폴리페놀은 식품에 포함된 지방의 산화를 촉진하는 유전자 발현을 늘리며, 그 결과로 지방이 인체에서 축적되지 못하게 만든다. 또한 레스베라트롤은 백색지방을 베이지색지방으로 변환하는 데 도움을 주어서 비만과 대사기능 이상을 막는데 큰 역할을 한다. 0.1%의 레스베라트롤 보충제가 투여된 마우스들은 대조군 마우스와 비교하여 비만이 40%나 덜 발생한 것으로 나타났다. 레스베라트롤은 SIRT1를 활성화해 $PPAR\gamma$를 탈아세틸화시켜 브라우닝 전사인자인 $PGC-1\alpha$ 및 PRDM16을 발현시키는 기전에 의해 브라우닝을 유도한다.[16)]

과일과 채소 특히 양파 껍질에 많이 존재하는 것으로 알려진 플라보놀(flavonol) 계통의 화합물인 **퀘르세틴**(Quercetin)도 브라우닝을 유도하고[34)] 체내 이용률도 높아서(16~27.5%) 비만 예방에 유익한 소재가 된다. 최근 연구에서 퀘르세틴의 브라우닝 작용 기전이 규명되었는데 퀘르세틴 1%를 고지방식과 함께 투여하였을 때 실험용 쥐의 백색지방에서 β3-AR/p38MAPK/AMPK 활성화 경로를 통해 베이지색지방이 유도되었다.[35)] 퀘르세틴에 갈락토스가 결합된 **하이프로사이드**(hyperoside) 역시 CDK6(cyclin-dependent kinase 6) 활성을 억제하여 브라우닝을 유도하는 것으로 최근 알려졌다.[36)]

안토시아닌(Anthocyanin)은 고등식물의 꽃, 잎, 과일, 줄기 등에서 나타나는 수용성 식물 색소로서 세포의 액포 속에 존재한다. 가장 흔하게 발견되는 안토시아닌인 시아니딘 글루코사이드(cyanidin-3-glucoside)를 렙틴 수용체가 제거된 실험용 쥐(db/db 마우스)에 투여하였을 경우 피하지방에서 베이지색지방 생성이 유도되었다.[37] 필자의 연구실에서는 안토시아닌 올리고머를 지방세포에 처리하였을 때 $\beta3$-AR/PKA/p38MAPK 경로의 활성화에 의한 브라우닝이 유도된다는 사실을 발견하였다.[38]

여러해살이 초본식물인 황련(Coptis chinensis)의 약효 성분으로 알려진 **베르베린**(Berberine)은 오래전부터 항비만 효과가 입증되었는데,[39] 사타구니 부위의(inguinal) 백색지방으로부터 AMPK 활성화를 통해 베이지색지방을 유도한다는 사실이 밝혀졌다.[40] 베르베린의 베이지색 유도 기전은 몇 가지가 더 알려져 있는데, 최근 AMPK/SIRT1에 의한 PPARγ 활성화 경로(PPARγ 탈아세틸화)도 관여하는 것으로 알려졌다.[41]

콩에서 추출한 이소플라본(isoflavone) 계열의 식물성 에스트로젠인 **제니스테인**(Genistein)은 인체 복부지방에서 추출된 백색지방 전구세포에 처리하였을 때 브라우닝 효과가 확인되었다.[42] 제니스테인은 핵에서 에스트로젠 수용체 활성을 증가시켰고 혈중 이리신 농도를 증가시켰다. 특히 제니스테인은 체내 이용률이 89%에 달해 좋은 항비만 소재로 판단된다.

필자의 연구실에서는 벌집과 버섯 등에서 발견되는 **크리신**(Chrysin)이 AMPK 활성화에 의해 브라우닝을 유도한다는 것을 최초로 확인하였지만[43] 체내 이용률이 너무 낮아(1% 이하) 흡수율을 높이는 제제 개발이 필요하다.

녹차와 홍차에 들어있는 폴리페놀계 화합물인 카테콜의 일종인 **에피카테킨**(Epicatechin)도 브라우닝 효과가 있는 것으로 보고되었다.[44] 에피카테킨은 다른 폴리페놀계 화합물들에 비해 체내 이용률도 30% 수준으로 비교적 높은 편이다.

녹차에 함유된 에피갈로카테킨 갈레이트(Epigallocatechin-3-gallate, EGCG)는 지방세포에서 AMPK[45] 또는 TRPV1[46] 활성화 경로에 의해 베이지색지방 생성을 유도하는 것으로 알려져 있는데, 녹차의 주요 성분 대부분이 에너지 대사를 촉진하는 기능을 가진 것으로 보고되고 있다. 또한 EGCG는 지방세포의 열발생을 매개하는 노르에피네프린의 분해 효소인 카테콜 전이 효소(catechol-O- methyltransferase)의 저해제로 작용하여 열발생을 촉진하는 것으로 알려졌다.[47] 이와 유사한 분자구조를 갖는 감에 함유된 **탄닌**(Tannin)도 브라우닝 효과를 나타낸다. 우리나라와 중국 등에서 서식하는 감나무의 종은 *Diospyros kaki* 종이어서 감의 탄닌 성분을 흔히 카키탄닌(kaki tannin)이라고 한다. 카키탄닌 역시 지방세포의 열발생 효과가 알려져 있다.[48]

야채나 과일에 함유된 플라보노이드의 일종인 **루테올린**(Luteolin) 역시 AMPK 활성화를 통한 베이지색지방 생성을 유도하는 것으로 알려졌다.[49] 그러나 체내 이용률이 낮다는(4.1%) 단점이 있다. 또 다른 종류의 플라보노이드인 **루틴**(Rutin)은 SIRT1에 직접 결합하여 PGC-1α를 활성화하는 경로로 베이지색지방 생성을 유도한다.[50]

케일, 브로콜리 등 다양한 식물에 존재하는 플라보노이드인 **캠페롤** (Kaempferol)은 세포 주기 조절 효소로 알려진 사이클린 의존성 단백질 인산화 효소(cyclin-dependent kinase 6, CDK6)의 활성을 억제하는 기전에 의해 베이지색지방 생성을 유도한다.[51] 캠페롤은 체내 이용률이 90%로 매우 높아 열발생 촉진을 통한 항비만 소재로 유용하다.

필자의 연구실에서는 감귤류(Citrus)에 많이 함유된 플라보노이드인 **노빌레틴**(Nobiletin)의 브라우닝 효과를 가장 먼저 확인하였다.[52] 같은 해에 발표된 다른 연구 결과에서는 노빌레틴이 항비만 효과는 있지만 베이지색지방 유도는 관찰되지 않았다는 보고도 있어[53] 추가 연구가 필요해 보인다. 노빌레틴의 체내 이용률도 25% 정도로 높은 편이어서 좋은 항비만 소재로 인정된다.

많은 과일과 채소에서 발견되는 천연 페놀 항산화제인 **엘라그산**(Ellagic acid)은 ZNF423(zinc finger protein 423)와 같은 백색지방 유전 형질을 유지하는 데 필요한 유전자들의 발현을 억제하고 갈색지방 고유 유전자들의 발현을 촉진함으로써 베이지색지방을 유도한다.[54]

엘라그산이 특정 장내세균에 의해 전환되어 생성되는 **유로리틴**(Urolithin) 역시 브라우닝 효과가 있다는 것이 지방세포와 실험 동물 수준에서 명확하게 밝혀졌다.[55][56] 유로리틴은 특정 장내세균이 엘라기탄닌(ellagitannins)을 엘라그산(ellagic acid)으로 분해한 뒤 유로리틴으로 전환해 생산되기도 하고 석류나 딸기와 같은 식용 식물에도 함유되어 있다. 유로리틴은 지방세포에서 p38MAPK를 활성화하고 실험용 쥐의 백색지방세포에서 갑상샘 호르몬 T3(triiodothyronine)의 농도를 증가시켜 베이지색지방을 유도한다.[56]

마그놀롤(Magnolol)과 **호노키올**(Honokiol)은 목련과(Magnoliaceae)에 속하는 후박(*Magnoliae cortex*)의 수피에서 추출하는 리그난(lignan, 폴리페놀계)의 일종이다. 이 두 화합물 모두 베이지색지방 고유 유전자들(Ucp1, Cd137, Prdm16, Cidea, Tbx1)의 발현을 촉진해 브라우닝 유도 능력이 있음을 필자의 연구실에서 입증하였다.[57][58]

꿀풀과에 속하는 단삼(*Salvia miltiorrhiza*)은 여러해살이풀로서 지방 대사와 심혈관계 질환의 치료에 효능이 알려진 매우 값싸게 구할 수 있는 약제이다. 단삼 뿌리에 풍부한 **살비아놀산**(Salvianolic acid)을 백색지방세포에 처리할 경우 β3-AR와 ERK 활성화 경로에 의해 브라우닝 유도 능력

이 있는 것을 필자의 연구실에서 확인하였다.[59]

신선한 올리브를 바로 압착하여 생산되는 엑스트라버진 올리브유에 함유된 성분인 **올레우로페인**(Oleuropein) 0.1~0.2%가 첨가된 다이어트를 실험용 쥐에 식이한 결과, 갈색지방량의 증가, 아드레날린 및 노르아드레날린 분비 촉진 등의 효과로 갈색지방 활성화가 촉진되었다.[60]

휘발성 유기화합물(volatile organic compounds)

필자의 연구실에 인도인 유학생들이 많이 수학했는데 박사 과정 학생 한 명이 휘발성 유기화합물의 브라우닝 실험에 열중하다가 오렌지와 레몬 등에 함유된 **리모넨**(D-limonene)의 브라우닝 효과를 발견하였다. 리모넨은 베타아드레날린 수용체와 AMPK 활성화 경로에 의해 베이지색지방세포를 유도하였다.[61]

또한 오래전부터 복통, 신경염 등의 치료에 사용해 오던 백리향(Thymus)의 주성분인 **티몰**(Thymol) 역시 브라우닝 효과가 있음을 필자의 연구팀이 발견하였다.[62] 티몰은 베타아드레날린 수용체, AMPK, p38MAPK 등을 활성화하고 미토콘드리아 재생 능력이 우수하며 체내 이용률도 비교적 높은 편이라 비만 치료 후보 물질로 유효한 것으로 평가된다.

휘발성 식물성 오일인 **트랜스-아네톨**(Trans-anethole) 역시 실험용 쥐의 백색지방에서 베타아드레날린 수용체와 SIRT1 활성화를 통한 베이지색지방 생성이 유도되는 것을 확인하였다.[63] 트랜스-아네톨은 체중 감량 효과도 뛰어나고 다른 천연물에 비해 체내 흡수율이 대단히 높아서 (>90%)[64] 우수한 항비만 물질로 평가할 수 있다.

박하(*Mentha piperascens*)의 잎이나 줄기에서 얻는 **멘톨**(Mentol)은 우리 몸에서 15~25도 사이의 시원함을 감지하는 TRPM8 수용체의 항진제이다. 이 냉감수용체를 활성화하면 피부온도가 빠르게 낮춰지게 되는데 브라우닝에 의해 UCP1이 활성화되면 열발생이 촉진되는 상반된 작용을 동시에 한다는 사실은 의외의 결과이다. 멘톨은 냉감뿐 아니라 통증수용체(TRPA1)도 자극하는데 이 두 수용체의 자극으로 브라우닝이 발생한다는 것이다.[65]

알카로이드(Alkaloids)

알카로이드는 질소를 함유하는 염기성 유기화합물로서 비교적 소량으로 사람이나 동물에 현저한 약리작용을 나타낸다. 커피나 코코아 등에 함유된 가장 잘 알려진 **카페인**(Caffeine)은 $\beta3$ 아드레날린 수용체를 활성화하는 동시에 $\alpha2$ 아드레날린 수용체 활성을 억제한다는 연구 결과가 이미 오래전에 보고되었고,[66] 최근 연구에서 브라우닝을 유도한다는 것이 밝혀졌다.[67] 카페인의 100%에 가까운 체내 이용률을 생각하면 카페인을 자주 섭취하는 것이 비만 예방에 도움이 될 수 있다는 연구 결과들이다.

카페인과 유사한 생리작용이 있는 카카오 콩(*Theobroma cacao*)의 주요 알칼로이드 **테오브로민**(Theobromine) 역시 브라우닝 효과가 있다는 사실을 필자의 연구팀이 처음으로 밝혔다.[68] 테오브로민을 고지방식(HFD)으로 유도된 비만 쥐에 투여하였을 때(100mg/kg) 아래 사진에서와 같이 사타구니 부위(inguinal)의 백색지방이 베이지색지방으로 전환된 것을 볼 수 있었다. 8주간 투여 시 약 13%의 체중 감량 효과가 있었고 백색지방 총량도 40%가량 감소하였다(그림 4-1).[68] 테오브로민은 실험용 쥐의 백색지방세포에서 cAMP를 분해하는 포스포디에스테라제 4(phosphodiesterase 4) 활성을 억제함으로써 $\beta3$-AR 신호 전달 경로를 활성화해 베이지색지방 생성을 촉진한다(그림 4-2).

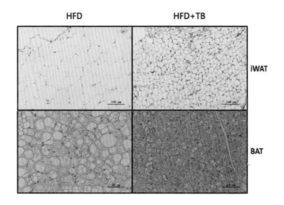

[그림 4-1] 고지방식이로 유도된 비만 쥐의 백색지방(iWAT) 및 갈색지방(BAT)과 테오브로민(TB) 투여 실험 쥐의 지방조직 변화

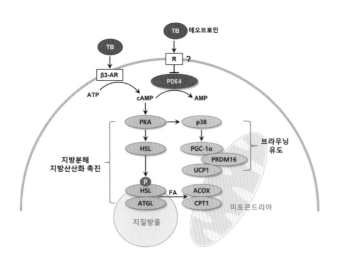

[그림 4-2] 테오브로민의 베이지색지방 생성 메커니즘

커피와 생콩에 함유된 트리고넬린(Trigonelline)은 백색지방세포에서 β 3 아드레날린 수용체를 자극하고 cAMP 분해를 촉진하는 PDE4 활성을 감소시키는 기전에 의해 브라우닝을 유도한다는 것을 필자의 연구실에서 밝혔다.[69]

고추에서 추출되는 알카로이드의 일종인 캡사이신(Capsaicin)은 매운맛을 내는 성분으로 잘 알려져 있다. 캡사이신은 많은 종류의 세포막에 분포된 이온채널인 TRPV1(Transient receptor potential vanilloid 1)이라는 수용체를 자극하여 열발생을 유도한다. 캡사이신이 장내 신경에 있는 TRPV1을 자극하면 교감신경을 통하여 뇌로 신호가 전달되어 베타아드레날린 수용체를 자극하게 되고 갈색지방 및 베이지색지방조직의 UCP1을 활성화해 열발생을 유도하게 된다. 한편 TRPV1은 세포막 칼슘이온 통로여서 백색지방세포 내부로 유입된 칼슘이온이 열발생에서 핵심 역할을 하는 PGC-1α와 UCP1 발현을 촉진한다.

또 다른 TRP 아형인 TRPV2가 캡사이신에 의해 자극되면 베타아드레날린 수용체도 동시에 자극되어 열발생을 촉진시키는 데 비해 TRPV4가 활성화되면 열발생이 억제된다.[70] 캡사이신에 의한 백색지방세포 내 칼슘 농도의 증가가 칼슘 수송 단백질들의 발현을 증가시키고 미토콘드리아 내부로 유입된 칼슘이온은 TCA 회로를 활성화시켜 궁극적으로 UCP1에 의한 열발생을 촉진한다.[71]

캡사이신과 비교하여 매운맛이 1/1000 수준이고 친유성이 강한 캡시노이드(Capsinoid) 역시 TRPV1을 활성화하여 지방세포에서 열발생이 가능하지만, 소장에서 쉽게 분해되어 식사로는 그 효과를 볼 수가 없다. 그러나 갈색지방이 활성화된 사람의 경우 캡시노이드도 열발생에 의한 항비만 효과가 있다는 주장도 있다.[72]

통풍 치료에 사용되는 약물인 콜히친(Colchicine)은 *Colchicum*속 식물에서 추출되는 화합물로서 식물의 세포분열을 방해하는 독성 알칼로이드이다. 콜히친은 백색지방 세포막의 두 가지 수용체, 즉 $\beta3$ 아드레날린 수용체와 GABA-BR 수용체(gamma aminobutyric acid receptor, type B)와 결합하여 브라우닝 관련 유전자들의 발현을 유도하는 것으로 밝혀졌다.[73] 브라우닝의 핵심 세포막 수용체인 $\beta3$-AR보다 GABA-BR와의 결합 친화도가 더 높은 것으로 나타나서 앞으로 브라우닝 신호 전달에 관여하는 수용체들이 더 발견될 가능성이 크다.

아미노산

베이지색지방을 유도하는 아미노산 또는 아미노산 유도체들도 보고되었다. 근육 단백질의 약 30%는 필수 아미노산인 류이신, 이소류이신, 발린 등 세 종류로 구성되는데 이들을 BCAA(Branched-chain amino acid)라 부른다. 혈중 BCAA 농도가 높으면 비만과 당뇨의 원인이 되지만 미토콘드리아에서 열발생을 촉진하는 과정에서 BCAA가 연료로 사용된다.

류이신(Leucine)을 3% 농도로 단독으로 식이할 경우에도 실험용 쥐의 갈색지방이 활성화되는 동시에 베이지색지방 생성이 유도되었다.[74] 그러나 또 다른 두 연구 결과에서는 류이신을 급식 제한했을 때 오히려 베이지색지방이 유도되었다는 보고가 있어[75] 류이신의 브라우닝 효과는 아직 확실하지는 않다.

메치오닌(Methionine)을 급식 제한할 때도 간에서 FGF21 분비를 촉진해 베이지색지방을 유도한다는 보고가 있다.[75]

아미노산 유도체인 **베타인**(Betaine, trimethylglycine)을 3T3-L1 지방세

포에 처리하였을 때 베이지색지방 생성이 유도되었다는 보고가 있다.[76)] 지금까지의 연구 결과들을 종합해 보면 아미노산 또는 그 유도체들의 베이지색지방 유도 효과는 확실하지 않아 추가 연구가 필요해 보인다.

아미노산과 분자구조가 유사한 타우린(Taurine)의 경우 3T3-L1 지방세포와 실험용 쥐에서 모두 Ucp1을 비롯한 갈색지방 고유 유전자들의 발현을 촉진했고 AMPK/PGC-1α 활성화 경로에 의해 베이지색지방이 유도되었다.[77)]

비단백질 아미노산의 일종이며 혈류 개선, 운동력 회복 등에 도움이 되는 것으로 알려진 시트룰린(Citrulline)은 젊은 실험용 쥐에서 지방세포의 열발생 기능을 증가시켜 주었으나 늙은 쥐에게서는 효과가 관찰되지 않았다.[78)]

지방산

UCP1이 수소이온을 수송할 때 지방산을 필요로 하므로 지방산이 베이지색지방 생성에 관여할 것이라고 쉽게 예상할 수 있다. 그러나 지방산의 종류에 따라 효과가 없거나 오히려 베이지색지방 생성에 저해 현상을 보이는 결과들이 보고되어 지방산의 효과는 아직 논란이 많은 상태이다. 해바라기 기름에 함유된 공액* 리놀레산(Conjugated linoleic acid)은 베타아드레날린 수용체 자극을 통해 베이지색지방 생성을 유도한다.[79)] 흥미롭게도 일반 리놀레산을 실험용 쥐에 식이하였을 경우 오히려 베이지색지방 생성을 저해할 뿐 아니라 지방 축적을 촉진했다.[80)] 아라키

---

* 공액: 이중결합과 단일결합이 하나 건너서 배열하고 있는 화합물 구조.

돈산(Arachidonic acid) 역시 브라우닝 저해제인 것으로 알려졌다.[81]

등푸른생선에 많이 함유된 HDA(Docosahexaenoic acid)와 EPA (Eicosapentaenoic acid) 모두 브라우닝을 유도하고 DHA가 EPA에 비해 효과가 더 큰 것으로 알려져 있다.[82] DHA, EPA의 브라우닝 효과는 여러 가지 기전에 의존하는데, $\beta3$-AR, TRPV1 수용체, FGF21, AMPK/SIRT1/PGC-1α 등의 활성화를 통해 베이지색지방 생성을 유도한다.[83] 그 외에도 팔미토일 젖산(palmitoyl lactic acid), 그리고 아세트산, 프로피온산(propionic acid), 부티르산(butyric acid)과 같은 단쇄지방산 등도 브라우닝 효과가 있는 것으로 보고되었다.[84][85]

탄수화물

브라우닝을 유도하는 몇 가지 탄수화물이 보고되었지만 작용 기전은 잘 알려지지 않았다. 필자의 연구실서는 UCP1 발현을 유도하는 탄수화물들을 스크리닝한 결과 람노스(D-rhamnose)가 3T3-L1 백색지방세포로부터 $\beta3$-AR/PKA/p38MAPK 신호 전달 경로와 동시에 AMPK 활성화에 의해 베이지색지방세포의 생성을 유도한다는 사실을 보고하였다.[86] 람노스는 콜레스테롤과 트리글리세라이드 합성을 줄여주는 감미료로 사용되어 왔으므로 비만 예방에 좋은 감미료로 인정된다.

항염증 효과가 알려진 이당류인 트레할로스(Trehalose) 역시 실험용 쥐의 백색지방에서 브라우닝이 유도되었는데 특히 다른 연구 결과에서는 잘 발견되지 않는 복부지방에서 베이지색지방 생성이 유도되었다는 점이 특이하다.[87]

난소화성 다당류인 이눌린(Inulin)을 30주 동안 고지방식에 첨가하여 실험용 쥐에게 식이한 결과 브라우닝이 유도되었는데 이눌린이 대장에서 발효되어 생성되는 아세트산과 같은 단쇄지방산이 브라우닝 유도에 관여한 것으로 해석된다.[88]

기타 화합물

대마(Cannabis)에는 460종 이상의 천연화합물이 함유되어 있고 그중 약 80%가 **칸나비노이드**(Cannabinoids)인데, 칸나비디올(Cannabidiol, CBD)과 환각작용을 하는 테트라하이드로칸나비놀(Tetrahydrocannabinol, THC)이 주성분이다. 칸나비디올은 뇌전증, 불면증, 만성 통증 등에 효과가 있다고 알려져 필자의 연구실에서 지방 대사에 미치는 영향을 처음으로 조사해 보았다. 지방세포에 칸나비디올을 처리한 결과 갈색지방세포 특이 유전자들의 발현을 증가시키면서 베이지색지방 생성이 유도되었다.[89] 칸나비디올은 경구 투여 시 체내 이용률이 6%로 낮지만, 흡입 시에는 최대 45%까지 증가해서 항비만 소재로 활용하는 것도 가능하겠지만 규제가 따를 것으로 보인다.

알리신(Allicin)은 마늘에 많이 함유된 유황 화합물로 지방세포 및 실험용 쥐에서 브라우닝 효과가 관찰되었다. 알리신의 브라우닝 효과는 다른 물질들과는 특이하게 Ucp1 유전자를 촉진하기 위해 전사인자 KLF15(krüppel-like factor)를 활성화한다.[90] 브라우닝 유도 효과뿐만 아니라 알리신 섭취에 의한 체중 감량 효과가 뛰어나서 체내 이용률이 80% 정도로 높은 생마늘을 섭취하는 것이 좋다.

마늘에서 분리한 또 다른 성분으로 황화합물인 **치아크레모논**(Thiacremonone)은 AMPK 활성화 경로에 의해 3T3-L1 지방 전구세포의

분화 과정에서 열발생 관련 유전자들의 발현을 증가시켰다.[91]

베타카로틴(β-Carotene)은 녹황색 채소와 과일에 많이 함유된 식물성 카로티노이드(carotenoids)로서 동물성 식품에서 유래된 레티노이드(retinoid)보다는 활성이 적지만 소장에서 레티놀(retinol)로 변하여 비타민 A의 활성을 갖는다. 베타카로틴은 기름에 녹는 지용성이어서 체내 흡수율이 8%에 불과하지만 기름과 같이 조리하면 60~70%로 높아진다. 필자의 연구실에서는 베타카로틴이 β3-AR과 함께 아데노신 A2A 수용체(adenosine A2A receptor)를 동시에 활성화시켜 브라우닝을 유도한다는 것을 처음으로 밝혔다.[92]

갈조류에 함유된 카르티노이드인 푸코잔틴(Fucoxanthin)은 실험용 쥐의 백색지방에서 베이지색지방을 유도한다고 보고되었다.[93] 그러나 최근 연구에서 인간 지방세포에서는 후코잔틴뿐만 아니라 대사 산물인 푸코산티놀(fucoxanthinol)이 브라우닝을 유도하지 않는다는 상반된 결과가 발표되었다.[94]

프롤리진(Phlorizin)은 사과, 배 따위의 과수 뿌리에서 채취되는 흰색의 쓴맛을 지닌 배당체로서 Tyk2/STAT3 신호 전달 경로를 활성화시켜 갈색지방세포에서 열발생을 증가시킨다.[95]

들깻잎, 상추, 냉이 등에 많이 포함되어 있으며 강한 항암 작용 및 면역 증강 효과가 있는 것으로 알려진 **파이톨**(Phytol)은 비타민E와 K의 전구체이다. 녹색의 색소 성분인 클로로필의 구성 성분으로 존재하며 클로로필이 가수분해되어 생성된다. 파이톨은 실험용 쥐의 백색지방으로부터 AMPK 활성화 경로를 통해 베이지색지방 생성을 유도한다.[96]

중증 류마티스 관절염 치료에 사용하는 부신피질 호르몬제 약물인 **프리드니손**(Prednisone)은 β3-AR/p38 MAPK/ERK 신호 전달 경로를 통

해 브라우닝을 유도하는 것이 필자의 연구팀에 의해 밝혀졌다.[97]

계피에 많이 함유되어 계피산(桂皮酸) 또는 신남산으로 불리는 cinnamic acid는 불포화 카복실산으로 주로 트랜스형으로 존재한다. 트랜스 신남산(Trans-cinnamic acid)은 HIB1B 갈색지방세포를 활성화하는 동시에 3T3-L1 백색지방세포로부터 β3-AR 및 AMPK 경로 활성화로 베이지색지방세포 생성을 유도한다.[98]

카복실산의 일종인 케토프로펜(Ketoprofen)은 진통과 해열 작용을 나타내고 염증을 완화하는 비스테로이드성 항염증제이다. 염증 반응에 관여하는 프로스타글란딘의 합성을 억제함으로써 약효를 나타낸다. 케토프로펜은 mTORC1-p38 AMPK를 활성화하고 COX-2를 증가시켜 결국 프로스타글랜딘 농도를 증가시키는 기전에 의해 브라우닝을 유도한다.[99] [100]

뇌에서 발현되는 도파민수용체가 지방세포에서도 발현된다는 사실이 최근에 밝혀졌다.[101] β3-AR 활성화 경로와 매우 유사하게 백색지방세포에서 도파민수용체 D1이 활성화되면 cAMP 농도가 증가하고 PKA/p38MAPK/PGC-1α 경로가 활성화되어 브라우닝이 유도된다. 실제로 고지방식을 섭취하는 실험용 쥐에 도파민수용체 D1 항진제인 페놀도팜(Fenoldopam)을 투여하여 브라우닝이 유도되는 것을 확인되었다.[102] 뇌의 시상하부에서 도파민수용체 2가 활성화되면 에너지 대사를 촉진한다는 보고가 있다.[103]

필자의 연구실에서도 에티오피아 유학생 한 명이 박사 과정 연구 주제로 도파민수용체의 지질대사에의 영향을 연구하여 여러 가지 흥미로운 결과를 얻었다. 도파민수용체 5가 백색지방세포에서 cAMP-PKA-p38MAPK 활성화 경로를 통해 브라우닝이 유도되는 동시에 UCP1 비의존적 에너지 대사를 촉진한다.[104] 다른 도파민 수용체들과는 정반대로 도파민수용체 4는 브라우닝을 억제하는 결과를 보였다.[105] 흥미롭게도 필자의 연구실에서는 도파민수용체 1과 β3-AR이 동시에 활성화되면 브라우닝 유도에 시너지 효과가 있고 UCP1 비의존적 열발생도 유도된다는 사실을 밝혔다.[106] 도파민이 혈관-뇌-장벽을 통과하지 못하기 때문에 파킨슨병의 치료를 위해 경구 투여가 가능한 도파민 전구체 엘도파(L-Dihydroxyphenylalanine, L-dopa)를 사용하는데 엘도파 역시 도파민수용체를 자극할 수 있어 브라우닝을 유도할 수 있다.[107]

인삼(*Panax ginseng*) 배당체(glycoside)란 의미로 불리는 **진세노사이드**(Ginsenoside)는 탄소 골격에 4개의 링이 있는 다마렌 계통(dammarane family)과 5개의 링이 있는 올레넨 계통(oleanane family)으로 구분되며 다마렌 계통은 또한 2개의 주요 그룹인 프로토파낙사디올(protopanaxadiols)과 프로토파낙사트리올(protopanaxatriols)로 구분된다. 프로토파낙사디올에는 Rb1, Rb2, Rg3, Rh2, Rh3 등이 포함되고 프로토파낙사트리올 그룹에는 Rg1, Rg2, Rh1, Rf, Re 등이 포함된다. 그중 지방 대사 개선 효과에 많이 연구된 소재는 Rb1, Rb2인데 두 종류 모두 AMPK 활성화 경로를 통해 베이지색지방 생성을 유도한다.[108] [109]

젖산(Lactate)은 지방세포의 핵에서 PPARγ의 발현을 증가시켜 UCP1를 포함한 열발생 관련 유전자들의 발현을 증가시킨다.[110] 이때 젖산 유입 통로인 MCT(proton-linked monocarboxylate transporter) 단백질이 UCP1 발현에 직접 영향을 미친다.

심장에서 분비되는 호르몬인 **나트륨이뇨펩타이드**(Natriuretic peptide)는 mTORC1 활성화 경로에 의해 브라우닝을 유도한다.[111] 나트륨이뇨펩타이드는 베타아드레날린 수용체 활성화 경로가 아닌 지방세포에서 발현된 나트륨이뇨펩티드 자체 수용체를 자극하여 cAMP/PKG/mTORC1 신호 전달 경로를 활성화한다.

이상에서 소개한 베이지색지방 유도 물질에 의해 실제로 열발생을 증가시켜 체중 감량 효과를 얻는다는 것이 쉽지 않다는 것을 과학자들이 잘 알고 있다. 따라서 최근 CRISPR 유전자 편집 기술을 통해 베이지색지방 유도에 성공한 연구 성과가 보고되고 있다. 하버드 대학 연구팀은 CRISPR 유전자가위로 UCP1을 과발현시켜 지방세포의 열발생을 증가시키는 데 성공하였다.[112]

또한 미국 매사추세츠대학교 연구팀은 백색지방에서 NRIP1 유전자 기능을 차단하여 베이지색지방을 유도하고 NRIP1 유전자 기능을 차단한 사람의 지방 전구세포를 배양하여 베이지색지방을 만드는 데 성공하였다. 베이지색지방을 생쥐에게 이식하고 고지방 사료를 식이한 결과 체중 증가가 크게 감소하였다.[113] 이러한 연구 성과는 CRISPR 기술의 안전성이 확보되고 보다 보편화될 경우 실제로 베이지색 또는 갈색지방세포의 이식을 통한 비만 치료 기술이 가능할 수도 있음을 의미한다.

5장

지방세포의 열발생

Thermogenesis in adipocytes

갈색지방세포 또는 베이지색지방세포에서 열발생에 관여하는 많은 신호 전달 경로가 알려져 있다. 가장 많이 연구된 베타아드레날린 수용체와 가장 최근에 필자의 연구실에서 발표한 도파민수용체를 포함한 지방세포막에 존재하는 수용체들뿐만 아니라 AMPK, p38MAPK 등 다양한 종류의 하위 신호 전달 분자들이 관여한다. 최근까지 많은 새로운 분자들이 속속 발견되고 있지만 지면 제약으로 인해 중요한 분자들에 한정하여 소개한다.

베타아드레날린 수용체
β-Adrernegic receptor

• • •

아드레날린(adrenaline)은 에피네프린(epinephrine)이라고도 하는데, 어원에서 보듯이* 부신에서 분비되는 호르몬이다. 아드레날린 수용체는 에피네프린과 노르에피네프린(norepinephrine, 아드레날린 전구체)과 결합하는 G 단백질 연계 수용체(G protein-coupled receptor, GPCR)이며 주로 교감신경계를 자극한다.

아드레날린 수용체는 크게 $\alpha1$, $\alpha2$, $\beta1$, $\beta2$, $\beta3$로 나뉘는데 발현되는 장소와 그 기능들이 매우 다양하다. 설치류의 갈색지방의 세포막에서 $\beta3$ 수용체가 훨씬 많이 발현되고($\beta1$:$\beta2$:$\beta3$=3:1:150 비율로 발현), 인체 지방세포에서는 $\beta1$, $\beta2$ 수용체가 주로 발현되나 $\beta3$ 수용체가 갈색지방세포에서는 발현된다. 이들 수용체는 추위에 노출되거나 카테콜아민(catecholamine)과 같은 물질이 결합하면 활성화되는데 특히 $\beta3$ 수용체가 가장 높은 수준으로 활성화된다. 노르에피네프린의 경우 $0.1\mu M$ 농도에서 Ucp1 유전자 발현이 최고조에 이른다고 한다.

$\beta1$, $\beta2$, $\beta3$ 수용체 유전자를 각각 결핍시켜 실험해 본 결과 $\beta1$, $\beta3$

---

* ad: 더하다; epi: 둘레; renal, nephrine: 신장. 신장에 붙어있는 부신을 의미.

수용체 결핍 시에는 갈색지방세포의 형태 변화가 관찰되지 않았으나 β2 수용체 결핍 때 백색지방 형태로 변해가는 것으로 봐서 β2 수용체가 갈색지방세포의 형태 유지에 관여한다는 것이 알려졌다.[1]

베타아드레날린 수용체 중에서도 β3 수용체는 갈색지방을 활성화하고 베이지색지방 생성을 유도하는 신호를 촉진시키는 것으로 잘 알려져서 필자를 포함한 많은 과학자가 β3 수용체 항진제(agonist)를 찾아 비만 치료제 후보 물질로 이용하려는 노력을 해 왔다.[2]

아드레날린과 같은 카테콜아민 분자들이 β3 수용체를 가장 잘 활성화시키는데 β3 수용체가 활성화되면 세포막에 있는 G 단백질의 αs 소단위체와 결합하여 아데닐산 고리화 효소(adenylyl cyclase)와 복합체를 이루어 cAMP 생성을 증가시키고 증가된 cAMP는 단백질 인산화 효소 A(protein kinase A, PKA) 단백질을 활성화한다.

PKA는 세포질에 존재하는 HSL을 인산화시켜 지질 방울 표면으로 이동시키는 동시에 지질 방울 표면에 존재하는 페리리핀(perilipin, PLN) 단백질의 인산화를 촉진한다. 페리리핀은 비활성화 상태에서는 CGI-58(α /β-hydrolase domain-containing 5, ABHD5) 이란 조절단백질과 결합하고 있다가 페리리핀이 인산화되면 분리되어 또 다른 지방 분해 효소인 지방 조직 트리글리세라이드 분해 효소(adipose triglyceride lipase, ATGL)을 활성화해 지방 분해가 촉진된다(그림 5-1).

한편 탄수화물 섭취량이 증가하여 인슐린이 비례해서 분비되면 지방의 사용을 억제할 필요가 있으므로 지방 분해가 저해된다. 저해 경로는 비교적 단순해서 인슐린의 신호 전달 분자인 AKT(단백질 인산화 효소 B)가 활성화되고 PDE(phosphodiesterase, cAMP → AMP 반응을 촉매하는 효소)가 증가하여 cAMP 농도를 감소시킨다.

카테콜아민이 $\beta3$ 수용체를 자극하면 지방세포의 에너지 대사를 촉진하므로 비만 치료제의 표적이 되긴 하지만 지나치게 카테콜아민 농도가 높으면 우울증의 원인이 되기도 한다. 일부 개발된 비만 치료제가 우울증 부작용을 유발하는 경우가 있는데 이와 무관하지 않다.

그러나 비만 치료제를 개발하려는 과학자들이 뒤늦게 알게 된 사실은 $\beta3$ 수용체가 설치류의 지방세포에서는 많이 분포되어 있지만 인체에서는 거의 발현되지 않는다는 사실이 알려지면서 관심이 시들해지게 되었다.[3] 그러나 크롬친화성세포종(pheochromocytoma) 환자의 종양 주변에서 UCP1을 과다 발현하는 갈색지방세포가 발견되어 인체에서도 갈색지방 생성을 촉진시킬 가능성을 발견하고 연구가 지속되게 되었다. $\beta3$ 수용체 작용제로 CL316, 243과 BRL37344가 개발되어 설치류에서는 효과가 입증되었으나 인체에서는 효과가 미미하였다.

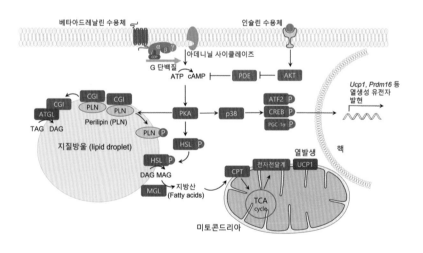

[그림 5-1] 베타아드레날린 및 인슐린 수용체의 지방세포의 지방 분해와
열발생 관련 신호 전달 경로

이후 보다 개선된 L755, 507 약제가 Merck사에 의해 개발되기도 하였으나(1998년) $\beta3$ 수용체 개발 열기는 여전히 가라앉아 있었다. 2012년 과민성 방광염 치료에 사용 승인이 난 약제인 미라베그론(mirabegron)[4]을 인체에 투여한 결과 50mg 처리 시에는 효과가 없었으나 200mg 처리 시 PET-CT에서 신호가 잡힐 정도로 갈색지방이 활성화되는 효과를 보여주었다. 그러나 이렇게 높은 용량에서는 수용체 결합 특이성이 사라져 $\beta1$, $\beta2$ 수용체 모두 활성화되었기 때문에 $\beta3$ 수용체의 선택적 활성화 결과로 보기 어렵다.[2] 하지만 일부 임상시험에서는 긍정적인 결과도 얻었는데, 2018년에 시행된 임상시험에서 하루에 50mg 용량으로 10주 이상 투여한 결과 피하지방에서 $\beta3$ 수용체 활성화에 의한 UCP1 증가가 관찰되었다.[5]

인체의 내장지방과 피하지방에서도 $\beta3$ 수용체의 발현이 확인되었고 가장 최근의 연구 결과에서도 목 주변에서 분리한 인체 유래의 갈색지방세포에 미라베그론 처리 시 지방 분해 및 열발생이 촉진되었다고 한다.[6] 아주 만족스러운 연구 결과가 보고되지 않았지만, 지금까지의 연구 결과를 종합해 보면 $\beta3$ 수용체 항진을 이용한 비만 치료 연구는 당분간 지속될 수 있을 것으로 보인다.

$\beta3$ 수용체 활성화 효과에 실망한 과학자들은 다른 수용체의 기능을 연구하기 시작했고 $\beta2$ 수용체의 가능성에 관심을 갖게 되었다. 캐나다의 연구진들은 $\beta3$ 수용체인 미라베그론의 열발생 효과는 확인하지 못한 대신, $\beta2$ 수용체의 선택적인 작용제인 포모테롤(formoterol)을 사용하여 인체 유래의 갈색지방세포를 활성화할 수 있음을 입증하였다.[7] 가장 최근의 연구 결과에 의하면 $\beta2$ 수용체의 선택적 작용제인 살부타몰(salbutamol)을 젊고 건강한 청소년들에게 정맥 주사로 투여한 결과 갈색

지방의 활성화가 확인되었다.[8] 만약 한 종류의 β 수용체가 결핍되거나 활성화되지 않는 경우 다른 β 수용체가 보충적인 역할을 하는 것으로 알려져 있다.[9]

알파 아드레날린 수용체
α-Adrernegic receptor

● ● ●

알파 아드레날린 수용체도 지방세포에서 발현되어 에너지 대사 조절에 관여한다. $\alpha 1$ 수용체는 아데닐산 고리화 효소(adenylate cyclase)와는 무관하여 cAMP 경로에 의한 열발생에는 관여하지 않지만,[10] 베타 수용체들에 비해 노르에피네프린에 대한 친화도가 더 강하고 PI3K-PKC 경로에 의해 열발생을 촉진한다. $\alpha 1$ 수용체는 $\beta 3$ 수용체와 비교하면 매우 낮은 수준이긴 하지만 추운 환경에 노출되어 활성화되면 UCP1 발현의 상승 효과가 있다.

그러나 $\alpha 2$ 수용체는 반대로 아데닐산 고리화 효소 활성을 억제하여 cAMP 농도를 감소시켜 열발생을 억제한다.[11] 에너지를 많이 필요로 하지 않은 휴식기(노르에피네프린 농도가 낮은 조건), 즉 지방 분해 수요가 낮을 때는 $\alpha 2$ 수용체가 운동할 때, 즉 지방 분해 수요가 높을 때는 β 수용체들이 지방 분해를 조절한다는 점을 시사해 준다.

$\alpha 1$ 수용체 길항제(prazosin)와 $\alpha 2$ 길항제(yohimbine)를 노르에피네프린과 복합 처리하여 노르에피네프린 단독으로 처리한 경우와 비교한 실험에서 $\alpha 2$ 활성만을 억제한 경우가 Ucp1 발현을 가장 크게 증가시켰다. 또한 $\alpha 1$, $\alpha 2$ 수용체를 동시에 억제하면 베타아드레날린 수용체 활성 증가를 유발하여 열발생이 증가한다.[12] 또한 이 실험을 통해 $\alpha 1$, $\alpha 2$ 수용체를 동시에 억제하

였을 때 노르에피네프린으로 자극된 갈색지방세포에서 cAMP 농도가 최대로 증가하였으나 Ucp1 발현은 이에 비례하여 증가하지 않았다. 따라서 높은 cAMP 농도가 Ucp1 발현과 항상 관련성이 높은 것은 아닌 것 같다.

한편 $\alpha2$ 수용체는 인체 백색지방에서는 발현 수준이 높지만, 설치류에서는 매우 낮은데 실제로 비만한 사람들의 백색지방에서 이 수용체가 증가한 것이 관찰되었다.[9] [표 5-1]과 같이 α, β 아드레날린 수용체는 종에 따라 그리고 지방조직에 따라 발현되는 수용체의 종류가 다소 다르고 그 기능도 차이가 있다.

필자의 연구실에서는 배양된 지방세포에 커큐민과 베타카로틴을 각각 처리할 경우 $\alpha1$ 수용체와 $\beta3$ 수용체가 동시에 활성화되면서 세포 내 칼슘 유입이 증가하여 칼슘 조절 단백질들의 활성을 증가시키고 미토콘드리아(UCP1 의존성)와 소포체(UCP1 비의존성)에서 열발생이 증가하는 사실을 보고한 바 있다.[13] [14]

β: 모든 베타 수용체 가능

	백색지방	갈색지방	베이지색지방
설치류	$\beta1$, $\beta2$, $\beta3$	$\alpha1$, $\alpha2$ $\beta1$, $\beta2$, $\beta3$	$\alpha1$ $\beta1$, $\beta2$, $\beta3$
인체	$\alpha1$, $\alpha2$ $\beta1$, $\beta2$	$\alpha1$, $\alpha2$ $\beta1$, $\beta2$, $\beta3$	$\alpha1$ $\beta1$, $\beta2$, $\beta3$
주요 기능 (설치류)	-아디포카인 분비(β) -지방세포 분화($\beta1$) -지방 분해($\beta3$)	-포도당 흡수($\alpha1$, $\beta3$) -미토콘드리아 언커플링($\beta1$, $\beta3$) -지방세포 분화($\beta1$)	-포도당 흡수($\alpha1$, $\beta3$) -미토콘드리아 언커플링($\beta3$)
주요 기능 (인체)	-지방 분해($\beta1$, $\beta3$) -지방 분해 억제($\alpha2$)	-포도당 흡수(β, $\beta3$)	-미토콘드리아 언커플링(β)

[표 5-1] 지방세포에서 아드레날린 수용체와 주요 기능

아데노신 수용체
Adenosine receptor

• • •

아데노신은 비만과 관련이 높은 생체분자로서 교감신경 또는 갈색지방세포로부터 분비된 ATP, ADP, AMP가 분해되어 생성된다. 아데노신 수용체는 아데노신을 사용하는 퓨린 작동성 G 단백질 결합 수용체이며 인체에서는 A1, A2A, A2B, A3 등 네 가지 유형이 있고, 각각 다른 유전자에 의해 암호화되며 조직의 종류와 질환에 따라 발현 정도가 다르다. 그중 A1, A2A가 아데노신에 대한 친화도가 가장 높다. A1, A3는 G 단백질 소단위체 αi와 결합하고 A2A, A2B는 αs와 결합하여 각각 cAMP 농도를 낮추거나 증가시킨다. 그 결과 A2A는 갈색지방에서 열발생을 촉진하는 동시에 백색지방의 브라우닝을 유발한다.[15]

아데노신 A1 수용체는 백색지방에서 주로 발현되어 지방 생성을 촉진하고 반대로 A2B 수용체는 갈색지방에서 주로 발현되어 활성화되면 지방 생성이 억제되고 열발생이 촉진된다.[16]

A1, A3 수용체는 G 단백질 소단위체 αi를 활성화해 결국 아데닐산 고리화 효소(adenylyl cyclase)의 활성을 방해함으로써 지방 분해를 억제하는데 비해 A2A, A2B 수용체들은 αs을 활성화해 cAMP 농도를 증가시켜 지방 분해를 촉진한다. 또한 A1 수용체 활성화는 지방세포에서 포도

당 흡수를 증가시켜 트리글리세라이드 합성을 촉진해 비만 유발의 원인이 된다. 그러나 고지혈증 환자의 경우 지방 분해가 억제되는 것이 필요하므로 몇 가지 A1 수용체의 항진제들이 개발되어 2형 당뇨병 환자들과 함께 임상에 적용되기도 했다.[17]

아데노신은 햄스트와 실험용 쥐에서는 백색지방, 갈색지방 모두 지방 분해를 저해한다는 많은 보고가 있었지만,[18] [19] 이후의 연구에서 인체 유래 갈색지방에서 지방 분해를 촉진해 열발생을 증가시키고 백색지방에서도 아데노신의 양을 증가시키면 지방 분해가 촉진되어 베이지색지방을 유도한다는 것이 밝혀졌다.[15]

최근의 연구에서는 아데노신 A2B 수용체가 활성화되면 갈색지방세포뿐만 아니라 근육에서도 에너지 소모가 증가하여 근육 손실을 감소시켜 항노화 효과가 있다는 사실이 보고되었다.[20]

G 단백질과 노벨상(1994)

알프레드 길만   마틴 로드벨

(사진: Wikimedia Commons)

지방세포에서 열발생 메커니즘을 잘 이해하려면 G 단백질의 기능을 먼저 이해해야 한다. G 단백질은 구아닌 뉴클레오타이드(guanine nucleotide)인 GTP 또는 GDP가 번갈아 결합하여 활성이 조절되는 단백질이며, 세포 신호 전달에서 스위치와 같은 역할을 수행한다. G 단백질은 주로 $G\alpha$, $G\beta$, $G\gamma$ 세 종류의 소단위체(subunit)로 구성되어 있는데 소단위체에 변이가 생기면 질병을 유발하는 경우가 많아 약물의 표적이 되는 단백질이다. 이 단백질을 발견한 공로로 미국의 알프레드 길만(Alfred G. Gilman)과 마틴 로드벨(Martin Rodbell)은 1994년 노벨 생리의학상을 공동 수상하였다.

이들은 G 단백질은 세포 외부에서 내부로 신호가 전달될 때 세포막에서 특정 분자가 관여한다는 사실과 그 분자가 GTP의 결합 여부에 의해 활성이 조절된다는 것을 발견하였고, 세포막에서 G 단백질을 분리하는 데 성공하였다. G 단백질의 소단위체 중에서 $G\alpha$ 소단위체와 $G\gamma$ 소단위체는 세포막에 결합해 있고 $G\alpha$ 소단위체에는 GTP 또는 GDP 결합 부위를 갖고 있다(그림 5-2). 아드레날린 수용체와 같은 G 단백질 결합 수용체 단백질에 신호 전달을 유발하는 특정 분자가 결합하면 G 단백질의 구조 변형이 일어나서 GDP가 결합하고 있는 $G\alpha$ 단위에서 GDP가 유리된 후 GTP가 결합하게 된다. 그 결과 $G\alpha$ 소단위체의 구조가 변형되어 $G\beta$, $G\gamma$ 소단위체들과 분리된다(그림 5-2).

GTP가 결합되어 활성화된 형태의 $G\alpha$ 소단위체는 종류가 몇 가지 있는데, 크게 Gs, Gi, Gq 등으로 나눌 수 있다. 아데닐산 고리화 효소(adenylyl cyclase, AC)와 같은 다른 단백질들을 활성화할 수 있으면 Gs, 저해하면 Gi이다. Gq는 PLC(phospholipase C)를 활성화해 PIP2(phosphatidylinositol 4,5-bisphosphate)를 IP3(inositol trisphosphate)와 다이아실 글리세롤로 분해하는데 IP3는 세포 내 칼슘 유입을 증가시켜 cAMP 대신 칼슘을 통해 신호 전달을 일으킨다.

G 단백질과 결합하는 G 단백질 결합 수용체(G protein- coupled receptor, GPCR)는 여러 질환의 표적으로 연구되어 왔는데, 최근 비만 치료제로 전 세계를 강타한 비만 치료제 GLP-1 항진제를 포함해 FDA의 승인을 받은 의약품의 34%가 이 단백질을 표적으로 개발되었다.

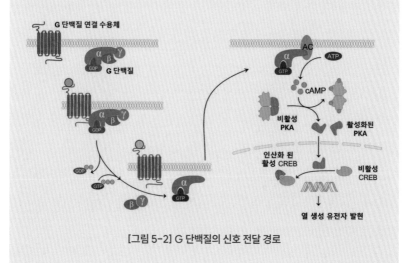

[그림 5-2] G 단백질의 신호 전달 경로

감마아미노부티르산 수용체
GABA receptor

• • •

감마아미노부티르산(γ-aminobutyric acid, GABA)은 아미노산의 일종으로 글루탐산(glutamate)으로부터 합성되고 중추신경계에 존재하는 대표적인 억제성 신경 전달 물질(inhibitory neurotransmitter)이다. GABA는 시냅스전 (presynapse)에서 방출되어 시냅스후 신경세포(postsynaptic neuron)의 표면에 있는 GABA 수용체에 결합하여 신호 전달을 개시한다. GABA 수용체는 A형과 B형 두 종류가 동정되었는데(GABA-AR, GABA-BR) 그중 B형 수용체가 G 단백질 연계 수용체(G protein-coupled receptor)로서 GABA와 결합하였을 때 G 단백질 신호 전달을 통해 다양한 이온 통로를 간접적으로 조절하여 신경세포의 흥분성을 억제하고 활동전위의 발생을 저해한다.

GABA 및 GABA 수용체가 지방세포에서의 열발생에 미치는 영향에 관한 연구 결과는 아직까지 확실하지는 않은 것 같다. 오래전에 수행된 연구에서 뇌에서 GABA 자체의 영향은 없었고 GABA-AR 활성이 억제되고 GABA-BR가 활성화되어야 갈색지방세포의 열발생이 촉진된다는 보고가 있었다.[21] 그러나 이후 연구에서는 GABA 및 GABA-AR 모두 열발생을 촉진한다는 결과가 보고되었다.[22]

최근의 연구에서는 또 다른 결과가 보고되었는데, 고지방식이로 비만이 유도되면 갈색지방세포에서 GABA 및 GABA-BR 농도가 증가하여 미토콘드리아 기능을 감퇴시키기 때문에 GABA-BR 활성이 억제되어야 지방세포의 열발생이 유도된다는 것이다.[23] 그리고 가장 최근 연구에서는 GABA를 투여한 실험용 쥐의 백색지방조직에서 베이지색지방을 유도하여 열발생을 증가시켜 체중 감량 효과가 관찰되었다. 이 결과는 GABA가 장내세균총의 변화를 유도하여 비만을 억제하는 세균으로 알려진 Bacteroidetes속 미생물을 증가시키고 비만을 증가시키는 균으로 알려진 Firmicutes속 미생물은 감소시킨 것이 원인이라고 밝혔다.[24] 필자의 연구실에서 통풍의 치료에 사용되는 콜히친을 3T3-L1 백색지방세포에 처리한 결과 BABA-B 수용체 길항작용이 베이지색지방 유도에 효과적이라는 사실을 발견하였다.[25] 따라서 GABA 수용체의 열발생 기전과의 연관성에 관한 연구는 보다 더 정밀한 연구가 필요해 보인다.

카나비노이드 제1형 수용체
Cannabinoid type 1 receptor, CB1R

• • •

카나비노이드는 대마에서 추출되는 신경 전달 물질로 작용하며 주요 성분은 Δ9-tetrahydrocannabinol(THC)이다. 카나비노이드 수용체는 1, 2형이 있는데(CB1R, CB2R), CB1R과 결합하면 G 단백질의 αi 소단위체가 아데닐산 고리화 효소 활성을 억제하게 되어 cAMP 농도를 감소시켜 열발생 경로를 억제한다.[26] CB1R 길항제인 리모나반트(rimonabant)를 처리하거나 수용체 발현을 억제하면 열발생 경로가 다시 활성화된다.[27]

G 단백질 연결 수용체 120
G protein-coupled receptor 120, GPR120

GPR120은 2005년 일본 교토대 Tsujimoto 그룹에 의해 긴사슬 불포화지방산의 수용체로 처음 밝혀져 지방 센서(lipid sensor, FFAR4: free fatty acid receptor 4)라고도 불린다.[28] 추위에 노출된 실험용 쥐의 갈색지방에서 GRP120이 유도되고 이를 활성화하면 베이지색지방이 유도된다. GRP120에 의한 지방세포의 열발생은 FGF21에 의존한다는 사실이 밝혀졌다.[29] 또한 GRP120이 활성화되면 miR-30b/378 발현 증가에 의해 cAMP 농도가 증가하여 UCP1에 의한 열발생이 증가한다는 사실도 밝혀졌다.[30]

글루카곤 유사 펩타이드 수용체 1
GLP-1 receptor

• • •

글루카곤 유사 펩타이드 1(glucagon-like peptide 1, GLP-1)은 장세포의 일종인 L 세포와 뇌의 특정 뉴런에서 생성되며, 음식물 섭취 시 분비되어 인슐린 분비를 촉진하고 혈당을 조절하는 데에 관여하는 인크레틴(incretin) 호르몬의 일종이다. GLP-1 수용체는 시상하부에 존재하는 11개의 핵 중에서 배내측핵(ventromedial nucleus)에 존재한다. 리라글루티드(liraglutide)와 같은 GLP-1 항진제에 의해 GLP-1 수용체가 활성화되면 갈색지방세포에서의 열발생이 증가하고 백색지방에서 브라우닝이 유도된다.[31] 글루카곤 자체도 갈색지방세포에서 열발생을 촉진한다는 사실이 이미 오래전에 알려졌다.[32]

인슐린/인슐린 유사 성장인자 수용체 1
Insulin/insulin-like growth factor 1 receptor

췌장에서 분비되는 인슐린과 간에서 생성되는 인슐린 유사 성장인자 (IGF-1)는 모두 혈당을 낮추는 기능을 하고 지방세포에서는 에너지 대사에서 중요한 역할을 한다. 이들 수용체는 지방세포에서도 발현되어 지방세포의 분화와 지방 합성 등에 관여한다. 이들 수용체의 기능을 동시에 차단하게 되면 열발생은 억제되지만 미토콘드리아의 에너지 대사는 증가하여 비만이 억제된다는 흥미로운 연구 결과가 보고된 바 있다.[33]

인슐린/인슐린 유사 성장인자 1의 신호 전달이 활성화되면 갈색지방세포의 발달이 촉진되고 미토콘드리아 효소들의 생합성이 증가하며 백색지방세포에서 베이지색지방 생성이 유도된다. 또한 이 신호 전달 경로는 베타아드레날린 신호 전달 경로가 먼저 활성화되면 감소함으로써 상호 조절되는 것으로 알려졌다.[34]

당뇨병에 걸리면 열발생 기능이 감소하지만 인슐린 자체가 갈색지방세포의 열발생에 직접적인 영향을 미치는 것은 아니다. 그러나 인슐린은 미토콘드리아 효소 합성에 중요한 역할을 함으로써 갈색지방세포가 지속적으로 열발생을 유지하는 데 관여한다.

뼈형성 단백질
Bone morphogenetic proteins, BMPs

• • •

원래 뼈와 연골의 형성을 유도하는 능력으로 발견된 BMP는 다양한 기능을 가진 성장인자로서 형질 전환 성장인자 베타(transforming growth factor β, TGF-β)과에 속하며 지금까지 20여 종이 발견되었다. BMP는 사이토카인 역할을 하기도 하는데 종종 BMP 신호 시스템의 오류로 인해 암이 유발되기도 한다. 예를 들어, BMP 신호 전달의 부재는 대장암 진행에 중요한 요소이며,[35] 역류성 식도염 환자에게서 BMP 신호 전달의 과잉 활성화는 식도암 발병에 중요한 역할을 한다.[36]

암뿐만 아니라 다른 대사 질환에서도 여러 종류의 BMP들이 중요한 기능을 한다는 많은 연구 결과가 보고되었다. 특히 지방세포의 대사에서 중요한 기능을 수행하는 데 BMP 신호 전달 경로가 차단되면 갈색지방의 기능이 억제되어 이를 대체하는 수단으로 베이지색지방 생성이 유도된다는 연구 결과가 있다.[37]

지금까지 알려진 비만과의 연관성이 알려진 것들로는 BMP2, BMP3, BMP3b, BMP4, BMP7, BMP8b, BMP9, BMP11, BMP14 등이 있는데 뇌에서 발현되어 식욕 억제 기능이 알려진 것은 BMP7, BMP8b이다. 비교적 많이 연구된 BMP 중에서 BMP4에 관한 연구 결과는 아직 논란이 많다.

BMP4는 BMP2와 함께 비만에 부정적인 작용을 한다는 보고가 있고,[38] 갈색지방세포에서 과발현되면 지방 분해를 억제하게 되어 갈색지방을 백색지방으로 전환되는 데 BMP4가 관여한다. 그러나 BMP2와 BMP4는 BMP7과 결합하여 이량체(dimer)를 형성할 경우 브라우닝을 유도해 열발생에 기여한다는 연구 보고가 있다.[38] 또한 설치류에서는 BMP4가 백색지방으로의 분화를 유도하는 것으로 알려졌지만 인체 지방줄기세포에서는 BMP7와 함께 베이지색지방 생성을 유도하는 것으로 알려졌다.[39]

BMP4에 관한 연구 결과들을 종합해 보면, 에너지 대사에 긍정적인 영향을 미친다는 보고와 함께 백색지방세포의 기능에 보다 중요하게 관여한다는 상반된 연구 결과가 있다. 그러나 인체를 대상으로 한 연구에서는 백색지방조직의 BMP4 농도가 높을수록 BMI가 낮다는 결과로 볼 때 베이지색지방 생성 유도와 같은 비만 억제와 관련된 작용을 하는 것으로 보인다.[40]

또한 BMP2는 BMP4와 유사하게 백색지방세포의 분화와 지방 생성을 유도하는 데 관여한다. BMP2가 Smad를 통해 핵 속으로 신호 전달을 할 때 표적 전사인자인 Zfp423은 백색지방세포의 특징을 유지하는데, BMP2가 이를 활성화한다.

많은 연구자들의 공통된 연구 결과에 의해 BMP7은 갈색지방세포의 생성에 관여하고 열발생을 촉진한다고 잘 알려져 있다. 실제로 Bmp7 유전자가 결손된 실험용 쥐는 태어날 때 갈색지방조직의 70%가 감소한다.[41] 또한 BMP7는 실험용 쥐의 시상하부에서 식욕을 억제하여 체중을 줄여준다.[42] 재조합 BMP7를 투여한 실험용 쥐의 체중 감소 효과의 75%는 식욕 억제에 의해서 그리고 25%는 갈색지방세포의 열발생에 의해서라고 한다.

최근 연구에서 인체 지방세포에서도 BMP7은 베이지색지방 유도 활성이 있고 UCP1 비의존적 열발생 기구인 크레아틴 무익회로(futile cycle)

활성화에 의한 열발생도 촉진하는 것으로 알려졌다.[43] 또한 BMP7을 인체 유래 지방줄기세포에 처리하면 UCP1을 비롯한 베이지색지방 특이 단백질 및 유전자들의 발현을 유도하였다.[44]

BMP3b는 고지방식이로 비만이 유발되는 과정에서 실험용 쥐의 복부지방에서 과발현되어 비만을 억제하려는 작용을 한다.[45] BMP3b는 PPARγ 발현을 감소시켜 지방 생성을 억제하고 혈중 아디포넥틴 농도를 증가시키며 혈당도 감소시키는 효과가 있다.

BMP8의 두 종류 이성질체는 서로 상반된 기능을 보여준다. BMP8a는 백색지방세포에서 주로 발현되고 BMP8b는 갈색지방세포에서 주로 발현된다. BMP8b는 추위에 노출되거나 고지방식이 후 갈색지방에서 과발현되어 에너지 소모를 촉진하는데 뇌의 시상하부에서도 동시에 발현되어 AMPK를 활성화시킴으로써 식욕 조절 호르몬들의 발현을 조절하는 것으로 알려져 있다.[46]

BMP6 역시 근육 전구세포로부터 갈색지방세포를 유도하는 동시에 BMP7과 유사하게 갈색지방세포에서 열발생을 촉진한다는 보고가 있다.[47]

최근 다른 BMP들의 에너지 대사 관련성에 관한 연구가 활발하다. 간에서 분비되는 BMP9은 Smad1, p44/p42 MAPK 활성화를 통해 지방 유래 줄기세포로부터 베이지색지방세포 생성을 유도한다는 연구 결과가 발표되었다.[48] 필자의 연구실에서도 BMP11이 mTORC1-COX2 경로와 p38MAPK-PGC-1α 활성화 경로에 의해 갈색지방세포를 활성화하는 동시에 3T3-L1 백색지방세포의 브라우닝을 유도한다는 사실을 밝혔다.[49] BMP14 역시 갈색지방세포에서 주로 발현되어 갈색지방세포의 생성을 촉진하고 에너지 대사를 증가시키는 것으로 알려졌다.[50]

BMP 수용체(BMPR) 중에서 BMPRI과 BMPRII가 지방 대사와 연관성이 가장 많은데 이들 수용체가 결핍된 실험용 쥐에서는 BMP7, BMP8b 등에 의한 식욕 억제 및 열발생 유도가 되지 않는다.[38]

지금까지 동정된 BMP 수용체로는 BMPR1A, BMPR1B, BMPRII 등이 있는데, 먼저 BMPRII에 BMP가 결합하면 BMPRI을 인산화하여 하류 분자들의 신호 전달을 시작한다. BMP 신호 전달 경로는 대단히 복잡한데 주로 Smad 1/5/8에 의존하는 경우가 많고 이들이 핵에 들어가기 직전에 Smad 4 와 결합한다. BMPRI에 의해 활성화된 Smad 1/5/8이 Smad 4와 결합하여 핵에 들어가게 되면 표적 유전자들의 발현이 개시된다.[38] 표적 유전자 발현이 불필요한 경우에는 Smad 6/7이 Smad 4와 결합하여 조절된다(그림 5-3).

BMP 신호 전달은 수용체 저해제인 noggin, gremlin, myostatin 등과 follistatin과 같은 항진제에 의해 조절된다.[51]

한편 BMP 신호 전달 경로와는 다르게 TGFβ 수용체가 자극되면 Smad 3가 활성화되어 PGC-1α 발현이 저해받아 열발생이 억제된다.[34]

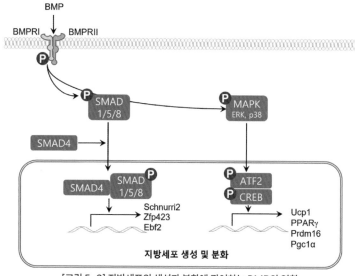

[그림 5-3] 지방세포의 생성과 분화에 관여하는 BMP의 영향

갑상샘 호르몬
Thyloid hormone

• • •

갑상샘항진증(hyperthyroidism) 환자들은 열이 많이 나고 에너지 소모가 심해 살이 많이 빠지는 특징이 있는데, 갑상샘이 분비하는 호르몬들이 갈색지방을 활성화하는 것이 원인의 하나이다. 갑상샘은 목 앞쪽 중앙의 좌우에 있는데 후두와 기관 앞에 붙어 있는 인체에서 중요한 내분비 기관이다.

갑상샘은 티록신(thyroxine, T4), 트리아이오도티로닌(triiodothyronine, T3) 등의 호르몬과 뼈와 신장에 작용하여 혈중 칼슘 수치를 낮추어 주는 역할을 하는 칼시토닌(calcitonin)을 분비한다. 이들이 분비되는 과정은 뇌의 시상하부에서 뇌하수체로 분비 신호가 전달되면 여기서 다시 분비 촉진을 알리는 호르몬이 갑상샘에 신호를 전달하여 분비가 시작된다.

갑상샘에서 생산된 T3, T4 호르몬은 혈류를 타고 표적 세포인 갈색지방세포에 도달하여 각각 T3, T4 호르몬 수용체와 결합하면 cAMP의 작용으로 활성화된 D2(type 2 iodothyronine deiodinase)에 의해 T4가 T3로 전환되고 T3는 다시 cAMP의 양을 증가시킨다. 증가된 cAMP에 의해 단백질 인산화 효소 A(PKA)가 지방 분해 효소들을 활성화해 UCP1에 의한 열발생의 연료인 지방산의 생성을 촉진한다(그림 5-4).[52]

갑상샘 호르몬과 관련 효소 이름에 요오드가 구성 성분으로 들어가 있는데 체내 요오드의 70% 이상이 갑상샘에 존재한다. 따라서 요오드 결핍은 갑상샘저하증뿐만 아니라 심하면 갑상샘종, 크레틴병을 일으킨다. 요오드는 해수에 이온 상태로 많이 존재해서 우리가 먹는 식품 중에는 각종 해조류에 많이 함유되어 있다.

이미 오래전에 T3와 베타아드레날린 수용체의 항진제인 노르에피네프린을 실험용 쥐에 동시 투여하면 UCP1 발현에 시너지 효과가 있다는 연구 결과가 보고되었다.[53] 이 결과는 갑상샘 호르몬 수용체와 노르에피네프린에 의한 베타아드레날린 수용체 신호 전달 간 상호 교신을 의미한다.

갑상샘 호르몬을 대사 질환 개선 치료용 약제로 사용하기 위한 노력은 이미 오래전부터 있었다. 갑상샘을 제거한 암 환자들을 대상으로 T4를 2주간 투여한 결과 갈색지방이 활성화되고 베이지색지방이 생성되는 유효한 인체 실험 결과를 얻었다.[54] 그러나 심박동 증가, 심장 비대, 근육 감소, 골다공증 등 심각한 부작용이 관찰되어 갑상선 기능 장애 치료 목적 외에는 사용이 제한적이다.[55] [56]

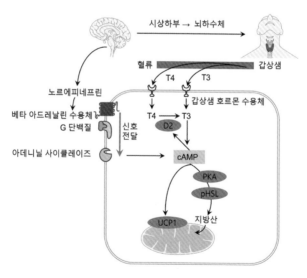

[그림 5-4] 갑상샘 호르몬의 열발생 기전

갑상샘에서 분비된 T3, T4 호르몬들이 혈류를 타고 갈색지방세포 수용체와 결합하게 되면 열발생이 촉진된다는 많은 연구 결과가 보고되어 있다. T4를 T3로 전환하는 효소인 D2는 추위에 노출된 갈색지방세포에서 수십 배 증가하여 T3의 양이 크게 증가하고 이어서 cAMP, UCP1 양이 증가하여 열발생을 촉진한다는 사실을 알아냈다.[52] 베타아드레날린 수용체만 활성화될 경우 열생성과 지방 분해만 일어나지만, T3와 동시에 갈색지방세포를 자극하면 열발생, 지방 분해와 지방 합성이 동시에 증가하는데 열발생의 연료로 사용되는 지방산을 많이 공급해야 하기 때문이다.[57]

T3의 자극으로 갑상샘 호르몬 수용체 베타(THβ)가 활성화되면 베타아드레날린 활성화와 관계없이 베이지색지방이 유도된다고 한다.[58] T3는 T4에 비해 생리적으로 더 활발한 분자인데 열발생 관련 유전자 스위치가 켜질 때 세포핵 내에서 자기 수용체와 함께 레티노이드 수용체(retinoid X receptor, RXR)와 결합하여 T3 자신이 직접 열발생 관련 유전자의 발현을 증가시킨다는 사실은 이미 오래전에 밝혀졌다.[59]

흥미롭게도 갑상샘 호르몬 자극에 의한 열발생은 갈색지방세포에서 베타아드레날린 수용체를 둔감하게 하고 cAMP 농도나 UCP1 생성 여부와도 관련이 없다는 보고가 있다.[60] 종합적으로 갑상샘 호르몬에 의한 갈색지방세포에서의 열발생 기구는 독립적이라는 의미다. 과학자들은 T3의 베이지색지방 생성을 유도하는 원인 물질을 찾고 있는데, 지금까지의 연구 결과로는 간에서 생성되는 FGF21(fibroblast growth factor 21)과 글루카곤일 것으로 추정하고 있다. 이들을 T3와 동시에 사용할 경우 UCP1 발현에 시너지 효과가 있었기 때문이다.[60]

AMPK
AMP-activated protein kinase

• • •

AMPK는 그 명칭에서처럼 세포 내에서 ATP가 많이 소모되어 AMP 농도가 높은 상황이 되면 다른 분자들을 인산화시켜 ATP 소모를 줄이는 방향으로 대사를 진행함으로써 세포 내 에너지 수준을 조절하는 중요한 효소이다. 쉽게 말해 세포가 굶주릴 때 활성화되는 세포 내 에너지 센서 역할을 하는 효소이다. 이 효소는 에너지 대사와 관련된 간, 근육, 지방 조직 등에서 당, 지방, 콜레스테롤의 분해 및 합성을 조절하는데, 주로 뇌와 갈색지방에서 과발현된다.

여러 소단위체(subunit)로 구성된 복합단백질인 AMPK가 활성화되면 ATP가 부족한 상황임을 알리는 신호이므로 ATP가 소모되는 생합성 반응이 억제되고 미토콘드리아 생성이 촉진된다. AMPK는 α, β, γ 세 종류의 소단위체들로 구성되어 있는데, α 소단위체가 활성 부위, β 소단위체는 센싱 기능, γ 소단위체는 기질과의 결합 부위로 AMP가 결합하면 활성이 촉진되고 ATP가 결합하면 활성이 저해된다.

AMPK 활성 조절은 AMP가 γ 소단위체에 결합하고 liver kinase B1(LKB1) 또는 Ca^{2+}/calmodulin-dependent protein kinase kinase β(CaMKKβ)가 α 소단위체에 결합하면 Thr172를 인산화해 구조 변화에

의해 활성화된다. 한편 AMP와 ADP가 AMPK γ 소단위체에 결합하면 탈인산화를 방지시킴으로써 AMPK 활성을 유지한다.[61]

인체 조직에 따라 AMPK의 활성화가 미치는 영향은 다소 다르다. 뇌의 시상하부에서 AMPK가 활성화되면 NYP가 증가하고 POMC가 감소하여 식욕을 증가시킨다. 뇌에서 AMPK 활성이 억제되면 갈색지방세포의 AMPK는 활성이 증가하여 에너지 소비를 촉진하게 된다.[61]

비만인 쥐에 지방 합성 효소 억제제를 처리하면 쥐의 시상하부에서 AMPK 활성이 억제되어 체내 자가포식 현상이 감소하고 체중이 줄었다는 연구 결과가 보고된 바 있다.[62] 백색지방세포에서 AMPK가 활성화되면 지방 합성은 저해되고 지방 분해는 촉진된다. 또한 에너지가 부족한 상황이므로 간에서는 포도당 생성이 증가하고 근육세포에서는 포도당 흡수가 촉진된다.

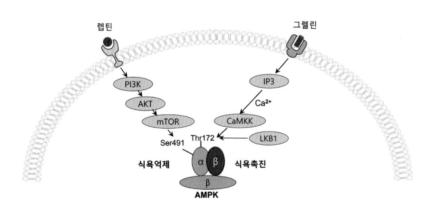

[그림 5-5] 뇌에서 AMPK 조절에 의한 식욕 조절 메커니즘

시상하부에서 AMPK 활성은 식욕 조절과 연결되는데, LKB1(liver kinase B1) 또는 CaMKK(Ca^{2+}/Camodulin kinase kinase) 등에 의해 AMPK

알파 소단위체의 Thr172가 인산화됨으로써 활성화되면 식욕이 증가하게 된다. 굶주린 상태, 즉 위장관에서 분비되어 뇌로 전달된 배고픔을 알리는 호르몬인 그렐린이 작용할 경우 이 경로가 활성화되어 식욕을 촉진하게 된다. 한편 렙틴은 AMPK 알파 소단위체의 Ser491를 인산화시키면 AMPK 활성이 감소하고 결국 식욕이 억제된다(그림 5-5).[63]

AMPK가 활성화되면 에너지 소비를 억제하기 위해 합성 반응에 관여하는 효소들을 인산화시켜 억제하고 에너지 생산에 관여하는 효소들을 인산화해 반응을 촉진한다. 예를 들어 AMPK는 지방 합성의 주요 효소인 ACC(acetyl-CoA carboxylases)를 인산화시켜 반응을 저해시키는 동시에 지방 합성 관련 유전자 발현을 촉진하는 전사인자 SREBO-1c(sterol regulatory element-binding protein 1c) 의 발현을 억제함으로써 지방 합성을 저해한다(그림 5-6).

또한 AMPK는 지방 분해 효소의 하나인 ATGL(adipose triglyceride lipase)를 인산화시켜 활성을 증가시킨다. 근육과 간에서 AMPK는 포도당과 지방산의 유입을 촉진해 미토콘드리아 기능을 증가시키고 지방산 산화를 촉진하는 동시에 지방과 콜레스테롤 합성을 감소시킨다. 비만 환자와 당뇨병 환자들에게서 AMPK 활성이 낮아서 AMPK 활성화는 제2형 당뇨병 환자에게 크게 도움이 되는 대사 개선 효과이다. 지금까지 AMPK 활성제로 많은 약제가 개발됐는데 혈당 조절제인 metformine, canagliflozin, salsalate 등이 있다.

AMPK 활성을 촉진하는 천연물들(berberine, quercetin, resveratrol 등)도 많이 연구되어 소개되긴 하였지만, 흡수율이 낮아 실제 유익한 효과를 기대하긴 어렵다. 이들 합성 약제 및 천연물 AMPK 활성제 대부분이 공통으로 백색지방으로부터 베이지색지방 생성을 유도한다는 많은 보고가 있다.[64][65]

지방세포의 분화는 전구세포가 세포분열이 중지되고 나서 세포 성장이 정지되고 지방 입자가 형성되면서(adipogenesis) 성숙해 나가는 과정을 밟는다. 지방세포의 분화 과정에서는 PPARγ가 먼저 활성화된 후 C/EBPα를 활성화하게 되면 분화가 진행되어 지질 입자를 저장할 수 있는 완전히 성숙한 지방세포가 된다. AMPK는 지방 생성 관련 전사인자들의 발현을 감소시킴으로써 지방 생성을 저해한다.[66]

AMPK의 지방 분해에 미치는 영향은 지금까지 논란이 있다. 지방 분해에는 세 종류의 효소가 관여하는데 첫 번째가 adipose triglyceride lipase(ATGL)에 의해 TAG가 DAG와 지방산으로 분해된 후 hormone sensitive lipase(HSL)에 의해 DAG가 MAG와 지방산으로 분해되며 MAG는 다시 MAG lipase(MAGL)에 의해 최종적으로 글리세롤과 지방산으로 분해되는데, 전체 과정 중 HSL 작용 단계가 율속 단계이다.

HSL는 β-AR의 활성화로부터 시작되어 cAMP에 의해 활성화된 PKA에 의해 인산화되면 지방 입자 표면으로 이동하여 지방 분해가 시작된다. AMPK 역시 HSL를 인산화시킨다고 알려졌으나 HSL의 Ser 565에 인산화되는데 지방 분해 활성 자리인 Ser563, Ser660 인산화를 저해하는 것으로 알려졌다.[67] 그런데 지방세포에서 분해된 지방산의 약 40% 정도가 트리글리세라이드로 재합성되는데 이 과정에서도 ATP가 비생산적으로 소모되는 공회전에 해당하여 열이 발생한다.

트리글리세라이드 합성에는 많은 ATP가 소모되어 세포 내 AMP 양이 증가하게 되고 결국 AMPK가 활성화되므로 지방 분해 과정에서는 AMPK가 간접적으로 활성화된다. AMPK가 활성화되면 지방 분해가 촉진되는 것이 아니라 오히려 방해한다는 연구 결과가 더 많다. 그러나 오랜 시간 AMPK를 활성화하면 지방 분해를 증가시킨다는 보고도 있어,[68] 지금까지의 정보를 종합해 보면 지방 분해에서 AMPK의 역할에 관한 추가 연구가 필요해 보인다.

AMPK는 갈색지방과 베이지색지방의 생성 및 활성화에도 관여한다. AMPKα1 유전자 Prkaa1 발현을 억제하면 갈색지방의 분화가 통제된다.[69] AMPK의 구조 단위체로 알려져 있던 β 소단위체 항진제인 A-769662를 처리하면 베이지색지방이 유도된다는 보고가 있다.[70] Berberine, folliculin, myopstatin 등의 약제를 처리할 때도 간접적으로 AMPK를 활성화하여 백색지방의 갈색화 반응이 촉진된다.[71~73]

갈색지방을 활성화하거나 베이지색지방 유도를 위해서, AMPK는 뇌의 시상하부에서 비활성화되어 노르에피네프린이 지방세포에 작용하여 아드레날린 수용체를 자극하여야 하는데 이때 지방세포에서는 AMPK, PKA가 활성화되어 지방 분해가 촉진된다.[74] 특히 AMPK는 갈색지방의 특징을 결정하는 PRDM16 단백질 발현에도 중요하게 영향을 미친다.[75] AMPK는 베타아드레날린 수용체 활성화에 의한 베이지색지방 유도에 필수적이라는 많은 연구 결과가 있다.[76] 그 외에도 AMPK 활성화는 혈액의 흐름을 증가시키고 항산화 방어 작용이 알려져 항노화 의약품으로 시판된 적도 있다.

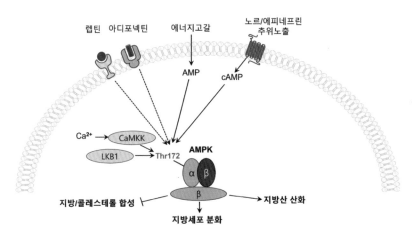

[그림 5-6] 지방세포에서 AMPK의 주요 기능

mTOR
Mechanistic target of rapamycin

• • •

AMPK와는 정반대로 mTOR는 ATP/AMP 비율이 증가할 때 활성화 되는데 지방 합성 시에는 증가하므로 비만 환자들에게서는 mTOR 회로 가 활성화된다. 또한 갈색지방과 에너지 대사가 mTOR가 억제된 상태 에서 증가한다는 연구 결과가 많지만,[76)77)] 지속적으로 억제하면 갈색지 방의 기능이 약화되고 오히려 지방이 축적된다는 보고도 있다.[78)]

mTOR는 AMPK에 의해 mTOR의 주요 결합단백질 단위체인 RAPTOR(regulatory-associated protein of mTOR)를 인산화시킴으로써 mTOR 기능을 억제한다. mTOR는 갈색지방세포의 분화 초기에는 활 성화되어야 하지만 분화 후기부터는 활성이 억제되어야 하는데, 이때 AMPK가 그 역할을 한다.[76)] 그러나 mTOR는 세포 내로 포도당이 유입 되는 것을 촉진하는 역할을 하기도 해서 갈색지방에 의한 에너지 대사 촉진을 위해서는 항상 억제되는 것이 좋은 것은 아니다.

mTOR는 인산화 단백질의 일종으로 세포 내에서는 다른 단백질 분 자들과 결합된 형태인 mTOR complex 1(mTORC1), mTOR complex 2(mTORC2)로 존재하면서 세포 성장, 전사 및 단백질 합성, 자가포식 등 의 여러 가지 세포 활동에 관여한다.

mTOR는 단백질 합성 조절, 리보솜 생합성, 자가포식 조절 등의 중요한 기능 외에 지방 대사를 조절하기도 한다. 세포 내 영양분이 많으면 에너지를 저장하기 위해 트리글리세라이드 합성이 촉진되는데, 이때 mTORC1이 지방세포 분화에 관여하는 PPARγ의 수준을 증가시켜 준다. 영양분이 일정 수준을 넘어 과도하게 증가하면 IRS1(insulin receptor substrate 1)의 작용을 억제해 인슐린 민감도 소실(insulin desensitizaiton) 상태로 만들어 포도당 유입과 글리코겐 합성을 억제한다.

　　mTORC2에 비해 mTORC1의 생리적 기능이 더 많고 더 잘 알려진 편인데, mTORC1의 활성은 주로 영양 상태, 인슐린이나 성장인자, 사이토카인, 에너지 상태, 스트레스 상태 등에 의해 조절된다.[79] 세포 내 에너지가 부족해지면 AMP 농도가 증가하면서 AMPK가 활성화된다. AMPK는 직접적으로 Raptor를 인산화시켜 mTORC1를 억제한다. 또한 산소가 부족한 상태(hypoxia)에서도 세포호흡이 줄어들어 ATP 농도가 줄고 AMP 농도가 증가하게 되어 AMPK가 활성화되고 mTORC1이 억제된다.

　　지방세포에서의 mTOR 활성화는 부정적인 결과와 긍정적인 결과가 공존한다. 부정적인 결과로는 백색지방세포에서 mTOR가 활성화되면 지방 축적을 증가시켜 비만을 초래하고[80] 갈색지방에서 mTOR가 활성화되면 갈색지방 특이 유전자들의 발현을 감소시켜 갈색지방 일부가 백색지방으로 전환되는 원치 않는 결과가 초래된다.[81] 또한 베이지색지방 생성도 방해한다고 알려졌다.[82]

　　한편 백색지방이 특정한 조건에서 mTOR가 활성화될 경우 베이지색지방을 유도하여 에너지 대사를 증가시키는 데 유익하다는 연구 결과가 많이 보고되었다.[83] [84] 저자의 연구실에도 해열제인 케토프로펜

(ketoprofen)을 3T3-L1 백색지방세포에 처리하였을 때 mTORC1을 활성화시키는 경로로 베이지색지방이 유도된다는 사실을 보고한 바 있다.[85] 흥미로운 사실은 mTORC1에 의한 베이지색지방 유도 시 핵심적인 베이지색지방 유도 경로인 베타아드레날린 수용체 활성이 필수적이란 점이다.[83]

한편 mTORC2는 백색지방에서의 지방 생합성과 갈색지방의 분화를 촉진하며[86] [87] 베이지색지방의 유도를 촉진한다.[88] mTORC2는 mTORC1과는 달리 라파마이신에 의해 저해되지 않으며(장시간 처리 시에는 저해를 받음) 인슐린에 의해 활성화되지도 않는다.

라파마이신을 단시간 처리하여 mTORC1을 저해하는 경우 예상대로 에너지 대사가 감소하였지만,[83] [84] 라파마이신을 22주간 장시간 처리하였을 때 에너지 대사가 오히려 증가하였다.[89]

그뿐만 아니라 mTOR 발현을 강제로 통제하였을 때 베이지색지방 생성 및 에너지 대사가 오히려 증가하였다는 보고도 많아서[82] [90] mTOR의 에너지 대사에 관한 추가 연구가 많이 필요하고 mTORC1과 mTORC2 간의 상호작용에 관해서도 추가 연구가 필요하다. 베이지색지방 유도를 위한 mTORC1 활성화 경로는 잘 알려진 $\beta 3$ 수용체〉cAMP〉PKA 이외에도 cGMP에 의한 PKG 활성화 경로도 관여한다. 또한 mTORC2 역시 갈색지방에서 $\beta 3$ 수용체 활성화 경로에 의해 에너지 대사를 촉진하는 것으로 알려져 있다.[88]

이상과 같이 mTOR는 지방세포에서는 때로는 긍정적이고 때로는 부정적인 상반된 연구 결과가 보고됐지만, mTOR 활성을 억제할 경우 수명이 연장되고,[91] 알츠하이머, 파킨슨병, 헌팅턴병 등의 신경퇴행성 질환 개선에 대한 효과,[92] 근육의 노화 방지 효과[93] 등의 결과가 보고된 바 있다. 그러나 라파마이신을 지속적으로 투여할 경우 신장의 기능이 떨어지거나 당뇨 발생 위험이 증가한다는 연구 결과도 있어 많은 연구자들이 라파마이신과 비슷한 효능을 보이면서 부작용이 적은 물질을 개발하려고 노력하고 있다.

mTOR(Mechanistic target of rapamycin)

이스터섬 모아이(Moai) 석상
(사진: Wikimeia Commons)

mTOR 단백질의 이름의 배경에는 흥미로운 이야기가 숨어있다. 칠레에서 서쪽으로 3,700km 떨어진 곳에 이스터섬(Easter, 원주민들은 Rapa Nui로 부름)이란 화산섬이 있는데, 이 섬은 900개의 거대한 석상인 모아이(Moai)로 유명하다. 1960년대 중반 토착 미생물을 찾으러 이스터섬에 갔던 캐나다 생물학자들이 모아이 석상 중 하나에 박힌 흙에서 새로운 방선균 *Streptomyces hygroscopicus*을 발견하였고 일행 중 제약학자였던 수렌 세갤(Suren Sehgal)은 이 방선균으로부터 새로운 항균 물질을 생산하였는데, 섬 이름을 따서 라파마이신(rapamycin)이라 명명하였다. 이후 과학자들은 라파마이신이 면역계를 억제하는 효과가 있다는 사실도 알아내었다.

1960년대 당시 연구자들은 장기 이식 실패의 흔한 이유 중 하나가 환자의 몸이 이식받은 장기를 거부하기 때문이라는 점을 알고 있었기에 면역계를 억제하는 효과가 있는 라파마이신을 이용하려고 했다. 결과는 성공적이었는데 라파마이신이 장기 이식에서 오는 면역 거부 반응을 억제할 수 있게 된 것이다. 실제로 이스터섬에서 이 방선균이 발견된 지점에는 포르투갈어로 "1965년 1월 이곳에서 채취한 토양 표본에서 장기 이식 환자들에게 새 시대를 열어 준 물질인 라파마이신을 얻었다"라고 적혀있다고 한다.

효모에서 처음 발견되었을 때 TOR 단백질로 명명했기 때문에 포유류에서 발견된 동족 단백질은 자연스럽게 포유류를 뜻하는 mammalian TOR이 되었다. 이후, 제브라피시(Zebrafish)에서 발견된 zTOR, 초파리(Drosophilidae)에서 발견된 dTOR 등 다양한 동족 단백질들이 추가로 발견되었고 이들 단백질의 기능에 대해 속속들이 밝혀지면서 이들이 관여하는 경로를 'mTOR pathway'라 통칭하고, m을 mechanistic의 약자로 통일했다. 효모로부터 최초로 성장과 대사를 조절하는 단백질 mTOR를 발견한 과학자들이 꾸준히 노벨상 수상 후보자로 이름을 올리고 있고 라파마이신은 수명을 연장해 주는 효과가 발견되어 세상을 바꿀 잠재력을 지니고 있을지도 모른다.

Sirtuin
Sirt

• • •

Sirt는 탈아세틸화 효소(protein deacetylase)의 일종으로 세포주기, 미토콘드리아 합성 및 기능, 포도당 및 지질 대사, 인슐린 작용, 염증 반응 등의 여러 가지 세포 활동에 관여하는 것으로 보고되고 있는데, 중요한 기능 중의 하나가 에너지 항상성 조절 작용이다.[94]

절식과 열량 제한으로 세포 내 에너지 수준이 낮아지면 NAD+/NADH 비율이 증가하여 Sirt1이 발현된다.[95] 에너지 소모가 많은 상태에서 AMPK가 AMP/ATP 비율을 감지하여 발현이 촉진되는 것과 유사하여 Sirt1은 AMPK와 함께 에너지 감지 단백질로 불린다.

지금까지 포유류에서 7종류가 발견되었는데(Sirt1~7), 그중 유익한 생리적 기능이 있는 Sirt1이 가장 많이 연구되어 있다.[96] Sirt는 세포 내 발현 위치도 크게 다른데 Sirt1, 6, 7은 핵에서, Sirt 3~5는 미토콘드리아에서 주로 발현되며 Sirt2는 핵과 세포질에서 발견된다. 이들은 지방 대사에서 중요한 역할을 하는 것으로 밝혀져 최근 비만 연구자들에게서 큰 관심을 받는 단백질이다. 대부분 지방 생성을 저해하지만 Sirt7은 특이하게 지방 생성을 촉진하고 베이지색지방 유도를 방해한다.[97]

Sirt1에 의해 아세틸기가 제거된 PPARγ 및 PGC-1α는 PPAR16과

결합하여 에너지 대사를 촉진하는 유전자들의 발현을 증가시키는 것으로 알려져 있다.[98]

고추의 매운 성분인 캡사이신은 칼슘 수송체인 TRPV1를 자극하여 세포 내 칼슘 유입을 증가시키게 되면 칼슘 조절 단백질인 CaMK2 활성화를 통해 AMPK가 활성화됨으로써 Sirt1의 탈아세틸기 활성을 돕는다.[99]

실제로 Sirt1이 과발현되면 비만에 효과적이라는 동물 실험 연구 결과도 있다.[100] 천연물 중에서도 폴리페놀계 물질들이 베이지색지방 유도 효과가 있다는 많은 보고가 있는데,[65] Sirt1을 자극하여 베이지색지방 생성을 유도하는 물질들로는 적포도주에 많이 함유된 레스베라트롤(resveratrol),[101] 양파에 풍부한 퀘르세틴(quercetin),[102] 콩과 식물에 풍부한 제니스테인(genistein)[103] 등이 있다. Sirt1과 유사하게 Sirt3, 5, 6 역시 베이지색지방 유도 작용이 있는 것으로 알려져 있다.[104~106]

갈색지방에서 Sirt1의 기능에 관한 정보는 다소 부족한 편인데, Sirt1은 갈색지방의 분화를 조절하고 PGC-1α 발현을 증가시켜 미토콘드리아 생성을 촉진하는 것으로 알려져 있고, Sirt1이 억제되면 갈색지방에서의 열발생이 감소한다.[107] 뇌에서 Sirt1 발현이 증가해도 베이지색지방 생성이 촉진된다.[108]

지방조직에서 에너지 대사를 조절하는 기능 외에 노화를 연구하는 과학자들은 Sirt1의 항노화 기능에 많은 관심을 갖고 있다. 절식이 수명을 연장해 준다는 연구 결과가 많은데,[109] Sirt1 기능이 정지된 상태에서는 ATP 생산능이 감소하여 수명 연장 효과가 없다는 연구 결과가 있어,[110] Sirt1 조절을 통해 수명 연장에 효과적인 약제를 개발할 수 있을 것으로 기대되고 있다.

Sirt5가 갈색지방세포의 분화를 증가시키고 미토콘드리아 기능을 개선하여 열발생을 촉진한다는 많은 증거가 있다.[111] 그러나 흥미롭게도 Sirt5 길항제를 처리하면 백색지방세포에서 베이지색지방세포 생성이 유도된다는 반대 결과도 있어[112] Sirt5의 지방세포에서의 열발생 기전에 관한 추가 연구가 필요해 보인다.

TRP
Transient receptor potential

• • •

    TRP는 칼슘이온채널로서 TRPV*를 포함하여 6그룹으로 분류되는데, 열에 의해 분자구조가 변형되면서 채널이 열린다.[113] 그중 43℃ 이상의 열에 활성화되는 TRPV1는 고추의 매운 성분인 캡사이신의 수용체로 잘 알려져 있는데 고추의 항비만 효과는 이 수용체가 존재할 때만 나타나는 것으로 볼 때 비만과 연관성이 매우 높다.[114]

    백색지방세포에서 캡사이신과 같은 항진제에 의해 TRPV1이 활성화되면 세포 내로 캄슘 이온의 유입이 증가하게 되는데, 이때 Cx43(connexin 43)이 지방세포들 사이에서 칼슘을 전달하는 통로 역할을 할 뿐 아니라 신경 전달 물질을 전해주는 역할을 해서 브라우닝을 유도한다.[114] [115] TRPV1은 캡사이신뿐만 아니라 마늘, 양파, 등푸른생선 등을 섭취할 때도 활성화되는 것으로 봐서 많은 브라우닝 유도 물질에 의해서 활성화되는 것으로 보인다. 캡사이신은 장에서 TRPV1을 자극하게 되면 뇌의 시상하부로 신호 전달이 일어나 아드레날린이 분비되고 백색지방에서 β2 아드레날린 수용체가 발현되어 브라우닝 관련 분자들

---

*   캡사이신과 같은 바닐로이드계(vanilloid) 화합물에 의해 활성화된다.

의 발현을 촉진한다.[116]

　TRPV2 역시 TRPV1과 같이 활성화되면 지방세포의 열발생을 촉진한다. TRPV2는 52℃ 이상의 열에 의해 활성화되고 캡사이신 대신 2APB(2-aminoethoxydiphenyl borate), LPC(lysophosphatidylcholine) 등에 의해서 활성화된다.[117] 이들과는 반대로 27℃ 이상의 열에 의해 활성화되는 TRPV4는 베이지색지방 생성 유도를 억제하는 것으로 알려져 있다.[118]

　TRPV1과 마찬가지로 TRPA1 역시 활성화되면 시상하부를 자극하여 노르에피네프린 분비를 촉진해 브라우닝을 유도한다.[119] TRPA1 항진제로는 멘톨, 캡시노이드(capsinoid), 신남알데하이드(cinnamaldehyde), 올레우로페인(oleuropein) 등이 알려져 있다. 17℃ 이상의 열에 의해 활성화되는 것으로 알려진 TRPA1은 추위를 느끼는 센서라는 주장이 있지만 아직 논란이 있다.[120]

　멘톨(mentol)의 수용체로 잘 알려진 TRPM8이 활성화되면 UCP1 발현을 촉진해 지방세포에서 열발생을 증가시킨다.[121] 이 수용체가 없으면 멘톨의 항비만 효과도 사라진다는 점에서 TRPM8은 지방세포에서 열발생을 조절하는 온도 센서 수용체이다.

　미국의 데이비드 줄리어스(David Julius) 교수는 1997년 TRPV1을 발견하였고,[122] 2002년에는 파타푸티언(Ardem Patapoutian) 교수팀과 독립적인 연구를 통해 TRPM8를 함께 발견하여 2021년 노벨생리의학상을 공동 수상하였다(3장 Story box 9).[123] [124]

6장

비만과
비만 치료제

Obesity &
anti-obesity drugs

비만의
정의

• • •

비만(obesity)은 체내에서 필요한 에너지보다 과다하게 섭취하거나 섭취된 에너지보다 소비가 부족하여 초래되는 에너지 불균형 상태를 말한다. 그러나 비만의 원인을 단순히 에너지 섭취와 소비의 차이만으로 설명할 수는 없다. 비만은 인슐린과 같은 호르몬 불균형으로 인해 인체가 설정한 체중이 과도하게 높아질 때 발생하기 때문이다.

사회생물학자들은 비만의 원인을 진화를 통해 형성된 인체 메커니즘이 현대 환경에 적응하지 못하고 항상성 유지에 실패했기 때문이라고 진단하기도 한다. 에너지 소비는 많고 음식 섭취가 불안정하던 과거의 환경에 맞추어 인간이 진화해 왔기 때문일 수도 있다. 지금은 음식을 구하기 위해 에너지를 사용할 필요가 없어졌기 때문이다.

세계보건기구는 체질량지수(body mass index, BMI=체중 kg/신장 m^2)가 25 이상이면 과체중, 30 이상이면 비만으로 정의한다(표 6-1). 또한 지방 분포를 알기 위한 지표로 허리/엉덩이 비율(waist-to-hip ratio, WHR) 및 허리둘레(waist circumference, WC)를 사용하기도 하는데, 허리둘레는 피하지방과 내장지방을 동시에 나타내고 허리/엉덩이 비율이 증가하면 내장지방이 더 많다고 판단한다. 허리둘레가 남성의 경우 40인치(102cm), 여성의 경우 35인치(88cm) 이상일 때 복부비만으로 정의한다.

근육질의 운동선수는 체지방이 낮은데도 BMI는 높게 나타나게 되어 복부지방처럼 건강에 영향을 미치는 요소는 파악하지 못한다. 실제로 과체중으로 분류된 사람의 절반, 비만한 사람의 4분의 1은 각종 신진대사가 아주 건강한 것으로 나타났고, BMI 수치가 정상인 사람의 31%가 건강하지 않은 것으로 나타났다는 연구 결과도 있다. 따라서 비만 정도를 정확하게 측정하기 위해서는 초음파, CT, MRI 등의 측정기기를 이용한 정밀한 분석을 통해 평가하여야 한다.

BMI 용어를 고안해서 비만의 지표로 대중화한 사람은 1장에서 소개했던 포화지방산의 해로움을 주장했던 앤설 키스(Ancel B. Keys)이다(1장 Box story 7). 앤설 키스 이전에 1830년대 벨기에의 천문학, 수학, 통계, 사회학자였던(당시 천재로 불렸다고 한다) 아돌프 케틀레(Adolphe Quetelet)가 인간의 체중은 신장과 정비례하지 않고 신장의 제곱에 비례한다는 사실을 발견하고 케틀레지수(Quetelet index)를 개발했는데, 이를 1972년에 앤설 키스가 BMI로 명명해서 오늘날까지 사용되고 있다.

BMI가 비만의 지표로 정확하지 않다는 주장은 이미 1980년대부터 주장되어 왔다. 미국 국립노화연구소의 루빈 안드레스(Reubin Andres) 박사가 BMI가 높은 사람들이 오히려 사망률이 낮다는 연구 결과를 발표하였고, 2005년부터 2013년에 걸쳐 미국의 플레갈(Katherine M. Flegal) 박사 연구팀도 무려 300만 명의 자료를 바탕으로 한 메타 분석 연구에서 같은 연구 결과를 얻었다.[1] 그러나 논란을 종식하기 위한 '글로벌 BMI 사망률 공동 연구'가 수행되어 2016년도에 결과가 발표되었는데, 이전 연구 결과와는 반대로 BMI가 높은 사람의 사망률이 높다는 것이다.[2] 그럼에도 불구하고 BMI와 사망률 간 상관관계가 없다는 주장은 2023년

까지도 이어지고 있는데, CNN 방송에서도 연구 내용이 상세히 소개되었다.[3]

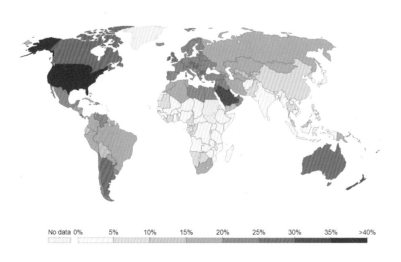

[그림 6-1] 세계 비만 지도(Maps of the world, 2016)
붉게 표시된 미국이 세계에서 가장 심각한 비만 상태임을 보여주고 있고
붉은색은 해마다 점점 진한 색으로 확산되어 가고 있다(사진: Wikimedia Commons).

분류	BMI(kg/㎡)
저체중	＜18.5
정상	18.5~24.99
과체중	≥25
비만 1단계	30~34.99
비만 2단계	35~39.99
비만 3단계	≥40

[표 6-1] BMI에 따른 비만의 분류

비만의 발생 기전은 크게 두 가지로 보고되고 있는데 첫째, 식이 섭취를 조절하는 신경계의 결함으로 인해 과식하게 되는 경우이다. 뇌 시상하부의 복외측(ventrolateral portion)에 섭식중추가 있고 복내측 (ventromedial portion)에 포만중추가 존재하는데, 포만중추의 기능이 저하되고 섭식중추의 기능이 활발해지면 포식하게 된다.[4] 둘째, 에너지를 소비하는 대사에 문제가 생겨 섭취한 에너지를 제대로 소모하지 못하기 때문에 비만이 유발되는 경우이다. 과식을 하게 되면 말초조직에서 갑상샘 호르몬인 T4가 T3로 전환되고 교감신경계의 신경 전달 물질인 노르에피네프린을 증가시켜 지방세포막에 존재하는 베타아드레날린 수용체(특히 β3-AR)에 도달하여 이 수용체가 활성화하는 단계가 에너지 소모 경로의 첫 단계인데, 이 경로가 정상 작동하지 않으면 에너지 소모 기능이 저하되어 결국 비만으로 이어진다.

인류의
다이어트 잔혹사

• • •

체중을 줄이기 위한 인류의 노력은 과학적 근거와 함께 시행되기 시작한 시간이 약 100년 정도 되고, 시도된 다이어트 방법만도 2만 가지 이상이나 된다고 한다. 1930년대 비만 여성들을 중심으로 흡연 다이어트가 유행하기도 했는데, 살을 뺄 수 있다면 목숨을 걸 수도 있다는 위험한 방법들도 포함되어 있다. 또한 찰리 쉐드(Charlie W. Shedd) 같은 사람은 1957년에 체중 감량을 위해 《기도하라(Pray your weight away)》는 제목의 책을 썼는데 엄청난 판매 부수를 올렸고 지금까지도 판매되고 있다. 현대 과학으로 해석하면 기도를 통해 식욕을 통제하라는 의미인 것 같은데 1970년대 인기를 끈 크리스천 다이어트(Christian diet) 프로그램과 유사한 방법이다.

한 종류의 과일만 먹는 원푸드 다이어트(one food diet)가 1960년대에 미국에서 인기를 끌었는데, 영양 불균형으로 부작용이 있었지만 체중 감량 효과가 만족스러워서 한동안 인기가 지속되었다. 그러나 다른 다이어트와 마찬가지로 요요현상* 탓에 실패한 다이어트로 평가되었다.

1970년대 등장한 비만 치료제가 부작용으로 인해 시장에 뿌리를 내리지 못하는 사이에 몸무게 100kg이었던 미국의 심장전문의 로버트 앳킨스(Robert C. Atkins) 박사가 자신의 다이어트 경험에 기초해 저탄수화물 중심의 식사를 해야 다이어트에 성공한다는 주장을 해서 선풍적인 인기를 끌게 된다.

앳킨스 박사의 저탄수화물 다이어트 열풍이 일기 전인 1990년대까지 탄수화물은 몸에 좋은 음식이고 지방이 심장 질환을 일으키는 나쁜 음식으로 여겨졌었다. 앳킨스 박사의 식이요법 내용은 1972년에 발간된 그의 저서 《Dr. Atkins' Diet Revolution》을 통해 소개되었는데 쌀, 보리, 빵과 같은 탄수화물류는 가능한 섭취하지 않는 대신 고기, 계란, 햄과 치즈, 버터 등의 단백질과 지방의 섭취를 늘려 체중을 감량하는 식이요법이다. 앳킨스 다이어트 열풍은 그의 저서가 역사상 가장 빠른 속도로 팔릴 만큼 인기가 계속 이어졌고 2002년 앳킨스 박사는 타임지가 선정한 올해의 의사로 선정되어 자신의 다이어트 방법을 인정받게 되었다.

사실 저탄수화물 다이어트는 앳킨스 이전에도 1800년대부터 시도되어 오던 것인데 앳킨스 박사 자신이 고도비만 환자였고 직접 저탄수화물 식단으로 비만을 극복하는 데 성공했으며 비만의 심각성을 대중에게 알려야 하는 심장전문의라는 사실로 인해 그의 저서에서의 주장이 큰 호응을 얻을 수 있었던 것 같다.

---

* 위아래로 흔들리는 장난감 요요(yo-yo)가 왔다 갔다 하는 데서 유래한 이름으로 체중이 줄었다 늘었다를 반복하는 현상

우리나라에서는 황제 다이어트로도 알려져 있고 지금까지도 저탄수화물 고지방 식단 열풍으로 이어지고 있다. 앳킨스 다이어트의 이론은 매우 단순해서 탄수화물 섭취를 줄여 인슐린 분비를 줄이게 되면 저장되어 있던 글리코겐과 체지방이 분해되면서 체중 감량으로 이어진다는 것이다. 그러나 이 과정에서 생성되는 케톤체가 식욕을 억제해 주지만 혈중 농도가 증가하면 수분이 부족해 신장에 부담을 줄 수 있고 섬유질과 비타민, 엽산, 미네랄 등의 결핍을 초래할 수 있다. 아울러 자연스럽게 포화지방산과 콜레스테롤 섭취량이 증가하게 되어 심혈관 질환이 발생할 위험이 있을 수 있다는 지적이 있다.

앳킨스 박사는 대중의 엄청난 지지 속에 1989년 앳킨스 뉴트리셔널스를 설립하면서 저탄수화물 식단을 오랫동안 유행시키려고 했으나 결국 실패한 다이어트로 밝혀져 회사도 문을 닫았다. 앳킨스 다이어트도 요요현상을 극복하는 방법이 없어 다이어트 효과가 1년 뒤에 사라지는 것을 막을 수가 없었던 것이다.

탄수화물 섭취만 줄이면 혈중 인슐린 농도를 낮게 유지할 수 있어서 체중 감량이 가능하다는 이 단순한 다이어트 법칙이 간과한 점이 있다. [그림 6-1]의 세계 비만 지도에서 보는 바와 같이 정제된 백미를 주식으로 하는 아시아인들의 비만이 세계에서 가장 낮은 수준이라는 사실이다. 탄수화물의 총섭취량과 비율이 서구의 다른 국가들보다 월등히 높은데도 비만율이 낮다는 것이다. 아시아인들만이 아니다. 파푸아뉴기니의 키타바섬 사람들도 섭취 열량의 70%를 전분 중심의 탄수화물을 주식으로 살아가면서도 비만인이 거의 없다. 세계 최장수 지역의 하나인 일본의 오키나와 사람들도 마찬가지다.

탄수화물 대신 단백질과 지방을 섭취하라고 주장했던 앳킨스 박사는

73세에 사망하게 되는데 아이러니하게도 동맥경화가 사망 원인이었다. (1장에서 소개했던)평생 지방을 멀리해야 한다고 주장했던 키스와 쿰머로우 박사가 100세를 넘기며 장수했다는 사실과 비교해 보면 '무엇을 먹어야 건강해지는가?'라는 질문에 답을 한다는 것이 얼마나 어려운 일인가 다시 생각하게 된다.

앳킨스 다이어트가 논란의 중심에 서게 되자 1990년대 다빈치 다이어트가 유행하게 되었다. 모나리자를 그린 레오나르도 다빈치가 창안한 황금비율에서 따온 이름의 이 다이어트는 5대 영양소를 황금비율에 맞추어 섭취하면 건강을 해치지 않으면서 르네상스 시대 조각상과 같은 몸매를 유지할 수 있다는 것이다. 탄수화물을 일방적으로 제한하는 앳킨스 다이어트에 반대하던 미국의 제빵업자 스테판 란잘로타(Stephen Lanzalotta)가 창안한 방법으로 탄수화물 52%, 단백질 20%, 지방 28% 비율의 식단을 권하는 다이어트이다. 빵을 비롯 생선과 치즈, 야채, 육류, 견과류, 포도주 등 고대 사상가들과 화가들이 먹었던 지중해 식단으로 구성된 것이 특징이다. 앳킨스 다이어트 열풍에 고객들을 빼앗긴 제빵업자가 빵의 인기를 되찾기 위해 창안해 낸 다이어트인 셈인데, 란잘로타는 "역사상 어떤 문명도 곡물 없이 진화하지는 않았다"면서 "빵을 더 먹으라는 것이 아니라 고기만 먹는 행위의 문제점을 지적하려는 것"이라며 대중들을 설득하였다.

1990년대 후반이 되자 탄수화물도 줄이고 지방도 줄인 '앳킨스 다이어트 버전 2'가 등장하게 되었지만, 단백질이 강화된 이 방법 또한 인슐린을 증가시켜 체중 감량이 어렵다는 결론에 쉽게 도달해 버렸다. 비만의 원인이 탄수화물 자체가 아니라 인슐린이 원인이라는 점이 중요한데 식이 단백질 역시 인슐린을 증가시킨다는 사실을 간과하였던 것이다.

아미노산의 일종인 류신(leucine)은 포도당처럼 인슐린을 분비시킨다는 사실은 이미 오래전인 1966년에 밝혀졌기 때문이다.[5]

미국의 영양학자이자 의사인 하비 다이아몬드(Harvey Diamond)는 어떤 다이어트도 식사를 엄격히 통제하기 때문에 체중 감량에 실패할 수밖에 없다고 설파했다. 자연에서 있는 그대로의 야채와 과일을 먹어야 하며 가공 음식을 피하는 식습관만으로 자신은 25kg을 감량한 후 몸무게를 계속 유지할 수 있었다고 한다. 사회생물학자들의 주장대로 다른 동물들은 수천만 년 동안 풀을 먹거나 고기를 먹는 식습관을 유지해 왔는데 인간만이 현대에 와서 아무 음식이나 먹게 된 것이 비만의 원인이라는 것이다. 인류학자들의 주장을 인용하며 인간의 초기 선조들이 치아 구조상 고기를 먹은 것이 아니라 과일에 의존했다는 것이다. 하비 다이아몬드 박사는 그의 실천적인 식습관을 통한 비만 극복 경험을 담아 《Fit fo Life》라는 저서를 출간하였는데 전 세계에서 1,200만 부 이상 판매되는 기록을 세웠다.

렙틴을 발견한 제프리 프리드만 교수는 비만에 대응하는 우리 몸의 진화 과정에 관해 많은 이론을 주장하였다. 과거 인류는 기아 상태에 노출되는 시기가 많아서 저장된 지방량을 조절할 필요가 있었는데 지나치게 많이 저장하여 비만한 상태가 되면 기동성이 떨어져서 포식자의 공격을 받을 수 있게 되어 최적의 체중을 조절하는 방법으로 진화했다고 주장한 바 있다.[6]

최근 저탄수화물 고지방식(줄여서 저탄고지 식단으로 부른다)과 지방 중심의 케토제닉 식단이 유행처럼 되어 있지만, 여전히 탄수화물 섭취의 중요성을 강조하는 과학자들이 많다. 1960년대 중국인들의 식단은 정제된 흰 쌀밥을 중심으로 탄수화물 비중이 80% 이상이었고 50년 후인 2010

년대에는 탄수화물 비중이 50%대로 낮아졌음에도 비만 인구는 오히려 크게 증가하였다. 무엇을 먹는가 하는 문제가 비만에 미치는 영향에 관한 논란의 예이다. 따라서 탄수화물 자체가 비만을 유발하는 원인이 아니라 경제적으로 풍족해지면서 식단이 풍족한 방향으로 변했기 때문이라고 봐야 한다. 현생 인류의 비만이 자연에서 생존하기 위한 수많은 진화 과정을 거쳤는데 현대의 생활환경에 부적응된 상태라고 해석하는 과학자들의 주장에 수긍이 간다.

비만과
유전

• • •

비만은 유전되는가에 대한 의문을 풀기 위해 1923년 미국 워싱턴 카네기연구소의 다벤포트(C.B.Davenport) 박사는 〈Body build and its inheritance〉라는 논문을 통해서 비만이 유전된다는 사실을 최초로 발표하였다.[7] 528명의 부모와 그들의 자녀인 986명의 남자아이와 746명의 여자아이의 비만도를 BMI(당시는 Quetelet 지수)로 조사한 결과, 부모 두 사람 모두 비만인 경우 날씬한 자식은 한 명도 없다는 사실을 발견하고 비만은 유전된다는 결론을 내렸다.

인간의 비만유전자에 관한 연구는 주로 쌍둥이 또는 가계 연구를 통해 비만과 관련된 여러 가지 표현형들에 대해 일부 유전자가 영향을 미친다는 것을 보여주는 것이 한계였다. 1980년대에는 많은 연구자가 유전자 분리 모형 분석(segregation analysis) 기법을 이용하여 몇 가지 비만유전자들을 발견하여 BMI와 지방량이 자손들에게 40%(heritability)까지 영향을 준다는 것을 알게 되었다.[8]

1990년대에 이르러 비만과 관련된 생화학 경로에 관여하는 많은 후보 유전자를 대상으로 단일 염기 다형성(single nucleotide polymorphism,

SNP) 분석 방법에 따라 많은 비만유전자 후보를 발굴하는 성과를 거두게 되었는데, 그 성과물로 인간 비만유전자 지도(Human Obesity Gene Map)가 제작되었다.[9]

인간게놈 프로젝트 종료 후 2000년대에 이르러 유전자 분석 기술의 비약적인 발전 덕분으로 GWAS(genome-wide association studies) 및 NGS(next-generation sequencing) 기술로 단일유전성(monogenic) 및 다원유전자성(polygenic) 비만 원인 유전자를 500종 이상 발견하는 데 성공하였다. 이런 분석법에 의해 발견된 비만 원인 유전자로는 leptin(LEP), leptin receptor(LEPR), proopiomelanocortin(POMC), prohormone convertase 1(PCSK1), melanocortin 4 receptor(MC4R), single-minded homolog 1(SIM1), brain-derived neurotrophic factor(BDNF), neurotrophic tyrosine kinase receptor type 2 gene(NTRK2) 등이 대표적이다.[10]

렙틴을 발견한 프리드만 교수는 BMI가 40 이상인 비만 환자의 약 15% 정도가 특정 유전자 하나가 결핍되었다고 밝혔다.[11] 렙틴, 렙틴 수용체, 식욕 억제 호르몬 관련 유전자 변이가 있을 경우, 그리고 시상하부의 FTO(Fat mass and obesity associated protein) 유전자 변이 때에도 비만에 노출되기 쉽다. 이 유전자의 단백질이 지방 생성과 관련된 대사에 영향을 주어 지방을 과도하게 많이 저장하는 역할을 하기 때문이다.[12] FTO 유전자는 처음 발견된 비만유전자로서 제2형 당뇨병과도 연관성이 높은 것으로 알려져 있다. FTO 변이는 한국인에겐 드물어 25% 미만이고 서양인들에게서는 60% 이상으로 추정된다.

서로 다른 가정에 입양된 두 쌍둥이는 성장 환경과 섭식 문화의 차이에도 불구하고 체중에 관한 한 유사한 결과를 보였다는 연구 결과가 있다. 쌍둥이의 경우 비만도는 입양 부모의 비만도와 입양된 가정의 환경과는 상관관계가 없거나 약하지만, 생물학적 부모의 비만도와 상관관계가 아주 높았다. 여러 결과를 종합해 보면 비만증이 40~70%, 높게는 50~90%가 유전된다는 것이다.[13] 또한 고지방식이에 의해 비만이 유도된 암, 수 쥐의 난자와 정자로 체외수정해서 태어난 새끼도 비만이 된다는 결과가 있다. 이런 연구 결과들로 볼 때 비만의 유전자 영향이 존재한다는 사실은 명확해 보인다.

실험동물과 인체를 대상으로 한 연구에서 단일유전자 다형성(SNP, single nucleotide polymorphism: 하나의 염기쌍에서 발생하면서 인구집단에서 1% 이상의 빈도로 변이가 일어나는 경우)이 알려져 있는데 렙틴 유전자와 멜라노코르틴 4(melanocortin 4) 수용체(MCR4)의 SNP는 식욕 통제가 되지 않아 비만이 유발된다.[14) 15)] MCR4 유전자 변이에 의한 비만 유전율은 고도비만의 경우 4%에 이른다.[16]

비만유전자 서비스를 제공하는 기업체에서 검사하는 비만유전자는 주로 ADRB3, PPARγ, UCP1 세 종류가 많이 포함되어 있다. 베타아드레날린 수용체 3 유전자인 ADRB3에 변이가 있으면 지방 분해가 저해되고 내장지방이 증가하며 기초에너지 대사량이 감소하게 되어 비만이 발생한다.[17] 지방세포 분화와 혈당 조절 및 지방 대사 항상성을 조절하는 PPARγ 유전자 변이가 있을 경우,[18] 그리고 갈색지방 및 베이지색지방 세포에서 열발생을 담당하는 UCP1 유전자 변이[19] 모두 비만 발생과 상관성이 높은 것으로 알려져 있다.

후성 유전적인(epigenetic) 원인도 비만에 영향을 미친다. 제2차 세계대전 막바지에(1944-5년) 독일군이 네덜란드를 봉쇄하여 네덜란드 국민이 대기근에 시달리게 되자 수만 명이 아사하는 일이 벌어졌다. 이 시기에 임신한 여성들이 낳은 자녀들 30만 명을(19세 남성) 대상으로 조사한 결과 이후에 태어난 아이들에 비해 비만해질 가능성이 높게 나타났다.[20] 기아 상태가 오래 지속되면 섭식 활동을 조절하는 시스템의 변화를 유발해 식욕 조절 기능에 문제가 생긴다는 것이다. 비만에 관한 유전적인 요인 은 비만이 만연해지는 데 중요한 역할을 한 것이 분명하고 발생 원인의 약 70%를 차지할 것이라고 주장하는 과학자들이 있다.

비만은 인종에 따른 취약성도 분명히 존재한다. 태평양의 섬나라인 나 우루(Nauru)의 경우 세계에서 비만율이 가장 높은 것으로 알려졌는데, 전 국민의 약 70%가 비만이고 당뇨병 인구도 40%에 달한다. 다양한 인종 이 살고 있는 남아프리카의 경우 흑인 여성〉백인 남성〉흑인 남성 순으 로 비만율이 높다고 한다.

피마(Pima) 인디언의 경우 비만과 당뇨병의 유전적 요인이 환경적 요 인과의 상호작용을 보여주는 좋은 사례이다. 피마족이 췌장 폴리펩타이 드(펩타이드 YY, Y2 수용체 등) 변이가 발생한 SNP로 인해 비만과 당뇨병에 취약한 것은 분명하다. 미국에 거주하는 피마족은 전 세계적으로 비만 과 당뇨병 유병률이 가장 높은 편에 속한다. 유전적인 요인만으로 비만 이 되기 쉬운 것으로 볼 수 없는 사실은 멕시코에 사는 피마족은 그렇지 않기 때문이다. 멕시코 피마족은 미국의 피마족처럼 고밀도 에너지 음 식을 섭취하는 빈도가 낮고 신체활동이 훨씬 활발하다. 따라서 대부분 의 비만은 단일유전자 모델로 설명할 수가 없다. 다양한 유전자와 환경 이 오랜 시간을 두고 상호작용해 온 결과이기 때문이다.

우리나라에서도 비만의 유전에 관해 대규모 조사가 이루어진 적이 있 는데, 2017년 국민건강보험공단 조사에서 부모가 모두 비만이면 영유아 자녀의 비만율은 14.4%, 한 명만 비만일 때 6.6~8.3%, 부모 모두 비만이 아닐 때는 3.2%에 불과했다고 밝혔다. 부모 모두 BMI 30 이상의 고도비만인 경우는 영유아 비만율이 더욱 높아져서 26.3%였다. 비만이 유전된다는 명확한 증거다.

장내세균과
비만

● ● ●

    의학의 아버지로 불리는 히포크라테스는 "모든 질병은 장에서부터 비롯되고 장 속에 있는 미생물에 의해 건강이 결정된다"라고 했다. 장내세균 불균형(dysbiosis)이 인간의 건강에 많은 영향을 미친다는 사실을 설파한 것이다.

    인간의 장에 존재하는 세균의 수는 100조 이상으로 추정되는데 대부분 위장관에 몰려있다. 건강한 사람의 변에는 그램당 보통 400~500종 이상의 세균이 존재하는 것으로 알려져 있고 무게는 약 1kg에 달한다. 이들은 장으로 유입된 음식물에 포함된 미생물에 대한 일차적인 방어 기능을 담당해서 면역 반응을 일으키게 되고 이 과정에서 인체 면역 시스템과의 상호작용을 통해 면역 체계를 강화한다. 또한 소화되지 않은 음식물을 분해하여 인체에 필요한 에너지를 공급하기도 하고 비타민, 단쇄지방산, 엽산 등 필수 영양소를 생성하여 공급하며 콜레스테롤과 쓸개즙 등의 인체의 여러 대사에도 관여하여 유익한 대사산물들을 생산한다. 이런 대사산물들은 식도에서 결장까지 뻗어있는 미주신경을 타고 뇌와 교신하기도 하고 유전자발현을 조절하기도 하므로 장내세균이 우리 몸을 통제하고 있다고 해야 할 것이다.

따라서 유해 세균이 득세하는 장내균총(microbiota)의 불균형이 오면(정상 시 유익균은 30%, 유해균은 5~10% 정도를 차지) 비만과 당뇨병 등 대사 질환뿐만 아니라 암, 노화, 뇌 질환과도 연관성이 있는 것으로 보고되고 있다. 장내세균의 분포는 유전적인 원인도 있고 항생제 등 의약품의 복용, 스트레스 등의 환경적 요인에 의해 변화할 수 있겠지만 식습관이 가장 결정적인 역할을 하는 것으로 알려졌다.

인간게놈 프로젝트가 종료된 이후 미생물 유전체 분석이 쉬워지게 되자 장내세균에 관한 연구가 폭발적으로 증가하게 되었다. 장내세균과 비만의 상관관계에 관한 유의미한 연구 결과들이 다수 발표된 바 있다. 그러나 구체적으로 어떤 장내세균이 비만의 원인 세균인지 그리고 어떤 작용 기전으로 비만과 연관이 되는지 확실하게 알려지지 않았다가 서서히 비만세균의 정체가 밝혀지고 있다.

장내세균에는 주로 4개의 문(Bacteroidetes, Firmicutes, Actinobacteria, Proteobacteria)이 있는데 박테로이데스(Bacteroidetes)와 퍼미큐테스(Firmicutes)문에 속하는 세균이 장내세균의 70~90% 이상을 차지한다.[21]

2006년 12월에 네이처지의 표지를 장식한 논문은 미국 워싱턴대학 제프리 고든(Jeffrey I. Gordon) 연구팀의 〈비만에서 장내세균의 역할〉이란 논문이었다. 인체 장내세균총의 변화를 차세대 염기서열 기법으로 분석한 결과 박테로이데스(Bacteroidetes)와 퍼미큐테스(Firmicutes) 두 종류의 세균이 비만과 연관성이 높았다고 주장하였다. 비만 관련 유전자가 세균에서 유래했을 수 있다는 증거를 제시한 것이다. 비만 환자들의 장내세균은 90% 이상이 퍼미큐테스이고 박테로이데스는 3%에 불과했다. 반면 정상 체중인 사람들에서는 박테로이데스가 30%나 된다.

고든 박사팀은 1년 동안 비만인들의 체중이 줄게 되면 장내 박테로이데스균이 늘어나 점점 날씬한 사람들의 장내세균총을 닮아가기 시작했다고 밝혔다. 페르미쿠테스는 73%까지 떨어진 반면 박테로데스는 15%까지 늘었다. 즉, 박테로이데스가 사람을 날씬하게 하고 퍼미큐테스는 비만을 유도한 것이다.

비만인의 장내에 우점종으로 서식하는 두 세균에 대한 연구를 통해서 박테로이데스의 수가 증가하는 것이 체중 감소와 관련되어 있다는 사실이 계속해서 밝혀졌다.[22) 23)]

박테로이데스는 장내로 유입된 다당류를 분해하는 능력이 뛰어나고 지방 분해를 활성화하고 지방 연소를 촉진한다. 반대로 퍼미큐테스는 지방의 대사와 흡수율을 높이고 당분 발효를 촉진시켜 지방이 몸에 잘 축적되게 한다. 그러나 비만한 임산부의 경우 박테로이데스 비율이 더 높다는 연구 결과가 있고,[24)] 898명의 비만인 장내세균을 조사한 연구에서도 퍼미큐테스/박테로이데스 비율이 낮다는 연구 결과가 있다.[25)] 또한 같은 속의 미생물이라 하더라도 종에 따라 비만인에게서 발견되는 종류가 서로 다르다. 예를 들면, 비만인의 장내에는 *Lactobacillus paracasei*균이 적지만, *L. gasseri*, *L. reuteri* 등은 많다.[26)]

또한 고든 연구팀은 2013년 비만한 사람과 마른 사람의 장내세균을 무균 마우스에 이식하는 실험을 했는데 마른 사람의 세균을 받은 마우스는 변화가 없었으나, 비만인 세균을 받은 마우스는 지방이 점차 증가하여 비만 쥐가 되었다는 결과를 사이언스지에 발표하였다(그림 6-2).[27)] 장내세균이 비만의 원인 중 하나라는 확신을 갖게 해주는 연구 성과였다.

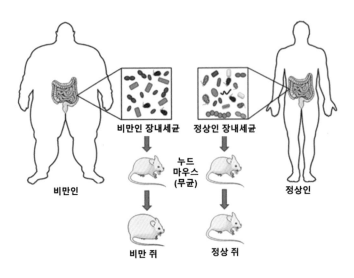

[그림 6-2] 비만인의 장내세균을 누드 마우스에 이식하면 비만 쥐가 된다
(사진: Wikimedia Commons)

그러나 비만인에게서 퍼미큐테스 비율이 항상 높은 것은 아니라는 연구 결과도 있고, 오히려 퍼미큐테스 비율이 높으면 부틸산 생성을 증가시켜 면역세포(조절 T 세포) 생성을 증가시켜 장수한다고 한다.

외과 수술적 비만 치료 방법인 베리아트릭 시술을 하고 나면 장 내부 면적 감소로 인한 음식물의 체류 시간 감소와 장내 pH 변화 등으로 인해 장내 균총 변화가 일어나게 되는데, 유익균은 증가하고 유해균은 감소하는 효과가 있다.[28]

최근 일본 연구팀에 의해 비만과 고혈당 마우스에서 분리한 Lachnospiraceae과 세균인 *Fusimonas intestini*가 엘라이드산(elaidate)과 같은 트랜스 장쇄지방산을 생산하여 혈당을 증가시키고 비만을 유발한다는 사실을 발견하였다.[29] 이 세균을 무균 마우스에 정착시키고 고지방식을 먹인 결과, 대장균만 정착시킨 마우스에 비해 비만과 혈당치가 악화됐다. 따라서 장내세균이 생산한 특정 지방산이 비만과 당뇨병을 악화시키는 직접적인 원인이 될 수 있다는 사실을 확인하였다.

이 연구 결과처럼 장내세균이 생성하는 지방산에 많은 과학자가 주목하고 있는데 식이섬유와 같이 소화가 안 되는 성분은 대장에서 박테로이데스와 같은 장내세균에 의해 분해되어 단쇄지방산을 생성하여 숙주의 에너지원으로 공급한다. 단쇄지방산은 아세트산, 부틸산, 프로피온산 같은 분자 크기가 작은 지방산을 말하는데, 이들은 장에서 흡수되어 혈액을 통해 전신으로 운반되어 지방세포에 도착한다.

지방세포에 단쇄지방산이 유입되면 지방세포는 지방 유입을 차단하여 지방이 축적되는 것을 방지한다. 단쇄지방산 유입을 차단하는 센서는 지방세포와 교감신경에 동시에 있어 지방세포의 열발생을 통한 에너지 소모에도 기여하는 동시에 식욕을 통제하는 기능이 있다. 단쇄지방산은 장내 상피세포에서 발현되는 G 단백질 연계 수용체를 자극함으로써 열을 발생한다.

비만인의 장내 박테로이데스균 수가 감소하여 단쇄지방산 생성이 줄어들면 영양분이 계속 지방세포에 축적되어 비만이 된다. 박테로이데스는 식이섬유를 이용하는 것을 좋아하므로 식이섬유가 풍부한 식사가 비만 예방에 도움이 된다. 실제로 고든 연구팀은 비만한 환자에게 1년간에 걸쳐 식사 요법을 시행해서 비만인의 세균이 서서히 마른 사람의 세균에 가까워지는 것을 관찰하였다. 또한 건강한 사람에게 저지방, 고식이섬유 식사를 공급했을 때 10일 정도가 지나며 장내 미생물체 변화가 시작되기 시작했으나 단쇄지방산 생산량 증가는 수주가 지나야 나타났다고 한다.[27]

단쇄지방산을 생성하는 장내세균은 박테로이데스 이외에도 많아서 어떤 세균이 비만 방지에 가장 중요한 역할을 하는지에 대해서는 아직 명확하지 않다. 특히 단쇄지방산 생산이 단일 세균에 의존하는 것이 아니라 여러 세균이 협력해서 생성한다는 증거가 있다. 또한 장내세균에 의해 단쇄지방산 생성이 지나치게 높게 되면 유익균 수가 줄어들어 오히려 비만이 증가한다는 보고가 있다.[30] 단쇄지방산이 장내에서 증가하는 것이 항상 이로운 것은 아니라는 것이다. 과민성 장 증후군 환자의 장내 단쇄지방산 농도가 증가한 상태이기 때문이다. 이런 환자들은 단쇄지방산을 증가시키는 음식을 제한할 필요가 있다.

단쇄지방산과 함께 중요한 장내세균의 대사산물로 deoxycholic acid와 lithocholic acid와 같은 이차 담즙산(secondary bile acids)이 있다. 이들은 TGR5를 활성화시켜 에너지 소모를 촉진한다.[31]

장내세균은 인체 중추신경계와 교신하는 장-뇌 축(gut-brain axis)을 구축하고 있다. 락토바실러스와 비피듀스균에 의해 생성되는 락토오스는 포만감을 지속하게 해주고 또 다른 장내세균은 장 호르몬인 세로토닌, 펩타이드 YY, 글루카곤 유사펩타이드 1(GLP-1) 등에 의한 식욕 조절에도 관여한다.[26]

장내세균총을 유익균 중심으로 안정화시키는 것이 쉽지 않은 이유 중의 하나가 항생제를 먹어야 하는 경우가 많기 때문이다. 정상인들은 분명 항생제 복용으로 장내세균의 다양성이 크게 감소한다. 반코마이신(vancomycin)을 복용한 사람의 장내세균 변화 중 특이할 만한 것은 비만인의 장내세균에서 비율이 높은 퍼미큐테스가 감소한다는 점이다.[32] 반코마이신 복용에 의한 장내세균의 다양성 감소로 비만이 유발되는 원인이 되지만 아목시실린(amoxicillin)은 그런 효과가 없었다. 따라서 항생제를 이용한 장내세균총 조절에 의한 비만 치료법도 연구해 볼 만하다.

고지방식을 지속해 먹게 되면 장내 그람음성균에 의해 지질다당류 (lipopolysaccharides, LPS) 생성이 증가하고 체내에 흡수되어 면역세포를 호출하여 간, 지방세포 등에서 만성 염증을 일으킴으로써 인슐린 저항성과 비만의 원인이 된다고 알려져 있다.[33]

비피듀스균이나 락토바실러스균과 같은 프로바이오틱스(probiotics)를 직접 섭취하거나 올리고당, 이눌린과 같은 프리바이오틱스(prebiotics)를 섭취하는 것도 장내 유익균을 안정화시키는 데 많은 도움이 된다.[34] 올리브유 중심의 지중해식 다이어트를 2년간 섭취할 경우 장내세균총이 개선되어 인슐린 저항성이 개선되었다고 한다.[35]

최근의 연구에서 장내세균총을 변화시켜 비만을 개선하기 위한 시도들이 있지만 지금까지 직접적인 비만의 치료에 적용할 수 있는 연구 성과가 부족한 실정이다. 장내세균총의 변화를 위해 매일 식이 조절을 통한 방법, 프리바이오틱스 또는 프로바이오틱스의 섭취와 분변 이식을 통한 방법 등이 시도되고 있다. 일부 연구에서 흥미로운 결과를 보고하고 있는데, 탄수화물 제한 식이, 프로바이오틱스에 의한 장내 균총의 변화가 나타났고 숙주에게 유익한 영향을 미친다고 알려져 있다.[36] 특정 세균의 경우, *Lactobacillus plantarum*, *Lactobacillus gasseri*, *Bifidobacteria*가 우세할 경우 체지방 감소와 당뇨병 억제 효과가 관찰되었다.[33][37]

인간의 건강 및 질병과 관련된 미생물군에 대한 이해를 개선하기 위해 인체 미생물군을 식별하고 특성화하기 위한 인간 미생물군집 프로젝트 (Human Microbiome Project, HMP)가 2007년 미국 국립 보건원에서 시작되어, 10년간 연구 사업 내용들을 2019년도에 논문으로 정리하여 발표했다.[38] 제1단계인 2007년에서 2012년 사이에서는 인체의 5장소(구강, 피부, 소화관, 콧구멍, 비뇨생식기)에 서식하는 미생물의 게놈을 분석하여 NCBI에 보고하였고(http://www.ncbi.nlm.nih.gov/bioproject/28331) 실험실에서 배양이 가능한 미생물들을 ATCC에 기탁하였다. 2단계(2013~2016)에서는 통합 미생물군집 프로젝트(integrative HMP)가 수행되어 장내세균과 인체와의 상관관계를 규명하는 연구를 중점적으로 수행하였다. 조산으로 아이를 낳은 임산부의 질 내 미생물, 염증성 대장염을 일으키는 장내세균, 그리고 제2형 당뇨병 환자의 콧속 장내세균총을 분석하여 인체 질병과 장내세균과의 상관관계를 규명하였다.[38]

영국 런던 킹스칼리지 연구팀은 장내세균의 다양성이 내장지방과 밀접한 연관성이 있다고 발표했는데, 장내세균의 다양성이 떨어지는 대상자들은 다른 대상자보다 내장지방이 많아 비만 가능성이 높은 것으로 나타났다.[39]

운동과
비만

• • •

인체에 저장된 칼로리는 기초대사 활동, 활동에 의한 에너지 소모, 식사와 추위에 의한 열발생, 운동 및 운동 후 추가적인 에너지 등으로 소모된다. 운동은 기초대사율을 유지하고 활동에 의한 에너지 소모를 촉진할 수 있어 비만 예방과 치료에 도움이 된다는 많은 주장이 있다.

지금까지 알려진 비만에서의 운동 효과는 체지방 감소, 근육과 뼈와 같은 제지방량(lean body mass)의 증가, 인슐린 저항성 개선, 근육 증가로 인한 기초대사율 증가, 혈압 감소, 콜레스테롤 및 중성지방 개선, 염증물질의 감소 등이 알려져 있다.

비만율이 높은 국가에 속하는 미국의 경우 지난 수십 년간 에너지 섭취는 줄어드는 추세에 있는데도 오히려 비만은 증가한 것으로 나타났다. 이러한 결과는 최근의 비만 증가가 열량 과다 섭취보다는 오히려 신체 활동의 저하로 인한 소비 에너지의 감소에 기인한 것이라는 사실을 암시한다. 그러나 운동량이 증가하면 비만율이 감소할 것이라는 합리적인 추론은 과학적으로 완전히 입증하지 못했다.

1991년 덴마크 과학자들이 실험용 쥐를 이용하여 운동의 에너지 대사 촉진 효과를 처음 측정하였다. 10주 동안 수영을 한 실험용 쥐의 백색지방에서 미토콘드리아 활성이 4배 이상 증가하는 등 브라우닝이 일어난다는 사실을 알아냈다.[40] 이후 2012년에(일부 반대 결과도 보고되긴 하였으나) 운동 후 근육조직에서 이리신(irisin)이 분비되어 베이지색지방 생성을 유도한다는 사실을 발견하였다.[41] 이리신 외에도 IL-6, FGF21 등도 운동에 의해 분비되어 베이지색지방 생성을 유도한다.

총에너지 소모량 중에서 가장 큰 비중이 기초대사로 소모되는 것인데 보통 성인 남성이 하루에 2,500kcal를 소모한다. 이에 비해 매일 3km 걷기 운동을 하면 100kcal 정도가 소모된다. 기초대사로 소모되는 에너지의 5% 이하에 불과한 것이다. 이 이론에 충실한 많은 과학자가 운동에 의한 비만 치료는 효과가 없다는 결론에 쉽게 도달해 버렸다. 그러나 운동에 의한 체중 감량 효과를 경시하는 많은 연구가 6개월 이하의 비교적 단시간에 얻은 결과가 많은데 실제로 운동을 통한 체중 감량 효과는 12~18개월 이후에 나타난다.[42]

그럼에도 불구하고 운동이 체중 감량에 미치는 효과를 입증하는 많은 연구 논문이 발표되어 왔다. 그러나 효과는 분명하지만, 섭식을 제한하여 체중을 감량할 때 요요현상에 의해 다시 체중이 증가하는 경우와 같이 보상작용에 의해 다시 체중이 느는 이유로 운동으로 체중을 감량하는 효과에 대해서는 결론을 유보하는 과학자들이 많다. 보상작용이란 식욕 증가, 식욕 촉진 호르몬의 증가, 기초대사 및 운동 외 활동량 감소 등이 나타나는 것을 말한다.[43]

다이어트를 하는 경우와 비교하여 운동에 의한 체중 감량 효과가 적은 것은 분명하지만 운동은 복부 지방을 줄이는 데는 더 효과적이고 운동을 통해 다이어트를 더 지속할 수 있도록 해준다. 운동은 근육과 간에서 글리코겐 분해를 촉진하고, 근육에서 해당, TCA, 산화적 인산화 반응 등을 촉진하며 근육 및 지방세포에서 지방 분해를 촉진한다. 운동 자체는 이처럼 분명히 체중 감량에 유리한 세포 활동을 자극한다.

많은 과학자가 체중 감량에 효과적인 운동량을 산출하였다. 운동 효과는 중간 정도의 강도(최고 심박수의 64~76% 강도)로 일주일에 150분을 운동하면 되는 것으로 조사되었으나 임상적으로 유의미한 수준인 5% 이상 체중 감량 효과를 달성하기 위해서는 일주일에 225~420분은 운동해야 하는 것으로 조사되었다. 이론적으로는 일주일에 250분간 운동하면 6개월간 5kg까지 감량할 수 있다고 한다.[42]

지구력 운동(endurance exercise, 주로 유산소 운동)이 근력 운동 중심의 저항성 운동(resistance exercise)에 비해 지방을 소모하는 데 더 효과적이다. 왜냐하면 저항성 운동은 중간에 휴식기가 필요한데 이때 분해된 지방의 일부가 다시 저장형 지방으로 바뀌기 때문이다. 지구력 운동의 효과는 마른 사람에 비해 과체중인 사람에게서 더 확실히 나타난다. 반면, 저항성 운동은 체중 변화에는 거의 영향이 없지만, 근육을 포함한 제지방량을 증가시키며 초반에 체중이 감소하는 시기에 제지방량이 줄어드는 것을 막아주는 역할을 한다.

운동 강도도 매우 중요해서 느린 속도로 걷기 운동과 같은 저강도 운동은 체중 감량에 효과가 거의 없으나 중간 정도 강도와 고강도 운동은 큰 차이가 없이 BMI에 반비례 관계를 나타내었다.[44] 걷기 운동을 하더라도 숨이 찰 정도로 빠른 속도로 걷는 것이 운동 효과가 있다는 뜻이다.

규칙적인 운동은 다이어트를 통한 체중 감량 후 성공적인 체중 유지에 매우 중요한 역할을 하므로 운동을 통한 비만 치료 효과는 긍정적으로 평가해야 한다. 실제로 운동만으로는 3kg 이상의 체중 감량이 쉽지 않지만, 다이어트와 병행할 경우 효과는 크게 증가되어 8~10kg(약 9% 체중 감량)까지 감량이 가능하다고 한다.[45] 운동 자체에 의한 체중 감량 효과가 만족할 만한 수준이 아닌 경우조차 복부 지방량 감소, 심혈관 질환 예방, 지질대사 개선, 인슐린 저항성 개선 등 건강에 유익한 다양한 효과가 있다는 보고가 수도 없이 많다.[43] [46]

기초대사량(basal metabolic rate, BMR)을 계산하는 공식은 1919년 Harris와 Benedict가 고안한 이후 다른 연구자들에 의해 두 번 보정되었다.[47]

1. Harris-Benedict 공식(1919년)

남성 BMR(kcal/day) = (13.7516 × 체중 kg) + (5.0033 × 신장 cm) − (6.755 × 나이) + 66.473

여성 BMR(kcal/day) = (9.5634 × 체중 kg) + (1.8496 × 신장 cm) − (4.6756 × 나이) + 655.0955

[기초대사량 계산기]
https://www.omnicalculator.com/health/bmr-harris-benedict-equation

2. Roza and Shizgal 공식(1984년):
Harris-Benedict 공식을 보정하였다.

남성 BMR(kcal/day) = (13.397 × 체중 kg) + (4.799 × 신장 cm) − (5.677 × 나이) + 88.362

여성 BMR(kcal/day) = (9.247 × 체중 kg) + (3.098 × 신장 cm) − (4.330 × 나이) + 447.593

3. Mifflin and St Jeor 방정식(1990년):
Harris-Benedict 공식을 두 번째 보정하였다.

> **남성** BMR(kcal/day) = (10 × 체중 kg) + (6.25 × 신장 cm) − (5 × 나이) + 5

> **여성** BMR(kcal/day) = (10 × 체중 kg) + (6.25 × 신장 cm) − (5 × 나이) − 161

4. 제지방량(lean body mass)을 알고 있을 때는 아래의 두 공식을 사용할 수 있다.

> ① **Katch − McArdle 공식:** BMR(kcal/day) = 370 + (21.6 × 제지방량 kg)

[기초대사량 계산기]
https://www.omnicalculator.com/health/bmr-katch-mcardle

> ② **Cunningham 공식:** BMR(kcal/day) = 500 + (22 × 제지방량 kg)

각 공식에 대입하여 계산된 기초대사량 값에 운동 강도에 따라 다음과 같이 보정한다.

> • **운동을 하지 않음:** x 1.2; 주 2~3일

> • **저강도 운동:** x 1.375; 주 3~5일

> • **중간 강도 운동:** x 1.55; 주 6~7일

> • **고강도 운동:** x 1.725

> • **매일 고강도 운동:** x 1.9

빌렌도르프의 비너스(Venus of Willendorf)

[그림 6-3] 빌렌도르프의 비너스
(사진: Wikimedia Commons)

비만은 현대에서 생긴 질병이 아니라 이미 2만 년 전에도 비만인이 있었다는 증거가 남아있다. 오스트리아 빌렌도르프 인근 구석기 시대 유적지에서 1908년 고고학자인 요제프 촘바티에 의해 발견된 키 11.1cm의 비너스상은 22,000~24,000년 전에 만들어진 것으로 추정되는데, 현재 오스트리아 비엔나 자연사 박물관에 전시되어 있다(그림 6-3).

비너스 상은 누드 상태의 비만이 심각한 여성을 조각한 것인데 특히 복부비만이 심해 뱃살이 툭 튀어나온 형상을 묘사하였다. 이 석회암으로 만들어진 비만한 여성의 몸은 매우 구체적이고 사실적으로 표현되어 있어 실제 비만한 여성을 보고 만든 작품으로 이해되고 있다. 2만 년 전에도 비만인이 있었다는 증거로 회자되고 있다.

비만 치료제의
개발 역사와 현황

● ● ●

2023년 현재 전 세계 비만 환자의 수가 약 8억 명 이상에 달하고 10년 후에는 약 15억 명에 달할 것으로 예상한다. 현재 국내 중증 비만 유병률 역시 해마다 늘어나고 있다. 질병관리청에 따르면 2008년 이후 2021년까지 BMI가 30~34.9㎏/㎡인 2단계 중증 비만 유병률이 매년 남자는 6.3%, 여자는 3.1%씩 증가했다고 보고한 바 있다. 비만 환자의 진료비도 2021년 238억 원으로 2017년 대비 15배 이상 늘어났다고 한다. 미국 워싱턴대 보건계량연구소(Institute for Health Metrics and Evaluation) 집계에 따르면 비만으로 인한 연간 전 세계 사망자 수는 400만 명이 넘는다고 한다. 비만은 여러 가지 질병의 원인이 되는데 심혈관계 질환 97%, 암 61%, 제2형 당뇨병을 21% 증가시킨다.

비만을 극복하려는 비만 환자들의 노력은 비만 치료제 시장의 폭발적인 증가로 이어지고 있다. 미국의 저명한 투자은행인 모건스탠리는 비만 치료제 시장이 2022년 24억 달러에서 2030년 540억 달러로 급성장할 것으로 예상하고 글로벌 제약사들이 경쟁적으로 비만 치료제 개발에 뛰어들고 있다.

렙틴을 발견한 제프리 프리드만 교수가 주장한 비만 진화론의 핵심은 우리 몸은 체중이 줄어드는 것에 대한 환경 변화에 강력히 대응하며 최적의 체중 조절을 유지하려고 한다는 것이다. 비만 치료가 결코 쉽지 않다는 말이다.

식욕을 포기할 수 없었던 인간의 체중 감량을 위한 노력의 시작은 외과적 수술이었다. 1950년대 공회장 우회술, 즉 소장의 일부를 우회해 음식물이 제대로 흡수되지 않게 하는 방법이 시도되었고 1960, 70년대에 들어서서 위 우회술 등이 개발되었다(그림 6-4). 이러한 비만 대사 수술 방법을 배리애트릭(Bariatric)* 수술이라 하는데, 체중 감소 효과는 탁월하지만 영양 불균형, 골다공증 같은 많은 합병증으로 인해 고도비만 환자들에게 매우 제한적으로 시술되어 왔다.

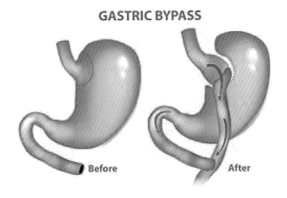

[그림 6-4] 고도비만 환자들이 시술받는 위 우회술
(사진: Wikimedia Commons)

---

* 그리스어 baros(무게)에서 유래된 단어로 비만 또는 비만 치료를 뜻한다.

그러나 비만 치료제에 의한 체중 감량 효과로는 만족할 수 없는 비만 환자들을 위해 수술적 방법은 기술 개발이 계속되어 2013년까지도 수십만 명이 이 방법을 이용하여 체중을 감량해 왔다. 단순히 위장관 일부를 절제해서 섭식량을 줄여 체중을 감량하는 효과가 아니라 수술 후 장내 호르몬 변화로 인슐린 저항성 개선, 식욕 억제 등의 탁월한 대사 개선 효과가 나타나서 실제로 과체중의 60% 이상이 제거되었고 수술 환자의 76% 이상에서 당뇨병이 치료되었으며, 62% 환자의 고혈압이 정상으로 돌아왔다. 또한 고지혈증 증상이 70% 개선되는 등 수술받은 환자의 95%가 수술 후 삶의 질이 크게 향상되었다는 만족감을 나타내었다.[48] 배리애트릭 수술의 또 다른 장점은 수술 1년 후 갈색지방조직 활성이 50%까지 증가한다는 점이다.[49]

1940년대부터 비만을 치료하기 위한 약물들이 개발되기 시작했다. 비만의 발생 기전을 잘 이해하여 지금까지 개발된 비만 치료제들도 식욕을 억제하거나 지방 흡수를 저해시키는 약제들이 대부분이었으나, 최근에는 에너지 대사를 촉진하는 약제 또는 식욕 억제와 에너지 대사 증가를 동시에 유발하는 약제 개발로 패러다임이 변하고 있다. 그러나 에너지 대사 촉진의 첫 단계인 갈색지방에서의 $\beta3$ 아드레날린 수용체(AR) 활성화가 필요한데, 실험용 쥐와 같은 설치류에서는 $\beta3$-AR 활성에 의한 비만 억제 연구 성과가 많이 보고되었지만, 갈색지방량이 아예 없거나 매우 적은 인간에게서는 미라베그론(mirabegron)과 같은 $\beta3$-AR 항진제가 비만 치료에 적용되긴 했으나 아직 신뢰가 부족한 상태이다. 따라서 백색지방 일부를 갈색지방으로 전환시킨 후 $\beta3$-AR 활성제의 효과를 나타내는 약제들에 관심이 증가하고 있다.

미국 FDA에서는 1947년 최초의 비만 치료제로 **암페타민**(Amphetamine, alpha-methylphenethylamine)을 승인했다. 1887년 처음 합성에 성공한 암페타민은 1947년부터 비만 치료제로 사용이 승인되었는데, 노르에피네프린 및 도파민의 재흡수 억제제로 작용하여 각성 효과를 일으키며, 특히 도파민의 분비를 촉진하고 관련 신경 전달계를 개선하여 식욕 억제 작용뿐만 아니라 ADHD 및 우울증 치료에 효과를 보였다. 그러나 이 약은 심혈관계 부작용, 의존성으로 인한 남용 등의 문제로 1970년대 말에 허가 취소 통보를 받고 시장에서 퇴출되었다.[50] 암페타민 허가 이후 1950년대부터 등장한 펜터민, 디에틸프로피온 등은 암페타민의 부작용을 낮추는 데 중점을 뒀다. 이 약물들은 암페타민의 화학구조를 일부 변형해 뇌 자극 효과를 낮췄고, 단기 복용을 조건으로 시장에서 살아남게 되었다.

펜터민(Phentermine, phenyl-tertiary-butylamine)은 암페타민 계열의 화합물로 TAAR1(Trace amine-associated receptor 1) 수용체를 자극해 부신에서 노르에피네프린 분비를 증가시켜 시상하부에서 식욕을 억제하도록 작용한다. 펜터민은 1959년 미국 FDA 승인을 받은 후 지금까지 널리 사용되어 온 비만 치료제인데 2020년 현재 미국에서 연간 3백만 건 이상 처방되는 의약품 목록에 올랐다. 펜터민 단독으로 Ionamin, Sentis 등의 상품명으로, 토피라메이트(Topiramate) 성분과 복합제로는 Osymia라는 상품명으로 판매되었다. 다른 식욕 억제제들과 유사하게 심장 발작, 혈압 상승, 현기증 등의 부작용으로 영국에서는 이미 2000년도에 시장에서 퇴출되었다. 그러나 3개월간의 단기 처방만 가능한데도 체중 감량 효과가 뛰어나다는 장점이 있다. 또 다른 식욕 억제제인 펜플루라민(fenfluramine)과 펜터민을 복합한 이른바 펜-펜(fen-phen)이라는 처방이 개발됐다. 단기간에 평균 10kg 이상의 체중 감량 효과를 보인 이 방법은 미국에서 폭발적인 인기를 끌었으나 심장 판막에 손상을 일으키는 부작용이 발견되어 시장에서 퇴출당했다. 제약사는 피해자들에게 140억 달러를 보상해야 했다.

펜플루라민(Fenfluramine)은 펜터민 유도체 화합물로 1973년 사용 승인을 받았으나 1992년부터 비만 치료제로서 명성을 얻기 시작했다. 그러나 승인 후 많은 부작용들이 발견되어 비만 치료제로서 사용이 12주 만에 불허되었고 펜터민과 복합제제로 다시 승인받았으나 1997년 결국 시장에서 퇴출되었다. 부작용을 줄이기 위해 등장한 후속 약물인 **덱스펜플루라민**(Dexfenfluramine) 역시 같은 해에 부작용을 극복하지 못하고 퇴출되었다.

아미노렉스(Aminorex)는 1962년 미국의 제약회사 McNeil Laboratories 사에 의해 개발된 식욕 억제제로서 카테콜아민 분비를 증가시키는 옥사졸린 유도체 화합물이다. 1965년에 유럽의 일부 국가에서 비만 치료제로 사용이 승인되었으나(미국은 미승인) 1968년 폐고혈압을 유발하여 일부 환자가 사망하는 부작용으로 인해 퇴출당하였다.[50]

페닐프로판올아민(Phenylpropanolamine)은 1910년에 최초로 합성된 화합물로 1939년에 식욕 억제 작용이 밝혀져 1976년 비만 치료제로 승인되었다. 1995년 세로토닌 수용체(5-HT2c) 항진제가 포만감을 느끼게 한다는 사실이 발견되었는데[51] 페닐프로판올아민이 β-아드레날린 수용체에는 작용하지 않고 α-아드레날린 수용체와 세로토닌 수용체를 선택적으로 자극하여 식욕을 억제시키는 것으로 알려졌다. 그러나 출혈성 뇌졸중 등의 부작용으로 인해 2000년에 퇴출되었다.[52]

시부트라민(Sibutramine)은 1988년 영국의 제약회사 부츠(Boots)사에 의해 처음에는 우울증 치료제로 개발되었으나 미국의 제약회사 애보트

(Abbott)에 의해 1997년 비만 치료제로 제조, 판매가 허가되었다(리덕틸 Reductil 등 여러 가지 상품명으로 시판). 시부트라민은 뇌에서 신경 전달 호르몬인 세로토닌과 노르에피네프린의 작용을 강화시켜 식욕을 감소시키고 열량 소모를 증가시키는 작용에 의한 비만 치료제이다. 그러나 간 손상, 심근경색, 수면장애, 두통 등 여러 가지 부작용이 발견되어 2010년 시장에서 퇴출되었다.

오를리스타트(Orlistat)는 췌장에서 분비되는 지질 분해 효소 억제제로서 지방 분해를 일부 차단하여 대변으로 배출되도록 작용하는 비만 치료제이다. 오를리스타트는 박테리아(*Streptomyces toxytricini*)에서 분리된 지방 분해 저해제인 lipstatin의 유도체로서, 체중 감량 효과 외에도 고혈압 및 제2형 당뇨병에 효과가 관찰되어 1999년에 FDA 승인을 받았다.[53] 이 약제는 체내 흡수가 제한적이라 비만 치료제 중에서는 비교적 안전한 약제라서 청소년들에게도 처방할 수 있다. Xenical(120mg), Alli(60mg)라는 상품명으로 미국에서는 처방전 없이도 구입이 가능하다. 오를리스타트는 주사제가 아닌 경구투여 약제로서는 체중 감량 효과가 최대 연간 10%에 달해 여전히 인기 있는 비만 치료제로 사용되고 있다.[54] 오를리스타트는 12주까지 장기 복용이 가능한 데다 섭취한 지방의 30% 수준에서 흡수를 차단한다. 다만, 지방을 흡수하지 않고 그대로 체외로 배출하기 때문에 일상생활에서 불편감을 유발한다는 단점이 있다. 또 인체 대사에 필요한 지용성 비타민 성분의 흡수까지 저해하기 때문에 비타민 A, D, E, K의 결핍 우려도 있다. 그러나 오를리스타트는 신장 손상과 장에 가스가 차는 등의 대장 관련 부작용이 보고되었고 미국 FDA는 오를리스타트 복용 환자의 중증 간 손상 사례가 확인되었다고 밝혔다. 한편 2022년 미국 소화기학회는 오를리스타트의 사용 금지를 결정했는데, 체중 감량 폭이 크지 않고 음식물 흡수 저하를 통한 유해 현상으로 치료 중단율이 높다는 판단 때문이다.

리모나밴트(Rimonabant)는 2006년 프랑스 제약회사 사노피-아벤티스(Sanofi-Aventis) 사가 개발한 비만 치료제로서 카나비노이드-1 수용체(CB-1)의 길항제 작용 기전으로 아콤플리아(Acomplia)란 상품명으로 영국에서 처음 시판되었다. 리모나밴트는 마리화나로 인해 CB-1이 자극되면 식욕이 심하게 증가하는 것에 착안하여 이를 억제하여 식욕이 감소하는 작용 기전의 비만 치료제이다. 아콤플리아는 한 달 약가가 10만 원 내외로 저가임에도 40% 정도의 비만 환자에게서 10% 전후의 체중 감량 효과를 보였는데, 영국에서는 BMI 30 이상이거나 2형 당뇨병, 고지혈증 위험이 있는 경우, BMI 27 이상인 경우에 한해서 사용이 승인되었다. 그러나 오심, 현기증, 불안증, 설사, 불면증, 자살 충동 등 많은 부작용으로 인해 2008년 시장에서 퇴출당하였다.[55]

2010년대까지 개발되었던 비만 치료제들은 부작용을 동반하는 경우가 많아 시장에서 조기 퇴출된 경우가 많았는데, 2012년 미국의 제약회사인 아레나 파마슈티컬(Arena Pharmaceuticals)사에 의해 개발되어 2020년 초반까지 가장 많이 처방되던 로카세린(Lorcaserin)은 시상하부의 POMC 뉴런에 있는 세로토닌 수용체(5-HT 2C)에 선택적으로 작용하여 식욕을 억제하는 작용이 있다.[56] 2012년 FDA 승인되어 벨빅(Belviq)이란 상품명으로 시판된 로카세린은 하루 2회 10mg 투여 결과 연간 5%를 상회하는 체중 감량 효과가 있었다. 그러나 로카세린은 유방암을 포함한 암 발생 위험으로 인해 2022년 시장에서 퇴출되었다. 미국 FDA 임상시험 평가 결과 5년간 약 12,000명을 대상으로 한 임상시험에서 위약 투여군에 비해 로카세린 투여군에서 더 많은 환자가 암을 진단받았다고 한다.

부프로피온(Bupropion)은 시상하부에서 식욕을 억제하는 뉴런인 POMC를 활성화시켜 섭식을 줄여주고 에너지 소모를 촉진하는 비만 치료제이다. 부프로피온은 1969년 인도계 미국인 Nariman Mehta에 의해 처음 제조되어 1985년 의약용으로 사용 승인되었고 2020년 현재 미국에서만 연간 약 3천만 건이 처방되는 유명한 약제이다. 부프로피온은 원래 도파민과 노르에피네프린 재흡수를 막아주는 작용이 있어 우울증 및 금연 치료에 사용되던 약제인데 비만 치료제로 사용하게 되었다. 주요 부작용은 변비, 수면장애, 구강건조증, 메스꺼움 등이다. 아래에서 소개하는 날트렉손과 복합제제로 2014년 비만 치료제 사용 승인이 났고 상품명 콘트라베(Contrave)로 시판 중이다. 한 연구에서 6개월간 부프로피온 100~200mg/kg을 투여하여 최대 12% 체중 감량을 보고한 논문도 있다.[57]

날트렉손(Naltrexone)은 오피오이드 길항제(opioid antagonist)로서 화학구조가 모르핀과 유사하다. 오피오이드 수용체는 G 단백질 연계 수용체의 일종으로 내인성 엔도르핀(endogeneous morphine)인 오피오이드가 리간드로 작용한다. 모르핀이 유발하는 진정 작용, 혈압 저하 작용 등을 억제하므로 알코올, 마약 등에 의한 급성중독 치료제로 사용되던 약제이다. 날트렉손은 동시에 카나비노이드-1 수용체를 활성화해 식욕을 억제한다. 부프로피온과 함께 복용하면 상승작용이 있는 것으로 알려졌으며,[58] Mysimba라는 상품명으로 시판 중인데 메스꺼움, 수면장애 등의 부작용이 보고되었다.[59]

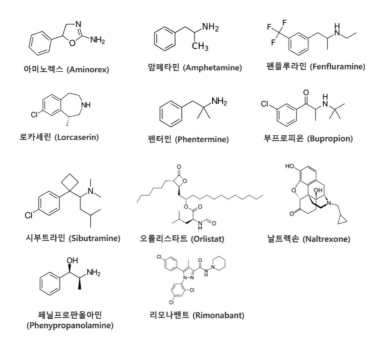

아미노렉스 (Aminorex)

암페타민 (Amphetamine)

펜플루라민 (Fenfluramine)

로카세린 (Lorcaserin)

펜터민 (Phentermine)

부프로피온 (Bupropion)

시부트라민 (Sibutramine)

오를리스타트 (Orlistat)

날트렉손 (Naltrexone)

페닐프로판올아민
(Phenypropanolamine)

리모나밴트 (Rimonabant)

[그림 6-5] 비만 치료제들의 화학구조

GLP-1 유사체가 대세가 된
비만 치료제 시장

● ● ●

　식욕 억제제, 지방 흡수 억제제로 대표되던 비만 치료제 시장에서 2000년대 들어서면서부터 돌풍을 일으키며 대세가 된 GLP-1(glucagon-like peptide 1) 유사체를 보유한 기업들이 업그레이드된 후속 약물들을 연달아 개발하고 있다.

　인간의 섭식 행위는 많은 호르몬과 신경 전달 물질들에 의해 조절되는데, 이 시스템은 주로 시상하부와 뇌간에서 상호 긴밀하게 연결된 항상성 기전에 의존한다. 따라서 많은 비만 치료제가 식욕을 억제하는 기전을 이용하고 있다. 그중에서도 인체 내에서 분비되는 펩타이드 수용체를 자극하는 펩타이드 제제들이 활발하게 개발됐는데 대표적인 약제가 GLP-1 수용체 항진제(agonist)이다. GLP-1은 인크레틴(incretin) 호르몬의 하나로(음식을 섭취하면 위장관에서 분비), 포도당 농도 의존적으로 인슐린 분비를 촉진하고 글루카곤 분비를 억제함으로써 혈당을 내려주는 역할을 한다.

　그러나 GLP-1은 체내에서 DDP4(dipeptidyl peptidase 4) 효소에 의해 쉽게 분해되어(반감기 1.5~2분) 지속적인 효과 유지가 어렵기 때문에 개발된 약제는 GLP-1 수용체 항진제와 유사한 기능을 하는 GLP-1 유사체를 이용하여 체내에서 꾸준한 효과를 나타내도록 하는 것이다. 이 약제의 장점은 인슐린을 분비하는 베타세포의 민감도를 증가시켜 인슐린을 분비하므로 저혈당 부작용이 적고 직접 뇌의 식욕 중추를 억제하여 식욕을 낮춰 체중 감소 효과가 있다는 점이다.

또한 음식물이 위에서 배출되는 것을 지연시켜 소장에서 탄수화물의 흡수를 느리게 만들어 급격한 혈당 상승을 막는 효과도 있어 체중 관리와 동시에 혈당 관리에도 효과적이다. 이처럼 GLP-1 항진제는 인슐린 분비를 촉진해 혈당을 내리는 효과로 초기에는 당뇨 치료제로 개발됐지만, 부수적으로 체중 감량 효과가 확인되면서 비만 치료제로의 용도 전환이 이뤄지고 있다. 그러나 오심, 구토, 설사, 변비 등의 소화기계 부작용을 동반한다.

GLP-1 항진제로 대표적인 약물은 덴마크의 글로벌 제약회사인 노보 노디스크(Novonordisk)에서 개발한 리라글루티드(Liraglutide)인데 당뇨병 치료제로 유럽에서 2009년, 미국에서는 2010년 승인이 났다. 2014년에 비만 치료제로 승인된 리라글루티드는 국내에서는 삭센다(Saxenda)라는 상품명으로, 미국, 일본 등 많은 나라에서는 빅토자(Victoza)라는 상품명으로 시판 중이다. 이와 함께 2012년에 개발되어 2022년에 비만 치료제로 승인된 세마글루티드(Semaglutide)*가 있다(그림 6-6). 세마글루티드는 주사로 투여해야 하는 불편함이 있었는데 최근 경구용 약제도 출시되었다. 이들 약제는 투여 후 혈관-뇌 장벽(Blood-Brain Barrier, BBB)을 통과한 후 시상하부에 작용하여 식욕 억제 뉴런인 POMC/CART를 직접 자극하는 동시에 식욕 촉진 뉴런인 NPY/AgRP를 간접적으로 억제함으로써 식욕을 조절한다.

---

* 상품명: 위고비 Wegovy, 오젬픽 Ozempic, 리벨수스 Rybelsus

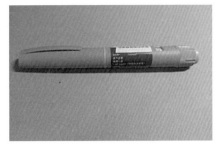 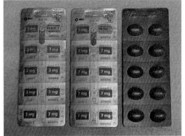

[그림 6-6] 주사제 위고비 3ml   경구용 리벨수스 3mg, 7mg

(사진: Wikimedia Commons)

삭센다는 2020년 10억 달러 이상의 매출을 달성하며 비만 치료제 시장 1위를 차지하였다. 삭센다의 체중 감량 및 당뇨병 개선 효과는 비교적 우수하지만, 매일 피하주사 해야 한다는 점에서 많은 환자가 꺼리며 지속적인 사용을 포기하는 단점이 있었고, 체중 감량 성적 역시 다소 미흡했었다. 그러나 일주일에 한 번 주사로 만족할 만한 수준의 체중 감량 효과를 얻게 된 위고비의 경우 2023년에 들어와서 세계적인 신드롬을 일으키며 품귀 현상까지 벌어지고 있다.

GLP-1 계열 비만 치료제인 리라글루티드와 세마글루티드는 주사제라는 불편함이 있지만 체중 감량 효과는 탁월한데, 남성보다 여성에게 더 효과적이라는 연구 결과가 나왔다. 2022년 호주 멜버른에서 열린 국제 비만 학술회의에서 호주의 서맨서 호킹 박사 연구팀은 16,428명을 대상으로 한 3개의 연구 자료를 분석한 결과, 전체적으로 과체중이거나 비만한 사람에게 이들 식욕 억제제를 주사했을 때 여성이 남성보다 체중이 더 줄어드는 것으로 나타났다고 밝혔다. 이들 비만 치료제를 남녀 총 1,961명을 대상으로 68주에 걸쳐 세마글루티드를 주사했을 때 여성은 체중이 18.4% 줄어든 데 비해 남성은 12.9% 감소했다고 한다. 리라글루티드를 주사하였을 때 여성이 남성보다 체중이 더 많이 줄었다는 보고는 많다.[60-62] 세마글루티드는 하루 1회 복용할 수 있는 경구용 제제도 개발되어 기존의 여러 GLP-1 수용체 항진제에 비해 당뇨병 및 비만 환자들이 사용하기에 훨씬 쉽다.

당뇨병, 고혈압 등 다른 질환들을 치료하기 위한 약물치료 요법과 마찬가지로 비만 치료의 경우도 부작용을 완화하고 서로 다른 약제들의 시너지 효과를 획득하기 위하여 두 가지 이상의 펩타이드 제제를 이용한 병용 요법도 소개되고 있다. 포도당 의존, 인슐린 분비성 펩타이드(Glucose-dependent insulinotropic polypeptide, GIP)와 글루카곤 및 GLP-1 수용체 항진제는 서로 상동성이 있어서 이들 수용체의 항진제에 대한 다중 항진제의 개발이 가능하고 이 외에도 다양한 펩타이드 기반의 약제들이 개발되고 있다.[63]

2023년 들어 비만 치료제 시장의 게임 체인저로 주목받기 시작한 두 개의 약제가 국내에서도 허가되었다. 노보노디스크의 위고비와 미국의 제약회사 릴리(Eli Lilly)에서 개발한 **티제파티드**(Tirzepatide)*가 그 주인공이다. 이들 약제는 모두 GLP-1 항진제라는 공통점이 있지만 차이점은 티제파티드의 경우 GLP-1과 함께 GIP(Gastric inhibitory polypeptide) 수용체에도 동시에 작용한다는 점이다. 특히 주 1회 투여로, 기존 삭센다가 1일 1회 투여하는 것에 비해 편의성 면에서도 우수한 편이다. 그러나 미국에서 위고비의 경우 한 달에 약 1,350달러 정도의 비용이 들고 미운자로의 경우 4회(1개월) 투여량 가격이 974달러로 삭센다의 두 배에 달한다.

---

* 당뇨병 약으로 상품명은 마운자로(Mounjaro)

위고비는 37개의 아미노산으로 구성된 펩타이드 약제로 체내 흡수와 안정성을 높이기 위하여 11번 아미노산인 라이신 곁가지 아미노기에 장쇄지방산이 결합되어 있다. 위고비는 2021년 FDA에서 비만 치료제로도 승인을 받았고 2023년 한국 식품의약품안전처로부터 국내에서도 판매 허가를 받았다. 위고비는 0.25mg, 0.5mg, 1.0mg, 1.7mg, 2.4mg의 다섯 가지 함량으로 허가되었으며 초기 투여 용량은 주 1회 0.25mg으로 시작해 16주 동안 유지 용량인 주 1회 2.4mg까지 단계적으로 증량한다. 주요 부작용으로는 설사나 변비, 구토와 메스꺼움 등이며, 갑상선 환자 또는 가족력이 있는 사람은 사용할 수 없다. 위고비는 미리 약물이 충진된 펜 형태(pre-filled pen)로 판매되며 환자 스스로 주 1회 피하에 접종하는데, 2021년 68주 임상시험을 통해 평균적으로 체중의 15%가 감량되는 놀라운 효과를 보였다.[64]

세마글루티드 계열의 두 가지 약물인 위고비와 오젬픽(Ozempic)은 2023년 2분기에만 각각 7.35억 달러, 21.55억 달러의 매출을 기록했고 현재 국내외에서 품귀 현상까지 발생하고 있다. 노보노디스크의 세계 비만 치료제 시장 석권은 덴마크 경제를 호황으로 이끌었고 2023년 9월 현재 노보노디스크사의 시가 총액(4,270억 달러)이 덴마크 국가 전체의 GDP(4,060억 달러)를 능가하는 일까지 벌어졌다.

마운자로는 39개의 아미노산으로 구성된 펩타이드계 약제로 체내 흡수와 안정성을 높이기 위하여 위고비와 유사하게 20번째 아미노산인 라이신의 곁가지 아미노기에 장쇄지방산이 연결된 구조로 되어 있다. 이 약제는 GLP-1과 GIP 수용체에 이중으로 작용하는 호르몬 유사체 약물로 GLP-1 수용체에만 작용하는 약물인 위고비보다 더욱 효과적으로 혈당과 비만을 조절할 수 있다. 실제 위고비와 마운자로의 비교 임상시험

에서 후자가 우월한 혈당 강하 및 체중 감소 효과를 보였다.[65]

당뇨약 마운자로는 젭바운드(Zepbound)라는 상품명의 비만 치료제로 판매 중인데 체중 감량 효과가 현존 비만 치료제 중 가장 뛰어나 2023년 FDA의 승인을 받기 전부터 관심을 모았다. 젭바운드의 임상 결과 체중 감량 효과는 다른 비만 치료제에 비해 매우 좋은 것으로 나타났다.

BMI 30 이상 성인 2,539명을 대상으로 72주간 시행한 임상 결과 젭바운드를 주사한 그룹에서 최대 23.6 kg의 감량 효과를 나타내었다(5mg 투여량 그룹은 평균 16kg, 10mg 투여량 그룹은 평균 22kg, 15mg 투여량 그룹은 23.6kg이 감소). 같은 기간 운동과 식이요법만 처방받은 위약군의 경우, 평균 2.4~3.1% 감량에 그친 것과 비교하면 대단한 치료 효과라 하겠다.[65]

젭바운드는 2023년 2분기에만 약 10억 달러의 매출을 달성했다고 한다. 위고비와 오젬픽으로 주가가 폭등한 노보노디스크사처럼 일라이릴리사도 젭바운드에 대한 기대감으로 2023년 주가가 63.5% 급등했다. 시가 총액이 5,816억 달러(약 773조)로 전 세계 제약사 중 1위에 올랐다.

그러나 과연 위고비와 오젬픽, 젭바운드가 기적의 비만 치료제인가에 대한 판정을 내리기에는 시간이 더 필요해 보인다. 왜냐하면 세 가지 약제 모두 약효의 지속성 문제, 1년 이상 장기 투약해야 효과를 볼 수 있다는 점, 투약을 중단하면 효과가 끝난다는 것 등의 이유 때문이다. 10kg 이상을 감량하더라도 투약 중단 후 두 달 만에 식사량과 체중이 원래대로 돌아오는 것이 확인되었다. 부작용 또한 무시할 수 없는데 두통, 배탈, 메스꺼움, 구토, 현기증이 이들 약물 투여자들에게서 흔하게 나타난다. GLP-1 유사체 비만 치료제들은 췌장에 부작용을 일으키는 사례 외에도 가장 우려하는 부작용은 근육량 감소. 일라이 릴리는 최근 체중 감량 중 근육량을 유지하는 약물인 비마그루맙(Bimagrumab)을 개발한 회사 베르사니스(Versanis)를 인수했을 정도다. 비마그루맙은 두 가지 유형의 단백질 조절제를 통해 세포 신호를 차단하도록 설계된 항체로 과체중 또는 비만한 사람들을 대상으로 연구되고 있다. 일라이 릴리는 비마그루맙을 세마글루타이드와 병용하는 방식으로 근육량 감소 부작용을 최소화한다는 전략이다. 따라서 일상생활이 불가능한 수준인 초고도 비만 환자들을 표적으로 개발된 약물이므로 일반인의 사용에는 이런 부작용을 감수해야 한다.

건강 정보 기술과 임상 연구의 결합 산업에 서비스를 제공하는 미국의 다국적 기업인 IQVIA 발표 자료에 의하면 우리나라는 미국, 브라질에 이어 세계 3위의 비만 치료제 시장을 형성하고 있는데, 2020년 1억 달러 이상의 시장을 형성하고 있다. 가장 많이 사용되는 약제는 세계 시장과 마찬가지로 노보노디스크의 비만 치료제인 삭센다인데(2020년 2천8백만 달러), 최근 자살 충동과 자해 행동을 일으킬 수 있다는 이상 반응이 보고되고 있다. 유럽의약품청 산하 안전위원회는 리라글루티드(삭센다 성분) 사용 후 자살 충동 및 자해 생각이 들었다는 아이슬란드 의약품청의 보고에 따라 조사를 한다고 보도가 나왔다. 유럽의약품청은 2023년 말까지 리라글루티드와 세미글루티드 성분이 주성분인 비만 치료제를 모두 조상 대상에 포함해 문제를 파악 중이라고 밝혔다. 이미 과거에 사용하던 비만 치료제가 자살 충동을 유발하는 것으로 알려져 2007년 시장에서 퇴출당한 아콤플리아(Acomplia, 성분명 리모나반트 rimonabant) 사례가 있어서 GLP-1 수용체 작용 비만 치료제들의 운명이 어떻게 될 것인지 주목된다.

그럼에도 불구하고 리라글루티드의 장점 중의 하나는 다양한 대사를 교정해 준다는 데에 있다. 원래 리라글루티드가 당뇨병 치료제로서 개발된 약물이어서 당뇨병을 동반한 비만 환자들에게 가장 적합하며 당뇨 관련 합병증 예방에도 효과적이다. 또한 리라글루티드가 비알코올성 지방간염 치료에도 효과적이며 혈압 조절에도 효과가 있다는 연구 결과가 발표된 바 있다. 이런 장점들은 대부분의 비만 치료제가 중추신경계에 작용해 부작용을 피하기 어려웠지만 리라글루티드는 독립적으로 작용해 부작용이 적은 편이다.

이 책을 쓰고 있는 지금도 리라글루티드와 세마글루티드의 부작용을 보고하는 논문들이 계속 발표되고 있다. 가장 많은 부작용은 장에서의 유해성인데, 담도 질환, 췌장염, 장폐색, 위 운동장애 등이 보고되고 있다. 캐나다 연구팀이 2006년에서 2022년까지 리라글루티드와 세마글루티드를 처방받은 환자들을 추적 연구한 결과 기존의 비만 치료제인 부프로피온(bupropion)–날트렉손(naltrexone)과 비교하여 발병 위험이 췌장염은 9.1배, 장폐색은 4.2배, 위 운동장애는 3.7배가 증가했다.[66]

그럼에도 불구하고 GLP-1 유사체 비만 치료제는 사이언스지로부터 2023년 올해 최고의 과학혁신으로 선정되었다. 16개월간 매주 한 번 주사로 체중을 평균 15%나 줄일 수 있는 강력한 치료 효과로 인해 인류를 비만과의 전쟁에서 승리로 이끌 약물이란 이유에서다.

다른 글로벌 제약사들도 비만 치료제 개발에 주력하고 있다. 스위스 제약사 로슈가 지난 2023년 말에 비만 치료제 후보 물질을 보유한 개발 업체를 총 31억 달러(약 4조 원)에 인수하며 비만 치료제 시장에 뛰어들었다. 코로나19 백신 개발사인 아스트라제네카와 독일 제약사 베링거인겔하임도 후보 물질을 임상시험 중인 것으로 알려졌다. 미국 월가의 전문가들은 2030년 세계 비만 치료제 시장이 1,000억 달러까지 성장하고, 2035년 미국 성인의 약 7%인 2,400만 정도가 비만 치료제를 사용할 것으로 예상한다. 만약 비만 치료제가 미국에서 의료보험이 적용되면 시장은 더욱 커질 가능성이 있다.

현재 국내 제약회사에서 개발 중인 비만 치료제는 작용 기전이 다양한데, 기존의 GLP-1 계열 외에도 포도당의 재흡수를 감소시켜 혈당을 감소시키므로 당뇨 치료제로 사용되고 있는 SGLT2 억제제 등이 임상시험 중이다. 이처럼 비만 치료제 표적 물질 대부분이 초기에 당뇨병 치료를 목적으로 했다는 공통점이 있다.

식욕을 억제해 적게 먹거나 에너지 유입을 줄이는 방법 외에도 섭취한 에너지를 빨리 소모하는 약제가 있다면 훌륭한 비만 치료제가 될 수 있을 것이라는 생각은 비만 치료제 개발 과학자가 아니더라도 쉽게 할 수 있다.

미토콘드리아에서 전자전달계와 ATP 합성을 언커플링함으로써 열을 발생시켜 에너지 소모를 촉진하는 물질(2,4-dinitrophenol, DNP)을 이용하여 비만을 억제하려는 노력은 이미 1930년대 미국 스탠퍼드대학 연구팀에서 시도한 바 있으나 체온 과열 등의 부작용으로 이내 사용이 중단되었다.[67] 그러나 이 약물은 체중 감소 효과가 뛰어나 지금도 일부 국가에서 불법으로 유통되고 있어서 부작용이 없는 UCP1 단백질 활성화에 의한 열발생 촉진 기전은 비만 치료제 개발의 주요 표적이 되고 있다.

성인의 경우 갈색지방조직의 역할에 대해서는 논란이 많으나, 적응적 열발생이 존재한다는 근거는 명확해 보인다. 예컨대 과식으로 인하여 칼로리가 증가하면 사람에 따라 체중 증가의 폭은 3배나 편차가 난다.[68] 또 가벼운 추위에 노출되면 에너지 소비 증가가 큰 폭으로 일어난다는 연구 결과도 발표되어 있다.[69]

인간에게 에피네프린을 주입한 후에 발생하는 에너지 소비 증가의

40%는 골격근에 기인하는 것으로 알려져 있다. 따라서 인간의 경우 골격근이 갈색지방조직을 대체할 수 있는 후보로 지목되고 있지만, 골격근에서 일어나는 미토콘드리아 언커플링을 인간의 적응적 열발생과 관련하여 연구한 과학자들은 별로 없다.

2020년에 유전자 편집 기술을 이용하여 지방세포에서 열발생 단백질인 UCP1을 과발현시켜 비만을 치료할 수 있다는 매우 흥미로운 연구결과가 하버드 연구팀에 의해 발표되었다.[70] 최근 유전자가위로 주목받고 있는 CRISPR 유전자 편집 도구를 이용하여 UCP1이 과발현되도록 지방세포를 조작하여 비만이 자가 치료되는 데 성공한 것이다. 그러나 이식된 UCP1 과발현 세포가 지속해서 비만 치료 효과를 나타낼 가능성이 크지 않으므로 지방줄기세포 단계에서 유전자 편집이 이루어져야 할 것으로 보인다.

크로그와 밴팅, 두 노벨상 수상자의
만남과 노보노디스크의 설립

크로그   밴팅

(사진: Wikimedia Commons)

1920년 노벨 생리의학상을 수상한 덴마크 의사 샤크 아우구스트 스텐베르 크로그(Schack August Steenberg Krogh, 1874~1947)는 1922년 당뇨병으로 고생하던 아내 마리와 함께 미국으로 강연을 하러 갔을 때 인슐린을 최초로 발견한 공로로 1923년 노벨 생리의학상을 받은 캐나다 토론토대의 프레더릭 밴팅(Frederick Grant Banting, 1891~1941)을 만나게 되는데, 다음 해 덴마크에 노디스크(Nordisk) 인슐린 연구소가 설립되었다. 당뇨병 환자를 구하겠다는 신념만으로 자신의 인슐린 특허권을 단돈 1달러 50센트에 토론토대에 넘긴 밴팅은 크로그 부부에게 공공의 선을 위해 회사를 운영해 줄 것을 부탁하였다.

노보노디스크는 당시에는 거의 불치병이었던 당뇨병을 인슐린으로 치료가 가능한 질병으로 만들었는데 돼지 피에서 정제되던 인슐린을 1978년 유전자 재조합 기술로 대장균에서 값싸게 생산하는 데 성공하였고

1985년에는 세계 최초로 펜 형태의 인슐린 주사제를 개발하였다. 현재 세계 당뇨병 치료제 시장의 30% 이상을 점하는 노보노디스크는 당뇨병 치료제 개발에만 몰두해 온 기업인데 당뇨병 치료제로 개발한 GLP-1 유사체가 체중 감량 효과가 뛰어나다는 사실을 발견하고 비만 치료제로 많은 제품들을 개발하는 데 성공하였다.

노보노디스크의 2형 당뇨병 치료제 오젬픽(Ozempic)을 처방한 환자들에게서 탁월한 체중 감량 효과가 나타나자 같은 성분(semaglutide)의 용량만 바꿔 비만 치료제 위고비(Wegovy)를 탄생시켰다. 2023년에 비만 치료제 위고비는 전 세계적으로 품귀 현상을 일으킬 정도로 열풍이 일어 노보노디스크가 이끄는 덴마크 제약 산업의 성장은 급기야 덴마크 국가의 GDP 성장률 전망치를 0.6%에서 1.2%로 상향 조정하게 하였고, 2023년 노보노디스크 사의 시가총액이 덴마크 국가 전체의 GDP를 능가하였다고 한다.

노보노디스크 창업자인 크로그 부부는 인류에 기여해야 한다는 밴팅과의 약속을 잊지 않고 노보노디스크 재단을 설립해 희소병 치료, 병원 건립 등 보건의료 분야에 막대한 자금을 지원하고 있다. 노보노디스크 재단은 노보노디스크사의 최대 주주이기도 한데 2020년 기준 자산 규모가 1,000억 달러를 넘는다(그림 6-6).

[그림 6-6] 덴마크 노보노디스크 본사 전경
(사진: Wikimedia Commons)

참고문헌

1장

1. Lin CJ, Lai CK. et al. Impact of cholesterol on disease progression. Biomedicine (Taipei). 2015 Jun;5(2):7.

2. Luo J, Yang H, Song BL. Mechanisms and regulation of cholesterol homeostasis. Nat Rev Mol Cell Biol. 2020 Apr;21(4):225-245.

3. Pekkanen J, Linn S. et al. Ten-year mortality from cardiovascular disease in relation to cholesterol level among men with and without preexisting cardiovascular disease. N Engl J Med. 1990 Jun 14;322(24):1700-7.

4. de Queiroz Cavalcanti SA, de Almeida LA, Gasparotto J. Effects of a high saturated fatty acid diet on the intestinal microbiota modification and associated impacts on Parkinson's disease development. J Neuroimmunol. 2023 Aug 5;382:578171.

5. Tvrzicka E, Kremmyda LS, Stankova B, Zak A. Fatty acids as biocompounds: their role in human metabolism, health and disease--a review. Part 1: classification, dietary sources and biological functions. Biomed Pap Med Fac Univ Palacky Olomouc Czech Repub. 2011 Jun;155(2):117-30.

6. Costa I, Moral R. et al. High corn oil and extra virgin olive oil diets and experimental mammary carcinogenesis: clinicopathological and immunohistochemical p21Ha-Ras expression study. Virchows Arch. 2011 Feb;458(2):141-51.

7. Zheng JS, Hu XJ. et al. Intake of fish and marine n-3 polyunsaturated fatty acids and risk of breast cancer: meta-analysis of data from 21 independent prospective cohort studies. BMJ. 2013 Jun 27;346:f3706.

8. Kwak SM, Myung SK. et al. Korean Meta-analysis Study Group. Efficacy of omega-3 fatty acid supplements (eicosapentaenoic acid and docosahexaenoic acid) in the secondary prevention of cardiovascular disease: a meta-analysis of randomized, double-blind,

placebo-controlled trials. Arch Intern Med. 2012 May 14;172(9):686-94.

9. Abdelhamid AS, Brown TJ. et al. Omega-3 fatty acids for the primary and secondary prevention of cardiovascular disease. Cochrane Database Syst Rev. 2018 Jul 18;7(7):CD003177.

10. Weintraub HS. Overview of prescription omega-3 fatty acid products for hypertriglyceridemia. Postgrad Med. 2014 Nov;126(7):7-18.

11. Dyall SC. Long-chain omega-3 fatty acids and the brain: a review of the independent and shared effects of EPA, DPA and DHA. Front Aging Neurosci. 2015 Apr 21;7:52.

12. Costantini L, Molinari R. et al. Impact of omega-3 fatty acids on the gut microbiota. Int J Mol Sci. 2017 Dec 7;18(12):2645.

13. Huang T. et al. Effect of marine-derived n-3 polyunsaturated fatty acids on C-reactive protein, interleukin 6 and tumor necrosis factor α: a meta-analysis. PLoS One. 2014 Feb 5;9(2):e88103.

14. Khan SU, Lone AN. et al. Effect of omega-3 fatty acids on cardiovascular outcomes: A systematic review and meta-analysis. EClinicalMedicine. 2021 Jul 8;38:100997.

15. Yan J, Liu M, Yang D, Zhang Y, An F. Efficacy and safety of omega-3 fatty acids in the prevention of cardiovascular disease: A systematic review and meta-analysis. Cardiovasc Drugs Ther. 2022 Sep 14.

16. Bradbury J. Docosahexaenoic acid (DHA): an ancient nutrient for the modern human brain. Nutrients. 2011 May;3(5):529-54.

17. Simopoulos AP. The importance of the ratio of omega-6/omega-3 essential fatty acids. Biomed Pharmacother. 2002 Oct;56(8):365-79.

18. Moon RJ, Harvey NC. et al. Maternal plasma polyunsaturated fatty acid status in late pregnancy is associated with offspring body composition in childhood. J Clin Endocrinol Metab. 2013 Jan;98(1):299-307.

19. Mozaffarian D, Katan MB. et al. Trans fatty acids and cardiovascular disease. N Engl J Med. 2006 Apr 13;354(15):1601-13.

20. Mensink RP, Katan MB. Effect of dietary trans fatty acids on high-density and low-density lipoprotein cholesterol levels in healthy subjects. N Engl J Med. 1990 Aug 16;323(7):439-45.

21. Salmerón J, Hu FB, Manson JE, Stampfer MJ, Colditz GA, Rimm EB, Willett WC. Dietary fat intake and risk of type 2 diabetes in women. Am J Clin Nutr. 2001 Jun;73(6):1019-26.

22. Slattery ML, Benson J, Ma KN, Schaffer D, Potter JD. Trans-fatty acids and colon cancer. Nutr Cancer. 2001;39(2):170-5.

23. Morris MC, Evans DA. et al. Dietary fats and the risk of incident Alzheimer disease. Arch Neurol. 2003 Feb;60(2):194-200. doi: 10.1001/archneur.60.2.194.

24. Johnston PV, Johnson OC, Kummerow FA. Occurrence of trans fatty acids in human tissue. Science. 1957 Oct 11;126(3276):698-9.

25. Wang Y, Lu J. et al. Trans-11 vaccenic acid dietary supplementation induces hypolipidemic effects in JCR:LA-cp rats. J Nutr. 2008 Nov;138(11):2117-22.

26. Mehta A, Shapiro MD. Apolipoproteins in vascular biology and atherosclerotic disease. Nat Rev Cardiol. 2022 Mar;19(3):168-179.

27. Erqou S, Thompson A. et al. Apolipoprotein(a) isoforms and the risk of vascular disease: systematic review of 40 studies involving 58,000 participants. J Am Coll Cardiol. 2010 May 11;55(19):2160-7.

28. Feingold KR. Lipid and lipoprotein metabolism. Endocrinol Metab Clin North Am. 2022 Sep;51(3):437-458.

29. Redgrave TG. Chylomicron metabolism. Biochem Soc Trans. 2004 Feb;32(Pt 1):79-82.

30. Hussain MM. Intestinal lipid absorption and lipoprotein formation. Curr Opin Lipidol. 2014 Jun;25(3):200-6.

31. Perlmutter D. Grain Brain. 2013. Little, Brown and Co. New York.

32. Ertek S. High-density Lipoprotein (HDL) Dysfunction and the future of HDL. Curr Vasc Pharmacol. 2018;16(5):490-498.

33. Catapano AL, Pirillo A. et al. HDL in innate and adaptive immunity. Cardiovasc Res. 2014 Aug 1;103(3):372-83.

34. Button EB, Robert J. et al. HDL from an Alzheimer's disease perspective. Curr Opin Lipidol. 2019 Jun;30(3):224-234.

35. Hao B, Bi B. et al. Systematic review and meta-analysis of the prognostic value of serum high-density lipoprotein cholesterol levels for solid tumors. Nutr Cancer. 2019;71(4):547-556.

36. Chiesa ST, Charakida M. et al. Elevated high-density lipoprotein in adolescents with Type 1 diabetes is associated with endothelial dysfunction in the presence of systemic inflammation. Eur Heart J. 2019 Nov 14;40(43):3559-3566.

37. Allard-Ratick M, Khambhati J. et al. Elevated HDL-C is associated with adverse cardiovascular outcomes. ESC Congress. 2018;39:ehy564.50.

38. Madsen CM, Varbo A. et al. U-shaped relationship of HDL and risk of infectious disease: two prospective population-based cohort studies. Eur Heart J. 2018 Apr 7;39(14):1181-1190.

39. Hussain SM, Ebeling PR. et al. Association of plasma high-density lipoprotein cholesterol level with risk of fractures in healthy older adults. JAMA Cardiol. 2023 Mar 1;8(3):268-272.

40. HPS3/TIMI55-REVEAL Collaborative Group. Effects of Anacetrapib in Patients with Atherosclerotic Vascular Disease. N Engl J Med. 2017 Sep 28;377(13):1217-1227.

41. Hahn PF. Abolishment of alimentary lipemia following injection of heparin. Science. 1943 Jul 2;98(2531):19-20.

42. Scanu A. Serum high-density lipoprotein: effect of change in structure on activity of chicken adipose tissue lipase. Science. 1966 Aug 5;153(3736):640-1.

43. Mead JR, Irvine SA, Ramji DP. Lipoprotein lipase: structure, function, regulation, and role in disease. J Mol Med (Berl). 2002 Dec;80(12):753-69.

44. Baum L, Chen L. et al. Lipoprotein lipase mutations and Alzheimer's disease. Am J Med Genet. 1999 Apr 16;88(2):136-9.

45. Kolb H, Kempf K. et al. Ketone bodies: from enemy to friend and guardian angel. BMC Med. 2021 Dec 9;19(1):313.

46. Muneta T. 지방의 진실-케톤의 발견 (양준상 옮김). 2015. 판미동.

47. Murashige D, Jang C. et al. Comprehensive quantification of fuel use by the failing and nonfailing human heart. Science. 2020 Oct 16;370(6514):364-368.

48. Martin-McGill KJ, Jackson CF. et al. Ketogenic diets for drug-resistant epilepsy. Cochrane Database Syst Rev. 2018 Nov 7;11(11):CD001903. doi: 10.1002/14651858. CD001903.pub4. Update in: Cochrane Database Syst Rev. 2020 Jun 24;6:CD001903.

49. Lyons L, Schoeler NE, Langan D, Cross JH. Use of ketogenic diet therapy in infants with epilepsy: A systematic review and meta-analysis. Epilepsia. 2020 Jun;61(6):1261-1281.

50. Sato K, Kashiwaya Y. et al. Insulin, ketone bodies, and mitochondrial energy transduction. FASEB J. 1995 May;9(8):651-8.

1. Tang W, Zeve D. et al. White fat progenitor cells reside in the adipose vasculature. Science. 2008 Oct 24;322(5901):583-6.

2. Strawford A, Antelo F. et al. Adipose tissue triglyceride turnover, de novo lipogenesis, and cell proliferation in humans measured with 2H2O. Am J Physiol Endocrinol Metab. 2004 Apr;286(4):E577-88.

3. Giordano A, Frontini A, Cinti S. Convertible visceral fat as a therapeutic target to curb obesity. Nat Rev Drug Discov. 2016 Jun;15(6):405-24.

4. Hwang I, Kim JB. Two faces of white adipose tissue with heterogeneous adipogenic progenitors. Diabetes Metab J. 2019 Dec;43(6):752-762.

5. Hwang I, Jo K. et al. GABA-stimulated adipose-derived stem cells suppress subcutaneous adipose inflammation in obesity. Proc Natl Acad Sci U S A. 2019 Jun 11;116(24):11936-11945.

6. Kwok KH, Lam KS, Xu A. Heterogeneity of white adipose tissue: molecular basis and clinical implications. Exp Mol Med. 2016 Mar 11;48(3):e215.

7. Coutinho T, Goel K. et al. Central obesity and survival in subjects with coronary artery disease: a systematic review of the literature and collaborative analysis with individual subject data. J Am Coll Cardiol. 2011 May 10;57(19):1877-86.

8. Hocking SL, Stewart RL. et al. Subcutaneous fat transplantation alleviates diet-induced glucose intolerance and inflammation in mice. Diabetologia. 2015 Jul;58(7):1587-600.

9. Fox CS, Massaro JM. et al. Abdominal visceral and subcutaneous adipose tissue compartments: association with metabolic risk factors in the Framingham Heart Study. Circulation. 2007 Jul 3;116(1):39-48.

10. Merlotti C, Ceriani V. et al. Subcutaneous fat loss is greater than visceral fat loss with diet and exercise, weight-loss promoting drugs and bariatric surgery: a critical review and meta-analysis. Int J Obes (Lond). 2017 May;41(5):672-682.

11. Lönnqvist F, Thörne A. et al. Sex differences in visceral fat lipolysis and metabolic complications of obesity. Arterioscler Thromb Vasc Biol. 1997 Jul;17(7):1472-80.

12. Majka SM, Barak Y, Klemm DJ. Concise review: adipocyte origins: weighing the possibilities. Stem Cells. 2011 Jul;29(7):1034-40.

13. Samaras K, Botelho NK, Chisholm DJ, Lord RV. Subcutaneous and visceral adipose tissue gene expression of serum adipokines that predict type 2 diabetes. Obesity (Silver Spring).

2010 May;18(5):884-9.

14. Ryo M, Kishida K. et al. Clinical significance of visceral adiposity assessed by computed tomography: A Japanese perspective. World J Radiol. 2014 Jul 28;6(7):409-16.

15. Lee KY, Luong Q. et al. Developmental and functional heterogeneity of white adipocytes within a single fat depot. EMBO J. 2019 Feb 1;38(3):e99291.

16. Nahmgoong H, Jeon YG. et al. Distinct properties of adipose stem cell subpopulations determine fat depot-specific characteristics. Cell Metab. 2022 Mar 1;34(3):458-472.e6.

17. Stockman R. The action of arsenic on the bone-marrow and blood. J Physiol. 1898 Dec 30;23(5):376-382.2.

18. Wang H, Leng Y, Gong Y. Bone Marrow Fat and Hematopoiesis. Front Endocrinol (Lausanne). 2018 Nov 28;9:694.

19. Justesen J, Stenderup K. et al. Adipocyte tissue volume in bone marrow is increased with aging and in patients with osteoporosis. Biogerontology. 2001;2(3):165-71.

20. Styner M, Pagnotti GM. et al. Exercise decreases marrow adipose tissue through ß-oxidation in obese running mice. J Bone Miner Res. 2017 Aug;32(8):1692-1702.

21. Little-Letsinger SE, Pagnotti GM, McGrath C, Styner M. Exercise and diet: uncovering prospective mediators of skeletal fragility in bone and marrow adipose tissue. Curr Osteoporos Rep. 2020 Dec;18(6):774-789.

22. Naveiras O, Nardi V. et al. Bone-marrow adipocytes as negative regulators of the haematopoietic microenvironment. Nature. 2009 Jul 9;460(7252):259-63.

23. Krings A, Rahman S. et al. Bone marrow fat has brown adipose tissue characteristics, which are attenuated with aging and diabetes. Bone. 2012 Feb;50(2):546-52.

24. Suchacki KJ, Tavares AAS. et al. Bone marrow adipose tissue is a unique adipose subtype with distinct roles in glucose homeostasis. Nat Commun. 2020 Jun 18;11(1):3097.

25. Trubowitz S, Bathija A. Cell size and plamitate-1-14c turnover of rabbit marrow fat. Blood. 1977 Apr;49(4):599-605.

26. Tencerova M, Figeac F. et al. High-fat diet-induced obesity promotes expansion of bone marrow adipose tissue and impairs skeletal stem cell functions in mice. J Bone Miner Res. 2018 Jun;33(6):1154-1165.

27. Tencerova M, Frost M. et al. Obesity-associated hypermetabolism and accelerated senescence of bone marrow stromal Stem cells suggest a potential mechanism for bone fragility. Cell Rep. 2019 May 14;27(7):2050-2062.e6.

28. Kim YH. The role of bone marrow adipose tissue in health and disease. Ewha Med J 2022;45(1):11-16.

29. Shuster A, Patlas M. et al. The clinical importance of visceral adiposity: a critical review of methods for visceral adipose tissue analysis. Br J Radiol. 2012 Jan;85(1009):1-10.

30. Matthaeus C, Lahmann I. et al. EHD2-mediated restriction of caveolar dynamics regulates cellular fatty acid uptake. Proc Natl Acad Sci U S A. 2020 Mar 31;117(13):7471-7481.

31. Minehira K, Bettschart V. et al. Effect of carbohydrate overfeeding on whole body and adipose tissue metabolism in humans. Obes Res. 2003 Sep;11(9):1096-103.

32. Letexier D, Pinteur C. et al. Comparison of the expression and activity of the lipogenic pathway in human and rat adipose tissue. J Lipid Res. 2003 Nov;44(11):2127-34.

33. Walther TC, Farese RV Jr. Lipid droplets and cellular lipid metabolism. Annu Rev Biochem. 2012;81:687-714.

34. Greenberg AS, Egan JJ. et al. Perilipin, a major hormonally regulated adipocyte-specific phosphoprotein associated with the periphery of lipid storage droplets. J Biol Chem. 1991 Jun 15;266(17):11341-6.

35. Valentine JM, Ahmadian M. et al. β3-Adrenergic receptor downregulation leads to adipocyte catecholamine resistance in obesity. J Clin Invest. 2022 Jan 18;132(2):e153357.

36. Hummel KP, Dickie MM, Coleman DL. Diabetes, a new mutation in the mouse. Science. 1966 Sep 2;153(3740):1127-8.

37. Zhang Y, Proenca R, Maffei M, Barone M, Leopold L, Friedman JM. Positional cloning of the mouse obese gene and its human homologue. Nature. 1994 Dec 1;372(6505):425-32.

38. Coleman DL. Effects of parabiosis of obese with diabetes and normal mice. Diabetologia. 1973 Aug;9(4):294-8.

39. Hervey GR. The effects of lesions in the hypothalamus in parabiotic rats. J Physiol. 1959 Mar 3;145(2):336-52.

40. Hervey GR. Regulation of energy balance. Nature. 1969 May 17;222(5194):629-31.

41. Tartaglia LA, Dembski M. et al. Identification and expression cloning of a leptin receptor, OB-R. Cell. 1995 Dec 29;83(7):1263-71.

42. Tsuchiya T, Shimizu H, Horie T, Mori M. Expression of leptin receptor in lung: leptin as a

growth factor. Eur J Pharmacol. 1999 Jan 22;365(2-3):273-9.

43. Laud K, Gourdou I. et al. Identification of leptin receptors in human breast cancer: functional activity in the T47-D breast cancer cell line. Mol Cell Endocrinol. 2002 Feb 25;188(1-2):219-26.

44. Heymsfield SB, Greenberg AS. et al. Recombinant leptin for weight loss in obese and lean adults: a randomized, controlled, dose-escalation trial. JAMA. 1999 Oct 27;282(16):1568-75.

45. Roth JD, Roland BL. et al. Leptin responsiveness restored by amylin agonism in diet-induced obesity: evidence from nonclinical and clinical studies. Proc Natl Acad Sci U S A. 2008 May 20;105(20):7257-62.

46. Ravussin E, Smith SR. et al. Enhanced weight loss with pramlintide/metreleptin: an integrated neurohormonal approach to obesity pharmacotherapy. Obesity (Silver Spring). 2009 Sep;17(9):1736-43.

47. Rosenbaum M, Goldsmith R. et al. Low-dose leptin reverses skeletal muscle, autonomic, and neuroendocrine adaptations to maintenance of reduced weight. J Clin Invest. 2005 Dec;115(12):3579-86.

48. Brann DW, De Sevilla L, Zamorano PL, Mahesh VB. Regulation of leptin gene expression and secretion by steroid hormones. Steroids. 1999 Sep;64(9):659-63.

49. Kristensen K, Pedersen SB, Richelsen B. Interactions between sex steroid hormones and leptin in women. Studies in vivo and in vitro. Int J Obes Relat Metab Disord. 2000 Nov;24(11):1438-44.

50. Chehab FF, Lim ME, Lu R. Correction of the sterility defect in homozygous obese female mice by treatment with the human recombinant leptin. Nat Genet. 1996 Mar;12(3):318-20.

51. Scherer PE, Williams S. et al. A novel serum protein similar to C1q, produced exclusively in adipocytes. J Biol Chem. 1995 Nov 10;270(45):26746-9.

52. Hu E, Liang P, Spiegelman BM. AdipoQ is a novel adipose-specific gene dysregulated in obesity. J Biol Chem. 1996 May 3;271(18):10697-703.

53. Maeda K, Okubo K. et al. cDNA cloning and expression of a novel adipose specific collagen-like factor, apM1 (AdiPose Most abundant Gene transcript 1). Biochem Biophys Res Commun. 1996 Apr 16;221(2):286-9.

54. Nakano Y, Tobe T. et al. Isolation and characterization of GBP28, a novel gelatin-binding protein purified from human plasma. J Biochem. 1996 Oct;120(4):803-12.

55. Yamauchi T, Kamon J, Ito Y. et al. Cloning of adiponectin receptors that mediate antidiabetic metabolic effects. Nature. 2003 Jun 12;423(6941):762-9.

56. Okada-Iwabu M, Yamauchi T. et al. A small-molecule AdipoR agonist for type 2 diabetes and short life in obesity. Nature. 2013 Nov 28;503(7477):493-9.

57. Narasimhan ML, Coca MA. et al. Osmotin is a homolog of mammalian adiponectin and controls apoptosis in yeast through a homolog of mammalian adiponectin receptor. Mol Cell. 2005 Jan 21;17(2):171-80.

58. Achari AE, Jain SK. Adiponectin, a therapeutic target for obesity, diabetes, and endothelial dysfunction. Int J Mol Sci. 2017 Jun 21;18(6):1321.

59. Hug C, Wang J. et al. T-cadherin is a receptor for hexameric and high-molecular-weight forms of Acrp30/adiponectin. Proc Natl Acad Sci U S A. 2004 Jul 13;101(28):10308-13.

60. Mao X, Kikani CK. et al. APPL1 binds to adiponectin receptors and mediates adiponectin signalling and function. Nat Cell Biol. 2006 May;8(5):516-23.

61. Retnakaran A, Retnakaran R. Adiponectin in pregnancy: implications for health and disease. Curr Med Chem. 2012;19(32):5444-50.

62. Steppan CM, Bailey ST. et al. The hormone resistin links obesity to diabetes. Nature. 2001 Jan 18;409(6818):307-12.

63. Lee JH, Chan JL. et al. Circulating resistin levels are not associated with obesity or insulin resistance in humans and are not regulated by fasting or leptin administration: cross-sectional and interventional studies in normal, insulin-resistant, and diabetic subjects. J Clin Endocrinol Metab. 2003 Oct;88(10):4848-56.

64. Heilbronn LK, Rood J. et al. Relationship between serum resistin concentrations and insulin resistance in nonobese, obese, and obese diabetic subjects. J Clin Endocrinol Metab. 2004 Apr;89(4):1844-8.

65. Rajala MW, Qi Y, Patel HR, Takahashi N, Banerjee R, Pajvani UB, Sinha MK, Gingerich RL, Scherer PE, Ahima RS. Regulation of resistin expression and circulating levels in obesity, diabetes, and fasting. Diabetes. 2004 Jul;53(7):1671-9.

66. Tripathi D, Kant S, Pandey S, Ehtesham NZ. Resistin in metabolism, inflammation, and disease. FEBS J. 2020 Aug;287(15):3141-3149.

67. Nakajima TE, Yamada Y. et al. Adipocytokine levels in gastric cancer patients: resistin and visfatin as biomarkers of gastric cancer. J Gastroenterol. 2009;44(7):685-90.

68. Sun CA, Wu MH. et al. Adipocytokine resistin and breast cancer risk. Breast Cancer Res Treat. 2010 Oct;123(3):869-76.

69. Nakajima TE, Yamada Y. et al. Adipocytokines as new promising markers of colorectal tumors: adiponectin for colorectal adenoma, and resistin and visfatin for colorectal cancer. Cancer Sci. 2010 May;101(5):1286-91.

70. Lazar MA. Resistin- and obesity-associated metabolic diseases. Horm Metab Res. 2007 Oct;39(10):710-6.

71. Tripathi D, Kant S, Pandey S, Ehtesham NZ. Resistin in metabolism, inflammation, and disease. FEBS J. 2020 Aug;287(15):3141-3149.

72. Daquinag AC, Zhang Y. et al. An isoform of decorin is a resistin receptor on the surface of adipose progenitor cells. Cell Stem Cell. 2011 Jul 8;9(1):74-86.

73. Lee S, Lee HC. et al. Adenylyl cyclase-associated protein 1 is a receptor for human resistin and mediates inflammatory actions of human monocytes. Cell Metab. 2014 Mar 4;19(3):484-97.

3장

1. Kissig M, Shapira SN, Seale P. SnapShot: Brown and beige adipose thermogenesis. Cell. 2016 Jun 30;166(1):258-258.e1.

2. Hachemi I, U-Din M. Brown adipose tissue: activation and metabolism in humans. Endocrinol Metab (Seoul). 2023 Apr;38(2):214-222

3. Rothwell NJ, Stock MJ. A role for brown adipose tissue in diet-induced thermogenesis. Nature. 1979 Sep 6;281(5726):31-5.

4. Giordano A, Frontini A, Cinti S. Convertible visceral fat as a therapeutic target to curb obesity. Nat Rev Drug Discov. 2016 Jun;15(6):405-24. doi: 10.1038/nrd.2016.31.

5. Wang W, Seale P. Control of brown and beige fat development. Nat Rev Mol Cell Biol. 2016 Nov;17(11):691-702.

6. Seale P, Bjork B. et al. PRDM16 controls a brown fat/skeletal muscle switch. Nature. 2008 Aug 21;454(7207):961-7.

7. Seale P, Kajimura S. et al. Spiegelman BM. Transcriptional control of brown fat determination by PRDM16. Cell Metab. 2007 Jul;6(1):38-54.

8. Liu W, Bi P. et al. miR-133a regulates adipocyte browning in vivo. PLoS Genet.

2013;9(7):e1003626.

9. Ravussin E, Galgani JE. The implication of brown adipose tissue for humans. Annu Rev Nutr. 2011 Aug 21;31:33-47.

10. Kang S, Bajnok L. et al. Effects of Wnt signaling on brown adipocyte differentiation and metabolism mediated by PGC-1alpha. Mol Cell Biol. 2005 Feb;25(4):1272-82.

11. Cypess AM, Weiner LS. et al. Activation of human brown adipose tissue by a β 3-adrenergic receptor agonist. Cell Metab. 2015 Jan 6;21(1):33-8.

12. Lidell ME, Betz MJ. et al. Evidence for two types of brown adipose tissue in humans. Nat Med. 2013 May;19(5):631-4.

13. Sacks HS, Fain JN. et al. Uncoupling protein-1 and related messenger ribonucleic acids in human epicardial and other adipose tissues: epicardial fat functioning as brown fat. J Clin Endocrinol Metab. 2009 Sep;94(9):3611-5.

14. Smith R. (1961) Thermogenic activity of the hibernating gland in the cold-acclimated rats. Physiologist 4:113.

15. Neumann R. Experimentelle Beitrage zur lehre von dem taglichen Nisoli E, Briscini L. et al. Tumor necrosis factor-alpha induces apoptosis in rat brown adipocytes. Cell Death Differ. 1997 Dec;4(8):771-8.

16. Cramer W. On glandular adipose tissue, and its relation to other endocrine organs and to the vitamine problem. Br J Exp Pathol. 1920 Aug;1(4):184-96.

17. Heaton JM. The distribution of brown adipose tissue in the human. J Anat. 1972 May;112(Pt 1):35-9.

18. Nedergaard J, Bengtsson T, Cannon B. Unexpected evidence for active brown adipose tissue in adult humans. Am J Physiol Endocrinol Metab. 2007 Aug;293(2):E444-52.

19. van Marken Lichtenbelt WD. et al. Cold-activated brown adipose tissue in healthy men. N Engl J Med. 2009 Apr 9;360(15):1500-8.

20. Virtanen KA, Lidell ME. et al. Functional brown adipose tissue in healthy adults. N Engl J Med. 2009 Apr 9;360(15):1518-25.

21. Zingaretti MC, Crosta F. et al. The presence of UCP1 demonstrates that metabolically active adipose tissue in the neck of adult humans truly represents brown adipose tissue. FASEB J. 2009 Sep;23(9):3113-20.

22. Lee P, Ho KK, Fulham MJ. The importance of brown adipose tissue. N Engl J Med 2009 July 23;361:418-420.

23. Yoneshiro T, Aita S. et al. Age-related decrease in cold-activated brown adipose tissue and accumulation of body fat in healthy humans. Obesity (Silver Spring). 2011 Sep;19(9):1755-60.

24. Maliszewska K, Adamska-Patruno E. et al. PET/MRI-evaluated brown adipose tissue activity may be related to dietary MUFA and omega-6 fatty acids intake. Sci Rep. 2022 Mar 8;12(1):4112.

25. Holstila M, Pesola M. et al. MR signal-fat-fraction analysis and T2* weighted imaging measure BAT reliably on humans without cold exposure. Metabolism. 2017 May;70:23-30.

26. Fukuchi K, Tatsumi M. et al. Radionuclide imaging metabolic activity of brown adipose tissue in a patient with pheochromocytoma. Exp Clin Endocrinol Diabetes. 2004 Nov;112(10):601-3.

27. Tainter ML, Stockton AB, Cutting WC. (1935) Dinitrophenol in the treatment of obesity. JAMA 1935 105, 332-336.

28. Goldgof M, Xiao C. et al. The chemical uncoupler 2,4-dinitrophenol (DNP) protects against diet-induced obesity and improves energy homeostasis in mice at thermoneutrality. J Biol Chem. 2014 Jul 11;289(28):19341-5.

29. Ricquier D, Kader JC. Mitochondrial protein alteration in active brown fat: a soidum dodecyl sulfate-polyacrylamide gel electrophoretic study. Biochem Biophys Res Commun. 1976 Dec 6;73(3):577-83.

30. Shinde AB, Song A, Wang QA. Brown adipose tissue heterogeneity, energy metabolism, and beyond. Front Endocrinol (Lausanne). 2021 Apr 19;12:651763.

31. Yoneshiro T, Wang Q. et al. BCAA catabolism in brown fat controls energy homeostasis through SLC25A44. Nature. 2019 Aug;572(7771):614-619.

32. Yamaguchi S, Franczyk MP. et al. Adipose tissue NAD+ biosynthesis is required for regulating adaptive thermogenesis and whole-body energy homeostasis in mice. Proc Natl Acad Sci U S A. 2019 Nov 19;116(47):23822-23828.

33. Han YH, Buffolo M. et al. Adipocyte-specific deletion of manganese superoxide dismutase protects from diet-induced obesity through increased mitochondrial uncoupling and biogenesis. Diabetes. 2016 Sep;65(9):2639-51.

34. Liu X, Rossmeisl M. et al. Paradoxical resistance to diet-induced obesity in UCP1-deficient mice. J Clin Invest. 2003 Feb;111(3):399-407. doi: 10.1172/JCI15737.

35. Rahbani JF, Roesler A. et al. Creatine kinase B controls futile creatine cycling in

thermogenic fat. Nature. 2021 Feb;590(7846):480–485. doi: 10.1038/s41586-021-03221-y.

36. Brownstein AJ, Veliova M. et al. ATP-consuming futile cycles as energy dissipating mechanisms to counteract obesity. Rev Endocr Metab Disord. 2022 Feb;23(1):121–131.

37. Periasamy M, Maurya SK. et al. Role of SERCA pump in muscle thermogenesis and metabolism. Compr Physiol. 2017 Jun 18;7(3):879–890.

38. Campbell KL, Dicke AA. Sarcolipin makes heat, but is it adaptive thermogenesis? Front Physiol. 2018 Jun 14;9:714.

39. Anderson DM, Makarewich CA. et al. Widespread control of calcium signaling by a family of SERCA-inhibiting micropeptides. Sci Signal. 2016 Dec 6;9(457):ra119.

40. Krause T, Gerbershagen MU, Fiege M, Weisshorn R, Wappler F. Dantrolene--a review of its pharmacology, therapeutic use and new developments. Anaesthesia. 2004 Apr;59(4):364–73.

41. Ikeda K, Kang Q. et al. UCP1-independent signaling involving SERCA2b-mediated calcium cycling regulates beige fat thermogenesis and systemic glucose homeostasis. Nat Med. 2017 Dec;23(12):1454–1465.

42. Guarnieri AR, Benson TW, Tranter M. Calcium cycling as a mediator of thermogenic metabolism in adipose tissue. Mol Pharmacol. 2022 May 3;102(1):51–9.

43. Blondin DP, Nielsen S. et al. Human brown adipocyte thermogenesis is driven by $\beta 2$-AR stimulation. Cell Metab. 2020 Aug 4;32(2):287–300.e7.

44. Riis-Vestergaard MJ, Richelsen B. et al. Beta-1 and not beta-3 adrenergic receptors may be the primary regulator of human brown adipocyte metabolism. J Clin Endocrinol Metab. 2020 Apr 1;105(4):dgz298.

45. Cero C, Lea HJ, Zhu KY. et al. $\beta 3$-Adrenergic receptors regulate human brown/beige adipocyte lipolysis and thermogenesis. JCI Insight. 2021 Jun 8;6(11):e139160.

46. Carpentier AC, Blondin DP. et al. Brown adipose tissue energy metabolism in humans. Front Endocrinol (Lausanne). 2018 Aug 7;9:447.

47. U Din M, Saari T. et al. Postprandial oxidative metabolism of human brown fat indicates thermogenesis. Cell Metab. 2018 Aug 7;28(2):207–216.e3.

48. U Din M, Raiko J. et al. Human brown adipose tissue [(15)O]O2 PET imaging in the presence and absence of cold stimulus. Eur J Nucl Med Mol Imaging. 2016 Sep;43(10):1878–86.

49. Loeliger RC, Maushart CI. et al. Relation of diet-induced thermogenesis to brown adipose tissue activity in healthy men. Am J Physiol Endocrinol Metab. 2021 Jan 1;320(1):E93-E101.

50. Rangel-Azevedo C, Santana-Oliveira DA. et al. Progressive brown adipocyte dysfunction: Whitening and impaired nonshivering thermogenesis as long-term obesity complications. J Nutr Biochem. 2022 Jul;105:109002.

51. Hall KD, Sacks G. et al. Quantification of the effect of energy imbalance on bodyweight. Lancet. 2011 Aug 27;378(9793):826-37.

52. O'Mara AE, Johnson JW. et al. Chronic mirabegron treatment increases human brown fat, HDL cholesterol, and insulin sensitivity. J Clin Invest. 2020 May 1;130(5):2209-2219.

53. Becher T, Palanisamy S. et al. Brown adipose tissue is associated with cardiometabolic health. Nat Med. 2021 Jan;27(1):58-65.

54. Wright LE, Vecellio Reane D. et al. Increased mitochondrial calcium uniporter in adipocytes underlies mitochondrial alterations associated with insulin resistance. Am J Physiol Endocrinol Metab. 2017 Dec 1;313(6):E641-E650.

55. Gao P, Jiang Y, Wu H. et al. Inhibition of mitochondrial calcium overload by SIRT3 prevents obesity- or age-related whitening of brown adipose tissue. Diabetes. 2020 Feb;69(2):165-180.

56. Song A, Dai W. et al. Low- and high-thermogenic brown adipocyte subpopulations coexist in murine adipose tissue. J Clin Invest. 2020 Jan 2;130(1):247-257.

57. Wang CC, Strouse S. Studies on the metabolism of obesity. III. The specific dynamic action of food. Arch Intern Med (Chic). 1924;34(4):573-583.

58. de Jonge L, Bray GA. The thermic effect of food and obesity: a critical review. Obes Res. 1997 Nov;5(6):622-31. doi: 10.1002/j.1550-8528.1997.tb00584.x.

59. Carneiro IP, Elliott SA, Siervo M, Padwal R, Bertoli S, Battezzati A, Prado CM. Is Obesity Associated with Altered Energy Expenditure? Adv Nutr. 2016 May 16;7(3):476-87.

60. Acheson KJ. Influence of autonomic nervous system on nutrient-induced thermogenesis in humans. Nutrition. 1993 Jul-Aug;9(4):373-80.

61. Westerterp KR, Wilson SA, Rolland V. Diet induced thermogenesis measured over 24h in a respiration chamber: effect of diet composition. Int J Obes Relat Metab Disord. 1999 Mar;23(3):287-92.

62. Halton TL, Hu FB. The effects of high protein diets on thermogenesis, satiety and weight loss: a critical review. J Am Coll Nutr. 2004 Oct;23(5):373-85.

63. Perry RJ, Lyu K. et al. Leptin mediates postprandial increases in body temperature through hypothalamus–adrenal medulla–adipose tissue crosstalk. J Clin Invest. 2020 Apr 1;130(4):2001–2016.

64. von Essen G, Lindsund E. et al. Adaptive facultative diet-induced thermogenesis in wild-type but not in UCP1-ablated mice. Am J Physiol Endocrinol Metab. 2017 Nov 1;313(5):E515–E527.

65. Bachman ES, Dhillon H. et al. βAR signaling required for diet-induced thermogenesis and obesity resistance. Science. 2002 Aug 2;297(5582):843–5.

66. Muzik O, Mangner TJ. et al. 15O PET measurement of blood flow and oxygen consumption in cold-activated human brown fat. J Nucl Med. 2013 Apr;54(4):523–31.

67. Peterson CM, Lecoultre V. et al. The thermogenic responses to overfeeding and cold are differentially regulated. Obesity (Silver Spring). 2016 Jan;24(1):96–101.

68. Li Y, Schnabl K. et al. Secretin-activated brown fat mediates prandial thermogenesis to induce satiation. Cell. 2018 Nov 29;175(6):1561–1574.e12.

69. Blouet C, Schwartz GJ. Duodenal lipid sensing activates vagal afferents to regulate non-shivering brown fat thermogenesis in rats. PLoS One. 2012;7(12):e51898.

70. Lin L, Lee JH. et al. The suppression of ghrelin signaling mitigates age-associated thermogenic impairment. Aging (Albany NY). 2014 Dec;6(12):1019–32.

71. Velazquez-Villegas LA, Perino A. et al., Lemos V, Zietak M, Nomura M, Pols TWH, Schoonjans K. TGR5 signalling promotes mitochondrial fission and beige remodelling of white adipose tissue. Nat Commun. 2018 Jan 16;9(1):245.

72. Guan D, Zhao L. et al. Regulation of fibroblast growth factor 15/19 and 21 on metabolism: in the fed or fasted state. J Transl Med. 2016 Mar 1;14:63.

73. Bonet ML, Mercader J, Palou A. A nutritional perspective on UCP1-dependent thermogenesis. Biochimie. 2017 Mar;134:99–117.

74. Takahashi Y, Ide T. Dietary n-3 fatty acids affect mRNA level of brown adipose tissue uncoupling protein 1, and white adipose tissue leptin and glucose transporter 4 in the rat. Br J Nutr. 2000 Aug;84(2):175–84.

75. Swick RW, Gribskov CL. The effect of dietary protein levels on diet-induced thermogenesis in the rat. J Nutr. 1983 Nov;113(11):2289–94.

76. Specter SE, Hamilton JS. et al. Chronic protein restriction does not alter energetic efficiency or brown adipose tissue thermogenic capacity in genetically obese (fa/fa) Zucker rats. J Nutr. 1995 Aug;125(8):2183–93.

77. Huang X, Hancock DP. et al. Effects of dietary protein to carbohydrate balance on energy intake, fat storage, and heat production in mice. Obesity (Silver Spring). 2013 Jan;21(1):85-92.

78. Liisberg U, Myrmel LS. et al. The protein source determines the potential of high protein diets to attenuate obesity development in C57BL/6J mice. Adipocyte. 2016 Mar 17;5(2):196-211.

79. Torre-Villalvazo I, Tovar AR, Ramos-Barragán VE, Cerbón-Cervantes MA, Torres N. Soy protein ameliorates metabolic abnormalities in liver and adipose tissue of rats fed a high fat diet. J Nutr. 2008 Mar;138(3):462-8.

80. Zhou X, He L. et al. Methionine restriction on lipid metabolism and its possible mechanisms. Amino Acids. 2016 Jul;48(7):1533-40.

81. Cheng Y, Meng Q. et al. Leucine deprivation decreases fat mass by stimulation of lipolysis in white adipose tissue and upregulation of uncoupling protein 1 (UCP1) in brown adipose tissue. Diabetes. 2010 Jan;59(1):17-25.

82. Petrović V, Korać A. et al. The effects of L-arginine and L-NAME supplementation on redox-regulation and thermogenesis in interscapular brown adipose tissue. J Exp Biol. 2005 Nov;208(Pt 22):4263-71.

83. Han SF, Jiao J. et al. Lipolysis and thermogenesis in adipose tissues as new potential mechanisms for metabolic benefits of dietary fiber. Nutrition. 2017 Jan;33:118-124.

84. Schlögl M, Piaggi P. et al. Overfeeding over 24 hours does not activate brown adipose tissue in humans. J Clin Endocrinol Metab. 2013 Dec;98(12):E1956-60.

85. Sun W, Luo Y, Zhang F, Tang S, Zhu T. Involvement of TRP channels in adipocyte thermogenesis: An update. Front Cell Dev Biol. 2021 Jun 24;9:686173.

86. Levine JA, Eberhardt NL, Jensen MD. Role of nonexercise activity thermogenesis in resistance to fat gain in humans. Science. 1999 Jan 8;283(5399):212-4.

87. Ekblom-Bak E, Ekblom B. et al. The importance of non-exercise physical activity for cardiovascular health and longevity. Br J Sports Med. 2014 Feb;48(3):233-8.

88. Novak CM, Kotz CM, Levine JA. Central orexin sensitivity, physical activity, and obesity in diet-induced obese and diet-resistant rats. Am J Physiol Endocrinol Metab. 2006 Feb;290(2):E396-403.

89. Vidal P, Stanford KI. Exercise-Induced Adaptations to Adipose Tissue Thermogenesis. Front Endocrinol (Lausanne). 2020 Apr 29;11:270.

90. Camera DM, Anderson MJ. et al. Short-term endurance training does not alter the

oxidative capacity of human subcutaneous adipose tissue. Eur J Appl Physiol. 2010 May;109(2):307–16.

91. Vosselman MJ, Hoeks J. et al. Low brown adipose tissue activity in endurance-trained compared with lean sedentary men. Int J Obes (Lond). 2015 Dec;39(12):1696–702.

92. Raschke S, Elsen M. et al. Evidence against a beneficial effect of irisin in humans. PLoS One. 2013 Sep 11;8(9):e73680.

93. Timmons JA, Baar K. et al. Is irisin a human exercise gene? Nature. 2012 Aug 30;488(7413):E9–10; discussion E10–1.

94. Kurdiova T, Balaz M. et al. Exercise-mimicking treatment fails to increase Fndc5 mRNA & irisin secretion in primary human myotubes. Peptides. 2014 Jun;56:1–7.

95. Park KH, Zaichenko L. et al. Circulating irisin in relation to insulin resistance and the metabolic syndrome. J Clin Endocrinol Metab. 2013 Dec;98(12):4899–907.

96. Rodríguez A, Becerril S. et al. Leptin administration activates irisin-induced myogenesis via nitric oxide-dependent mechanisms, but reduces its effect on subcutaneous fat browning in mice. Int J Obes (Lond). 2015 Mar;39(3):397–407.

97. Arhire LI, Mihalache L, Covasa M. Irisin: A hope in understanding and managing obesity and metabolic syndrome. Front Endocrinol (Lausanne). 2019 Aug 2;10:524.

98. Moreno-Navarrete JM, Ortega F. et al. Irisin is expressed and produced by human muscle and adipose tissue in association with obesity and insulin resistance. J Clin Endocrinol Metab. 2013 Apr;98(4):E769–78.

99. Chen N, Li Q, Liu J, Jia S. Irisin, an exercise-induced myokine as a metabolic regulator: an updated narrative review. Diabetes Metab Res Rev. 2016 Jan;32(1):51–9.

100. Qiao X, Nie Y. et al. Irisin promotes osteoblast proliferation and differentiation via activating the MAP kinase signaling pathways. Sci Rep. 2016 Jan 7;6:18732.

101. Avgerinos KI, Liu J, Dalamaga M. Could exercise hormone irisin be a therapeutic agent against Parkinson's and other neurodegenerative diseases? Metabol Open. 2023 Jan 31;17:100233.

102. Bordicchia M, Liu D. et al. Cardiac natriuretic peptides act via p38 MAPK to induce the brown fat thermogenic program in mouse and human adipocytes. J Clin Invest. 2012 Mar;122(3):1022–36.

103. Rines AK, Verdeguer F, Puigserver P. Adenosine activates thermogenic adipocytes. Cell Res. 2015 Feb;25(2):155–6.

104. Lahesmaa M, Oikonen V. et al. Regulation of human brown adipose tissue by adenosine and A2A receptors – studies with [15O]H2O and [11C]TMSX PET/CT. Eur J Nucl Med Mol Imaging. 2019 Mar;46(3):743-750.

105. Chen Q, Huang L. et al. A brown fat-enriched adipokine Adissp controls adipose thermogenesis and glucose homeostasis. Nat Commun. 2022 Dec 10;13(1):7633.

106. Whittle AJ, Carobbio S. et al. BMP8B increases brown adipose tissue thermogenesis through both central and peripheral actions. Cell. 2012 May 11;149(4):871-85.

107. Villarroya J, Cereijo R. et al. New insights into the secretory functions of brown adipose tissue. J Endocrinol. 2019 Nov;243(2):R19-R27.

108. Zeng X, Ye M. et al. Innervation of thermogenic adipose tissue via a calsyntenin 3β–S100b axis. Nature. 2019 May;569(7755):229-235. doi: 10.1038/s41586-019-1156-9.

109. Cereijo R, Gavaldà-Navarro A. et al. CXCL14, a brown adipokine that mediates brown-fat-to-macrophage communication in thermogenic adaptation. Cell Metab. 2018 Nov 6;28(5):750-763.e6.

110. Qiu J, Yue F. et al. FAM210A is essential for cold-induced mitochondrial remodeling in brown adipocytes. Nat Commun. 2023 Oct 10;14(1):6344.

111. Manigandan S, Mukherjee S, Yun JW. Loss of family with sequence similarity 107, member A (FAM107A) induces browning in 3T3-L1 adipocytes. Arch Biochem Biophys. 2021 Jun 15;704:108885.

112. Cuevas-Ramos D, Mehta R, Aguilar-Salinas CA. Fibroblast growth factor 21 and browning of white adipose tissue. Front Physiol. 2019 Feb 5;10:37.

113. Fisher FM, Maratos-Flier E. Understanding the physiology of FGF21. Annu Rev Physiol. 2016;78:223-41.

114. Keipert S, Kutschke M. et al. Genetic disruption of uncoupling protein 1 in mice renders brown adipose tissue a significant source of FGF21 secretion. Mol Metab. 2015 May 14;4(7):537-42.

115. Geng L, Lam KSL, Xu A. The therapeutic potential of FGF21 in metabolic diseases: from bench to clinic. Nat Rev Endocrinol. 2020 Nov;16(11):654-667.

116. Yamashita H, Sato Y. et al. Basic fibroblast growth factor (bFGF) contributes to the enlargement of brown adipose tissue during cold acclimation. Pflugers Arch. 1994 Oct;428(3-4):352-6.

117. Pervin S, Singh V. et al. Modulation of transforming growth factor-β/follistatin signaling

and white adipose browning: therapeutic implications for obesity related disorders. Horm Mol Biol Clin Investig. 2017 Sep 9;31(2).

118. Ran L, Wang X. et al. Loss of adipose growth hormone receptor in mice enhances local fatty acid trapping and impairs brown adipose tissue thermogenesis. iScience. 2019 Jun 28;16:106-121.

119. Beiroa D, Imbernon M. et al. GLP-1 agonism stimulates brown adipose tissue thermogenesis and browning through hypothalamic AMPK. Diabetes. 2014 Oct;63(10):3346-58.

120. Krieger JP, Santos da Conceição EP. et al. Glucagon-like peptide-1 regulates brown adipose tissue thermogenesis via the gut-brain axis in rats. Am J Physiol Regul Integr Comp Physiol. 2018 Oct 1;315(4):R708-R720.

121. Park CH, Chang JS. Cold-dependent regulation of GOT1 activity in brown adipose tissue and its effect on thermogenesis. Diabetes 2023 June 20;72(Supplement_1):238-LB.

122. Deschemin JC, Ransy C. et al. Hepcidin deficiency in mice impairs white adipose tissue browning possibly due to a defect in de novo adipogenesis. Sci Rep. 2023 Aug 7;13(1):12794.

123. Yarom M, Tang XW. et al. Identification of inosine as an endogenous modulator for the benzodiazepine binding site of the GABAA receptors. J Biomed Sci. 1998 Jul-Aug;5(4):274-80.

124. Pfeifer A, Mikhael M, Niemann B. Inosine: novel activator of brown adipose tissue and energy homeostasis. Trends Cell Biol. 2023 May 13:S0962-8924(23)00081-8.

125. Sanchez-Alavez M, Osborn O. et al. Insulin-like growth factor 1-mediated hyperthermia involves anterior hypothalamic insulin receptors. J Biol Chem. 2011 Apr 29;286(17):14983-90.

126. Qing H, Desrouleaux R, Israni-Winger K. et al. Origin and function of stress-Induced IL-6 in murine models. Cell. 2020 Jul 23;182(2):372-387.e14.

127. Egecioglu E, Anesten F, Schéle E, Palsdottir V. Interleukin-6 is important for regulation of core body temperature during long-term cold exposure in mice. Biomed Rep. 2018 Sep;9(3):206-212.

128. Mishra D, Richard JE. et al. Parabrachial interleukin-6 reduces body weight and food intake and increases thermogenesis to regulate energy metabolism. Cell Rep. 2019 Mar 12;26(11):3011-3026.e5.

129. Moisan A, Lee YK. et al. White-to-brown metabolic conversion of human adipocytes by

JAK inhibition. Nat Cell Biol. 2015 Jan;17(1):57-67.

130. Park A, Kim KE. et al. Mitochondrial matrix protein LETMD1 maintains thermogenic capacity of brown adipose tissue in male mice. Nat Commun. 2023 Jun 23;14(1):3746.

131. Wu T, Liu Q. et al. Feeding-induced hepatokine, Manf, ameliorates diet-induced obesity by promoting adipose browning via p38 MAPK pathway. J Exp Med. 2021 Jun 7;218(6):e20201203.

132. Tang Q, Liu Q. et al. MANF in POMC neurons promotes brown adipose tissue thermogenesis and protects against diet-induced obesity. Diabetes. 2022 Nov 1;71(11):2344-2359.

133. Tokubuchi I, Tajiri Y. et al. Beneficial effects of metformin on energy metabolism and visceral fat volume through a possible mechanism of fatty acid oxidation in human subjects and rats. PLoS One. 2017 Feb 3;12(2):e0171293.

134. Boutant M, Kulkarni SS. et al. Mfn2 is critical for brown adipose tissue thermogenic function. EMBO J. 2017 Jun 1;36(11):1543-1558.

135. Grandoch M, Flögel U. et al. 4-Methylumbelliferone improves the thermogenic capacity of brown adipose tissue. Nat Metab. 2019 May;1(5):546-559.

136. Wang GX, Zhao XY. et al. The brown fat-enriched secreted factor Nrg4 preserves metabolic homeostasis through attenuation of hepatic lipogenesis. Nat Med. 2014 Dec;20(12):1436-1443.

137. Walker JF, Kane CJ. Effects of body mass on nicotine-induced thermogenesis and catecholamine release in male smokers. Sheng Li Xue Bao. 2002 Oct 25;54(5):405-10.

138. Mineur YS, Abizaid A. et al. Nicotine decreases food intake through activation of POMC neurons. Science. 2011 Jun 10;332(6035):1330-2.

139. Wellman PJ, Marmon MM. et al. Effects of nicotine on body weight, food intake and brown adipose tissue thermogenesis. Pharmacol Biochem Behav. 1986 Jun;24(6):1605-9.

140. Seoane-Collazo P, Liñares-Pose L. et al. Central nicotine induces browning through hypothalamic κ opioid receptor. Nat Commun. 2019 Sep 6;10(1):4037.

141. Wager-Srdar SA, Levine AS. et al. Effects of cigarette smoke and nicotine on feeding and energy. Physiol Behav. 1984 Mar;32(3):389-95.

142. Arai K, Kim K, Kaneko K, Iketani M, Otagiri A, Yamauchi N, Shibasaki T. Nicotine infusion alters leptin and uncoupling protein 1 mRNA expression in adipose tissues of rats. Am J Physiol Endocrinol Metab. 2001 Jun;280(6):E867-76.

143. Bossy-Wetzel E, Lipton SA. Nitric oxide signaling regulates mitochondrial number and function. Cell Death Differ. 2003 Jul;10(7):757-60.

144. Tran KV, Brown EL. et al. Human thermogenic adipocyte regulation by the long noncoding RNA LINC00473. Nat Metab. 2020 May;2(5):397-412.

145. Sun L, Lin JD. Function and mechanism of long noncoding RNAs in adipocyte biology. Diabetes. 2019 May;68(5):887-896.

146. Ma L, Gilani A, Yi Q, Tang L. MicroRNAs as mediators of adipose thermogenesis and potential therapeutic targets for obesity. Biology (Basel). 2022 Nov 13;11(11):1657.

147. Gao Y, Cao Y. et al. miR-199a-3p regulates brown adipocyte differentiation through mTOR signaling pathway. Mol Cell Endocrinol. 2018 Nov 15;476:155-164.

148. Lou P, Bi X. et al. MiR-22 modulates brown adipocyte thermogenesis by synergistically activating the glycolytic and mTORC1 signaling pathways. Theranostics. 2021 Jan 25;11(8):3607-3623.

149. Shamsi F, Zhang H, Tseng YH. MicroRNA regulation of brown adipogenesis and thermogenic energy expenditure. Front Endocrinol (Lausanne). 2017 Aug 23;8:205.

150. Sellayah D, Bharaj P, Sikder D. Orexin is required for brown adipose tissue development, differentiation, and function. Cell Metab. 2011 Oct 5;14(4):478-90.

151. Sun Y, Yao J. et al. Cold-inducible PPA1 is critical for the adipocyte browning in mice. Biochem Biophys Res Commun. 2023 Oct 15;677:45-53.

152. Zhong Y, Wang Y. et al. PRMT4 Facilitates White Adipose Tissue Browning and Thermogenesis by Methylating PPARγ. Diabetes. 2023 Aug 1;72(8):1095-1111.

153. Li F, Zhang F. et al. Proline hydroxylase 2 (PHD2) promotes brown adipose thermogenesis by enhancing the hydroxylation of UCP1. Mol Metab. 2023 Jul;73:101747.

154. García-Alonso V, Titos E. et al. Prostaglandin E2 exerts multiple regulatory actions on human obese adipose tissue remodeling, inflammation, adaptive thermogenesis and lipolysis. PLoS One. 2016 Apr 28;11(4):e0153751.

155. Vegiopoulos A, Müller-Decker K. et al. Cyclooxygenase-2 controls energy homeostasis in mice by de novo recruitment of brown adipocytes. Science. 2010 May 28;328(5982):1158-61.

156. Martínez de Morentin PB, González-García I. et al. Estradiol. regulates brown adipose tissue thermogenesis via hypothalamic AMPK. Cell Metab. 2014 Jul 1;20(1):41-53.

157. Rodriguez-Cuenca S, Pujol E. et al. Sex-dependent thermogenesis, differences in mitochondrial morphology and function, and adrenergic response in brown adipose tissue. J Biol Chem. 2002 Nov 8;277(45):42958-63.

158. Trayhurn P, Douglas JB, McGuckin MM. Brown adipose tissue thermogenesis is 'suppressed' during lactation in mice. Nature. 1982 Jul 1;298(5869):59-60.

159. Villena JA, Hock MB. et al. Orphan nuclear receptor estrogen-related receptor alpha is essential for adaptive thermogenesis. Proc Natl Acad Sci U S A. 2007 Jan 23;104(4):1418-23.

160. Gantner ML, Hazen BC. et al. GADD45γ regulates the thermogenic capacity of brown adipose tissue. Proc Natl Acad Sci U S A. 2014 Aug 12;111(32):11870-5.

161. Fan W, Yanase T. et al. Androgen receptor null male mice develop late-onset obesity caused by decreased energy expenditure and lipolytic activity but show normal insulin sensitivity with high adiponectin secretion. Diabetes. 2005 Apr;54(4):1000-8.

162. Svensson KJ, Long JZ, Jedrychowski MP. et al. A Secreted Slit2 fragment regulates adipose tissue thermogenesis and metabolic function. Cell Metab. 2016 Mar 8;23(3):454-66.

163. Shen H, He T. et al. SOX4 promotes beige adipocyte-mediated adaptive thermogenesis by facilitating PRDM16-PPARγ complex. Theranostics. 2022 Nov 7;12(18):7699-7716.

164. Hu D, Tan M. et al. TMEM135 links peroxisomes to the regulation of brown fat mitochondrial fission and energy homeostasis. Nat Commun. 2023 Sep 29;14(1):6099.

165. Yau WW, Yen PM. Thermogenesis in adipose tissue activated by thyroid hormone. Int J Mol Sci. 2020 Apr 24;21(8):3020.

166. Park J, Kim M. et al. VEGF-A-expressing adipose tissue shows rapid beiging and enhanced survival after transplantation and confers IL-4-independent metabolic improvements. Diabetes. 2017 Jun;66(6):1479-1490.

167. Shimizu I, Aprahamian T. et al. Vascular rarefaction mediates whitening of brown fat in obesity. J Clin Invest. 2014 May;124(5):2099-112.

168. Zhou R, Huang Y. et al. Decreased YB-1 expression denervates brown adipose tissue and contributes to age-related metabolic dysfunction. Cell Prolif. 2023 Jun 15:e13520.

169. Wu R, Cao S. et al. RNA-binding protein YBX1 promotes brown adipogenesis and thermogenesis via PINK1/PRKN-mediated mitophagy. FASEB J. 2022 Mar;36(3):e22219.

170. Amin A, Badenes M. et al. Semaphorin 4B is an ADAM17-cleaved adipokine that

inhibits adipocyte differentiation and thermogenesis. Mol Metab. 2023 Jul;73:101731.

171. Choi M, Mukherjee S, Yun JW. Loss of ADAMTS15 promotes browning in 3T3-L1 white adipocytes via activation of beta3-adrernegic receptor. Biotechnol Bioproc Eng. 2021 Aug 26(2):188-200.

172. Kaikaew K, Grefhorst A. et al. Sex differences in brown adipose tissue function: sex hormones, glucocorticoids, and their crosstalk. Front Endocrinol (Lausanne). 2021 Apr 13;12:652444.

173. Harada N, Kubo K. et al. Androgen receptor suppresses β-adrenoceptor-mediated CREB activation and thermogenesis in brown adipose tissue of male mice. J Biol Chem. 2022 Dec;298(12):102619.

174. Banfi S, Gusarova V. et al. Increased thermogenesis by a noncanonical pathway in ANGPTL3/8-deficient mice. Proc Natl Acad Sci U S A. 2018 Feb 6;115(6):E1249-E1258.

175. Singh AK, Aryal B. et al. Brown adipose tissue derived ANGPTL4 controls glucose and lipid metabolism and regulates thermogenesis. Mol Metab. 2018 May;11:59-69.

176. Frühbeck G, Méndez-Giménez L. et al. Increased aquaporin-7 expression is associated with changes in rat brown adipose tissue whitening in obesity: Impact of cold exposure and bariatric surgery. Int J Mol Sci. 2023 Feb 8;24(4):3412.

177. Efthymiou V, Ding L. et al. Inhibition of AXL receptor tyrosine kinase enhances brown adipose tissue functionality in mice. Nat Commun. 2023 Jul 13;14(1):4162.

178. Chan PC, Hung LM. et al. Augmented CCL5/CCR5 signaling in brown adipose tissue inhibits adaptive thermogenesis and worsens insulin resistance in obesity. Clin Sci (Lond). 2022 Jan 14;136(1):121-137.

179. Choi KM, Cho SH. et al. CFTR regulates brown adipocyte thermogenesis via the cAMP/ PKA signaling pathway. J Cyst Fibros. 2023 Jan;22(1):132-139.

180. Omran F, Christian M. Inflammatory signaling and brown fat activity. Front Endocrinol (Lausanne). 2020 Mar 24;11:156.

181. Hansen IR, Jansson KM, Cannon B, Nedergaard J. Contrasting effects of cold acclimation versus obesogenic diets on chemerin gene expression in brown and brite adipose tissues. Biochim Biophys Acta. 2014 Dec;1841(12):1691-9.

182. Wei C, Ma X. et al. ChREBP-β regulates thermogenesis in brown adipose tissue. J Endocrinol. 2020 Jun;245(3):343-356.

183. Zhou Z, Yon Toh S. et al. Cidea-deficient mice have lean phenotype and are resistant to obesity. Nat Genet. 2003 Sep;35(1):49-56.

184. Ding M, Xu HY. et al. CLCF1 signaling restrains thermogenesis and disrupts metabolic homeostasis by inhibiting mitochondrial biogenesis in brown adipocytes. Proc Natl Acad Sci U S A. 2023 Aug 15;120(33):e2305717120.

185. Yoon YS, Tsai WW. et al. cAMP-inducible coactivator CRTC3 attenuates brown adipose tissue thermogenesis. Proc Natl Acad Sci U S A. 2018 Jun 5;115(23):E5289-E5297.

186. Klepac K, Kilić A. et al. The Gq signalling pathway inhibits brown and beige adipose tissue. Nat Commun. 2016 Mar 9;7:10895.

187. Boczek T, Zylinska L. Receptor-dependent and independent regulation of voltage-gated Ca2+ channels and Ca2+-permeable channels by endocannabinoids in the Brain. Int J Mol Sci. 2021 Jul 29;22(15):8168.

188. Liu P, Huang S. et al. Foxp1 controls brown/beige adipocyte differentiation and thermogenesis through regulating β3-AR desensitization. Nat Commun. 2019 Nov 7;10(1):5070.

189. Yang J, de Vries HD. et al. Role of bile acid receptor FXR in development and function of brown adipose tissue. Biochim Biophys Acta Mol Cell Biol Lipids. 2023 Feb;1868(2):159257.

190. Li Y, Zhang K. et al. Geniposide suppresses thermogenesis via regulating PKA catalytic subunit in adipocytes. Toxicology. 2021 Dec;464:153014.

191. Grillo E, Ravelli C. et al. Role of gremlin-1 in the pathophysiology of the adipose tissues. Cytokine Growth Factor Rev. 2023 Feb;69:51-60.

192. Han JS, Jeon YG. et al. Adipocyte HIF2α functions as a thermostat via PKA Cα regulation in beige adipocytes. Nat Commun. 2022 Jun 7;13(1):3268.

193. Patil M, Sharma BK. et al. Satyanarayana A. Id1 Promotes Obesity by Suppressing Brown Adipose Thermogenesis and White Adipose Browning. Diabetes. 2017 Jun;66(6):1611-1625.

194. Yan S, Kumari M. et al. IRF3 reduces adipose thermogenesis via ISG15-mediated reprogramming of glycolysis. J Clin Invest. 2021 Apr 1;131(7):e144888.

195. Shan T, Xiong Y. et al. Lkb1 controls brown adipose tissue growth and thermogenesis by regulating the intracellular localization of CRTC3. Nat Commun. 2016 Jul 27;7:12205.

196. Singh R, Braga M, Pervin S. Regulation of brown adipocyte metabolism by myostatin/follistatin signaling. Front Cell Dev Biol. 2014 Oct 16;2:60.

197. Liu X, Zhang H. et al. Olanzapine-induced decreases of FGF21 in brown adipose tissue via histone modulations drive UCP1-dependent thermogenetic impairment. Prog

Neuropsychopharmacol Biol Psychiatry. 2023 Mar 2;122:110692.

198. Oh CM, Namkung J. et al. Regulation of systemic energy homeostasis by serotonin in adipose tissues. Nat Commun. 2015 Apr 13;6:6794.

199. Suchacki KJ, Ramage LE. et al. The serotonin transporter sustains human brown adipose tissue thermogenesis. Nat Metab. 2023 Aug;5(8):1319-1336.

200. Luijten IHN, Cannon B, Nedergaard J. Glucocorticoids and brown adipose tissue: Do glucocorticoids really inhibit thermogenesis? Mol Aspects Med. 2019 Aug;68:42-59.

201. Strack AM, Bradbury MJ, Dallman MF. Corticosterone decreases nonshivering thermogenesis and increases lipid storage in brown adipose tissue. Am J Physiol. 1995 Jan;268(1 Pt 2):R183-91.

202. Mukherjee S, Yun JW. Prednisone stimulates white adipocyte browning via β3-AR/p38 MAPK/ERK signaling pathway. Life Sci. 2022 Jan 1;288:120204.

203. Maushart CI, Sun W. et al. Effect of high-dose glucocorticoid treatment on human brown adipose tissue activity: a randomised, double-blinded, placebo-controlled cross-over trial in healthy men. EBioMedicine. 2023 Oct;96:104771.

204. Okada K, LeClair KB. et al. Thioesterase superfamily member 1 suppresses cold thermogenesis by limiting the oxidation of lipid droplet-derived fatty acids in brown adipose tissue. Mol Metab. 2016 Feb 23;5(5):340-351.

205. Okla M, Wang W. et al. Activation of Toll-like receptor 4 (TLR4) attenuates adaptive thermogenesis via endoplasmic reticulum stress. J Biol Chem. 2015 Oct 30;290(44):26476-90.

206. Wend P, Wend K, Krum SA, Miranda-Carboni GA. The role of WNT10B in physiology and disease. Acta Physiol (Oxf). 2012 Jan;204(1):34-51.

207. Jia Y, Liu Y. et al. Wnt10b knockdown promotes UCP1 expression in brown adipose tissue in mice. Genes Cells. 2023 Sep 10.

208. Haddish K, Yun JW. Dopamine receptor D4 (DRD4) negatively regulates UCP1- and ATP-dependent thermogenesis in 3T3-L1 adipocytes and C2C12 muscle cells. Pflugers Arch. 2023 Jun;475(6):757-773.

209. Subramani M, Yun JW. Loss of lymphocyte cytosolic protein 1 (LCP1) induces browning in 3T3-L1 adipocytes via β3-AR and the ERK-independent signaling pathway. Int J Biochem Cell Biol. 2021 Sep;138:106053.

210. Manigandan S, Yun JW. Loss of cytoplasmic FMR1-interacting protein 2 (CYFIP2) induces browning in 3T3-L1 adipocytes via repression of GABA-BR and activation of

mTORC1. J Cell Biochem. 2022 May;123(5):863-877.

211. Dang TTH, Choi M, Pham HG, Yun JW. Cytochrome P450 2F2 (CYP2F2) negatively regulates browning in 3T3-L1 white adipocytes. Eur J Pharmacol. 2021 Oct 5;908:174318.

212. Manigandan S, Yun JW. Sodium-potassium adenosine triphosphatase alpha2 subunit 2 (ATP1A2) negatively regulates UCP1-dependent and UCP1-independent thermogenesis in 3T3-L1 adipocyte. Biotechnol Bioproc Eng. 2023 Aug 28:644-657.

213. Ziqubu K, Dludla PV. et al. An insight into brown/beige adipose tissue whitening, a metabolic complication of obesity with the multifactorial origin. Front Endocrinol (Lausanne). 2023 Feb 16;14:1114767.

214. Yu P, Wang W. et al. Pioglitazone-enhanced brown fat whitening contributes to weight gain in diet-induced obese mice. Exp Clin Endocrinol Diabetes. 2023 Sep 20.

215. Shimizu I, Walsh K. The Whitening of brown fat and its implications for weight management in obesity. Curr Obes Rep. 2015 Jun;4(2):224-9.

216. Müller TD, Lee SJ. et al. p62 links β-adrenergic input to mitochondrial function and thermogenesis. J Clin Invest. 2013 Jan;123(1):469-78.

4장

1. Himms-Hagen J, Melnyk A. et al. Multilocular fat cells in WAT of CL-316243-treated rats derive directly from white adipocytes. Am J Physiol Cell Physiol. 2000 Sep;279(3):C670-81.

2. Himms-Hagen J, Cui J. et al. Effect of CL-316,243, a thermogenic beta 3-agonist, on energy balance and brown and white adipose tissues in rats. Am J Physiol. 1994 Apr;266(4 Pt 2):R1371-82.

3. Seale P, Bjork B. et al. PRDM16 controls a brown fat/skeletal muscle switch. Nature. 2008 Aug 21;454(7207):961-7.

4. Wu J, Boström P. et al. Beige adipocytes are a distinct type of thermogenic fat cell in mouse and human. Cell. 2012 Jul 20;150(2):366-76.

5. Jiang Y, Berry DC, Graff JM. Distinct cellular and molecular mechanisms for $\beta3$ adrenergic receptor-induced beige adipocyte formation. Elife. 2017b Oct 11;6:e30329.

6. Berry DC, Jiang Y, Graff JM. Mouse strains to study cold-inducible beige progenitors and beige adipocyte formation and function. Nat Commun. 2016 Jan 5;7:10184.

7. Long JZ, Svensson KJ, Tsai L. et al. A smooth muscle-like origin for beige adipocytes. Cell Metab. 2014 May 6;19(5):810-20.

8. Boström P, Wu J. et al. A PGC1-α-dependent myokine that drives brown-fat-like development of white fat and thermogenesis. Nature. 2012 Jan 11;481(7382):463-8.

9. Cypess AM, Lehman S. et al. Identification and importance of brown adipose tissue in adult humans. N Engl J Med. 2009 Apr 9;360(15):1509-17.

10. Kazeminasab F, Sadeghi E, Afshari-Safavi A. Comparative impact of various exercises on circulating irisin in healthy subjects: A systematic review and network meta-analysis. Oxid Med Cell Longev. 2022 Jul 22;2022:8235809.

11. Nascimento EB, Boon MR. et al. Fat cells gain new identities. Sci Transl Med. 2014 Jul 30;6(247):247fs29.

12. Pilkington AC, Paz HA, Wankhade UD. Beige adipose tissue identification and marker specificity-Overview. Front Endocrinol (Lausanne). 2021 Mar 12;12:599134.

13. Rosenwald M, Perdikari A. et al. Bi-directional interconversion of brite and white adipocytes. Nat Cell Biol. 2013 Jun;15(6):659-67.

14. Ikeda K, Maretich P, Kajimura S. The common and distinct features of brown and beige adipocytes. Trends Endocrinol Metab. 2018 Mar;29(3):191-200.

15. Ohno H, Shinoda K. et al. EHMT1 controls brown adipose cell fate and thermogenesis through the PRDM16 complex. Nature. 2013 Dec 5;504(7478):163-7.

16. Qiang L, Wang L. et al. Brown remodeling of white adipose tissue by SirT1-dependent deacetylation of Pparγ. Cell. 2012 Aug 3;150(3):620-32.

17. Rahman S, Lu Y. et al. Inducible brown adipose tissue, or beige fat, is anabolic for the skeleton. Endocrinology. 2013 Aug;154(8):2687-701.

18. Abu-Odeh M, Zhang Y. et al. Induction of beige-like adipocytes in 3T3-L1 cells. J Vet Med Sci. 2014 Jan;76(1):57-64.

19. De Matteis R, Lucertini F. et al. Exercise as a new physiological stimulus for brown adipose tissue activity. Nutr Metab Cardiovasc Dis. 2013 Jun;23(6):582-90.

20. Slocum N, Durrant JR. et al. Responses of brown adipose tissue to diet-induced obesity, exercise, dietary restriction and ephedrine treatment. Exp Toxicol Pathol. 2013 Jul;65(5):549-57.

21. Norheim F, Langleite TM. et al. The effects of acute and chronic exercise on PGC-1 α, irisin and browning of subcutaneous adipose tissue in humans. FEBS J. 2014 Feb;281(3):739-49.

22. Nakhuda A, Josse AR. et al. Biomarkers of browning of white adipose tissue and their regulation during exercise- and diet-induced weight loss. Am J Clin Nutr. 2016 Sep;104(3):557-65.

23. Junttila IS. Tuning the cytokine responses: An update on interleukin (IL)-4 and IL-13 receptor complexes. Front Immunol. 2018 Jun 7;9:888.

24. Li L, Ma L, Zhao Z. et al. IL-25-induced shifts in macrophage polarization promote development of beige fat and improve metabolic homeostasis in mice. PLoS Biol. 2021 Aug 5;19(8):e3001348.

25. Kristóf E, Klusóczki Á. et al. Interleukin-6 released from differentiating human beige adipocytes improves browning. Exp Cell Res. 2019 Apr 15;377(1-2):47-55.

26. Cuevas-Ramos D, Mehta R, Aguilar-Salinas CA. Fibroblast Growth Factor 21 and Browning of White Adipose Tissue. Front Physiol. 2019 Feb 5;10:37.

27. Fan M, Wang Y. et al. Bile acid-mediated activation of brown fat protects from alcohol-induced steatosis and liver injury in mice. Cell Mol Gastroenterol Hepatol. 2022;13(3):809-826.

28. Zhou W, VanDuyne P. et al. Bile acid excess impairs thermogenic function in brown adipose tissue. BioRxiv. 2020 Nov.

29. Silvester AJ, Aseer KR, Yun JW. Dietary polyphenols and their roles in fat browning. J Nutr Biochem. 2019 Feb;64:1-12.

30. Flori L, Piragine E. et al. Influence of polyphenols on adipose tissue: sirtuins as pivotal players in the browning process. Int J Mol Sci. 2023 May 25;24(11):9276.

31. Lone J, Choi JH, Kim SW, Yun JW. Curcumin induces brown fat-like phenotype in 3T3-L1 and primary white adipocytes. J Nutr Biochem. 2016 Jan;27:193-202.

32. Okla M, Kim J, Koehler K, Chung S. Dietary factors promoting brown and beige fat development and thermogenesis. Adv Nutr. 2017 May 15;8(3):473-483.

33. Shoba G, Joy D. et al. Influence of piperine on the pharmacokinetics of curcumin in animals and human volunteers. Planta Med. 1998 May;64(4):353-6. doi: 10.1055/s-2006-957450.

34. Forney LA, Lenard NR. et al. Dietary quercetin attenuates adipose tissue expansion and inflammation and alters adipocyte morphology in a tissue-specific manner. Int J Mol Sci.

2018 Mar 17;19(3):895.

35. Pei Y, Otieno D. et al. Effect of quercetin on nonshivering thermogenesis of brown adipose tissue in high-fat diet-induced obese mice. J Nutr Biochem. 2021 Feb;88:108532.

36. Cheng S, Ni X. et al. Hyperoside prevents high-fat diet-induced obesity by increasing white fat browning and lipophagy via CDK6-TFEB pathway. J Ethnopharmacol. 2023 May 10;307:116259.

37. You Y, Yuan X. et al. Cyanidin-3-glucoside increases whole body energy metabolism by upregulating brown adipose tissue mitochondrial function. Mol Nutr Food Res. 2017 Nov;61(11).

38. Choi M, Mukherjee S, Yun JW. Anthocyanin oligomers stimulate browning in 3T3-L1 white adipocytes via activation of the β3-adrenergic receptor and ERK signaling pathway. Phytother Res. 2021 Nov;35(11):6281-6294.

39. Yang J, Yin J. et al. Berberine improves insulin sensitivity by inhibiting fat store and adjusting adipokines profile in human preadipocytes and metabolic syndrome patients. Evid Based Complement Alternat Med. 2012;2012:363845.

40. Zhang Z, Zhang H. et al. Berberine activates thermogenesis in white and brown adipose tissue. Nat Commun. 2014 Nov 25;5:5493.

41. Xu Y, Yu T. et al. Berberine modulates deacetylation of PPARγ to promote adipose tissue remodeling and thermogenesis via AMPK/SIRT1 pathway. Int J Biol Sci. 2021 Jul 25;17(12):3173-3187.

42. Grossini E, Farruggio S. et al. Effects of genistein on differentiation and viability of human visceral adipocytes. Nutrients. 2018 Jul 27;10(8):978.

43. Choi JH, Yun JW. Chrysin induces brown fat-like phenotype and enhances lipid metabolism in 3T3-L1 adipocytes. Nutrition. 2016 Sep;32(9):1002-10.

44. Varela CE, Rodriguez A. et al. Browning effects of (−)-epicatechin on adipocytes and white adipose tissue. Eur J Pharmacol. 2017 Sep 15;811:48-59.

45. Mi Y , Liu X. et al. EGCG stimulates the recruitment of brite adipocytes, suppresses adipogenesis and counteracts TNF-α-triggered insulin resistance in adipocytes. Food Funct. 2018 Jun 20;9(6):3374-3386.

46. Kurogi M, Kawai Y. et al. Auto-oxidation products of epigallocatechin gallate activate TRPA1 and TRPV1 in sensory neurons. Chem Senses. 2015 Jan;40(1):27-46.

47. Shixian Q, VanCrey B, Shi J, Kakuda Y, Jiang Y. Green tea extract thermogenesis-induced

weight loss by epigallocatechin gallate inhibition of catechol-O-methyltransferase. J Med Food. 2006 Winter;9(4):451-8.

48. Matsumoto K, Yokoyama S. Induction of uncoupling protein-1 and -3 in brown adipose tissue by kaki-tannin in type 2 diabetic NSY/Hos mice. Food Chem Toxicol. 2012 Feb;50(2):184-90.

49. Zhang X, Zhang QX. et al. Dietary luteolin activates browning and thermogenesis in mice through an AMPK/PGC1α pathway-mediated mechanism. Int J Obes (Lond). 2016 Dec;40(12):1841-1849.

50. Yuan X, Wei G. et al. Rutin ameliorates obesity through brown fat activation. FASEB J. 2017 Jan;31(1):333-345.

51. Zhang X, Hou X. et al. Kaempferol regulates the thermogenic function of adipocytes in high-fat-diet-induced obesity via the CDK6/RUNX1/UCP1 signaling pathway. Food Funct. 2023 Aug 8.

52. Lone J, Parray HA, Yun JW. Nobiletin induces brown adipocyte-like phenotype and ameliorates stress in 3T3-L1 adipocytes. Biochimie. 2018 Mar;146:97-104.

53. Burke AC, Sutherland BG. et al. Intervention with citrus flavonoids reverses obesity and improves metabolic syndrome and atherosclerosis in obese Ldlr-/- mice. J Lipid Res. 2018 Sep;59(9):1714-1728.

54. Wang L, Wei Y. et al. Ellagic acid promotes browning of white adipose tissues in high-fat diet-induced obesity in rats through suppressing white adipocyte maintaining genes. Endocr J. 2019 Oct 28;66(10):923-936.

55. Manigandan S, Yun JW. Urolithin A induces brown-like phenotype in 3T3-L1 white adipocytes via β3-adrenergic receptor-p38 MAPK signaling pathway. Biotechnol Bioproc Eng. 2020 June 25(3): 345~355.

56. Xia B, Shi XC. et al. Urolithin A exerts antiobesity effects through enhancing adipose tissue thermogenesis in mice. PLoS Biol. 2020 Mar 27;18(3):e3000688.

57. Parray HA, Lone J, Park JP, Choi JW, Yun JW. Magnolol promotes thermogenesis and attenuates oxidative stress in 3T3-L1 adipocytes. Nutrition. 2018 Jun;50:82-90.

58. Lone J, Yun JW. Honokiol exerts dual effects on browning and apoptosis of adipocytes. Pharmacol Rep. 2017 Dec;69(6):1357-1365.

59. Pham HG, Dang TTH, Yun JW. Salvianolic acid B induces browning in 3T3-L1 white adipocytes via activation of β3-AR and ERK signaling pathways. J Funct Foods. 2021 June;81:104475.

60. Oi-Kano Y, Kawada T. et al. Oleuropein, a phenolic compound in extra virgin olive oil, increases uncoupling protein 1 content in brown adipose tissue and enhances noradrenaline and adrenaline secretions in rats. J Nutr Sci Vitaminol (Tokyo). 2008 Oct;54(5):363-70.

61. Lone J, Yun JW. Monoterpene limonene induces brown fat-like phenotype in 3T3-L1 white adipocytes. Life Sci. 2016 May 15;153:198-206.

62. Choi JH, Kim SW, Yu R, Yun JW. Monoterpene phenolic compound thymol promotes browning of 3T3-L1 adipocytes. Eur J Nutr. 2017 Oct;56(7):2329-2341.

63. Kang NH, Mukherjee S, Min T, Kang SC, Yun JW. Trans-anethole ameliorates obesity via induction of browning in white adipocytes and activation of brown adipocytes. Biochimie. 2018 Aug;151:1-13.

64. Bounds SV, Caldwell J. Pathways of metabolism of [1'-14C]-trans-anethole in the rat and mouse. Drug Metab Dispos. 1996 Jul;24(7):717-24.

65. Jiang C, Zhai M. et al. Dietary menthol-induced TRPM8 activation enhances WAT "browning" and ameliorates diet-induced obesity. Oncotarget. 2017a Aug 24;8(43):75114-75126.

66. Zhang Y, Wells JN. The effects of chronic caffeine administration on peripheral adenosine receptors. J Pharmacol Exp Ther. 1990 Sep;254(3):757-63.

67. Velickovic K, Wayne D. et al. Caffeine exposure induces browning features in adipose tissue in vitro and in vivo. Sci Rep. 2019 Jun 24;9(1):9104.

68. Jang MH, Mukherjee S. et al. Theobromine alleviates diet-induced obesity in mice via phosphodiesterase-4 inhibition. Eur J Nutr. 2020 Dec;59(8):3503-3516.

69. Choi M, Mukherjee S, Yun JW. Trigonelline induces browning in 3T3-L1 white adipocytes. Phytother Res. 2021 Feb;35(2):1113-1124.

70. Sun W, Luo Y. et al. Involvement of TRP channels in adipocyte thermogenesis: An update. Front Cell Dev Biol. 2021 Jun 24;9:686173.

71. Baskaran P, Krishnan V, Ren J, Thyagarajan B. Capsaicin induces browning of white adipose tissue and counters obesity by activating TRPV1 channel-dependent mechanisms. Br J Pharmacol. 2016 Aug;173(15):2369-89.

72. Yoneshiro T, Aita S. et al. Nonpungent capsaicin analogs (capsinoids) increase energy expenditure through the activation of brown adipose tissue in humans. Am J Clin Nutr. 2012 Apr;95(4):845-50.

73. Choi M, Mukherjee S, Yun JW. Colchicine stimulates browning via antagonism of GABA

receptor B and agonism of β3–adrenergic receptor in 3T3–L1 white adipocytes. Mol Cell Endocrinol. 2022 Jul 15;552:111677.

74. Jiao J, Han SF. et al. Chronic leucine supplementation improves lipid metabolism in C57BL/6J mice fed with a high–fat/cholesterol diet. Food Nutr Res. 2016 Sep 9;60:31304.

75. Wanders D, Stone KP. et al. Metabolic responses to dietary leucine restriction involve remodeling of adipose tissue and enhanced hepatic insulin signaling. Biofactors. 2015 Nov–Dec;41(6):391–402.

76. Du J, Shen L. et al. Betaine supplementation enhances lipid metabolism and improves insulin resistance in mice fed a high–fat diet. Nutrients. 2018 Jan 26;10(2):131.

77. Guo YY, Li BY, Peng WQ, Guo L, Tang QQ. Taurine–mediated browning of white adipose tissue is involved in its anti–obesity effect in mice. J Biol Chem. 2019 Oct 11;294(41):15014–15024.

78. Joffin N, Jaubert AM. et al. Acute induction of uncoupling protein 1 by citrulline in cultured explants of white adipose tissue from lean and high–fat–diet–fed rats. Adipocyte. 2015 Jan 7;4(2):129–34.

79. Wendel AA, Purushotham A, Liu LF, Belury MA. Conjugated linoleic acid induces uncoupling protein 1 in white adipose tissue of ob/ob mice. Lipids. 2009 Nov;44(11):975–82.

80. Shin S, Ajuwon KM. Effects of diets differing in composition of 18–C fatty acids on adipose tissue thermogenic gene expression in mice fed high–fat diets. Nutrients. 2018 Feb 23;10(2):256.

81. Pisani DF, Ghandour RA, Beranger GE. et al. The ω6–fatty acid, arachidonic acid, regulates the conversion of white to brite adipocyte through a prostaglandin/calcium mediated pathway. Mol Metab. 2014 Sep 16;3(9):834–47.

82. Bargut TCL, Martins FF. et al. Administration of eicosapentaenoic and docosahexaenoic acids may improve the remodeling and browning in subcutaneous white adipose tissue and thermogenic markers in brown adipose tissue in mice. Mol Cell Endocrinol. 2019 Feb 15;482:18–27.

83. Bargut TC, Silva–e–Silva AC. et al. Mice fed fish oil diet and upregulation of brown adipose tissue thermogenic markers. Eur J Nutr. 2016 Feb;55(1):159–69.

84. Unno Y, Yamamoto H. et al. Palmitoyl lactic acid induces adipogenesis and a brown fat–like phenotype in 3T3–L1 preadipocytes. Biochim Biophys Acta Mol Cell Biol Lipids. 2018 Jul;1863(7):772–782.

85. Lu Y, Fan C. et al. Short chain fatty acids prevent high-fat-diet-induced obesity in mice by regulating G protein-coupled receptors and gut microbiota. Sci Rep. 2016 Nov 28;6:37589.

86. Choi M, Mukherjee S. et al. Yun JW. L-rhamnose induces browning in 3T3-L1 white adipocytes and activates HIB1B brown adipocytes. IUBMB Life. 2018 Jun;70(6):563-573.

87. Arai C, Arai N. et al. Continuous intake of trehalose induces white adipose tissue browning and enhances energy metabolism. Nutr Metab (Lond). 2019 Jul 16;16:45.

88. Weitkunat K, Stuhlmann C. et al. Short-chain fatty acids and inulin, but not guar gum, prevent diet-induced obesity and insulin resistance through differential mechanisms in mice. Sci Rep. 2017 Jul 21;7(1):6109.

89. Parray HA, Yun JW. Cannabidiol promotes browning in 3T3-L1 adipocytes. Mol Cell Biochem. 2016 May;416(1-2):131-9.

90. Lee CG, Rhee DK. et al. Allicin induces beige-like adipocytes via KLF15 signal cascade. J Nutr Biochem. 2019 Feb;64:13-24.

91. Kim EJ, Lee DH. et al. Thiacremonone, a sulfur compound isolated from garlic, attenuates lipid accumulation partially mediated via AMPK activation in 3T3-L1 adipocytes. J Nutr Biochem. 2012 Dec;23(12):1552-8.

92. Mukherjee S, Yun JW. β-Carotene stimulates browning of 3T3-L1 white adipocytes by enhancing thermogenesis via the β3-AR/p38 MAPK/SIRT signaling pathway. Phytomedicine. 2022 Feb;96:153857.

93. Maeda H, Hosokawa M. et al. Fucoxanthin from edible seaweed, Undaria pinnatifida, shows antiobesity effect through UCP1 expression in white adipose tissues. Biochem Biophys Res Commun. 2005 Jul 1;332(2):392-7.

94. Rebello CJ, Greenway FL. et al. Fucoxanthin and its metabolite fucoxanthinol do not induce browning in human adipocytes. J Agric Food Chem. 2017 Dec 20;65(50):10915-10924.

95. Yuan X, Wu Y. Phlorizin treatment attenuates obesity and related disorders through improving BAT thermogenesis. J Func Foods. 2016 Dec 27:429-438.

96. Zhang F, Ai W. et al. Phytol stimulates the browning of white adipocytes through the activation of AMP-activated protein kinase (AMPK) α in mice fed high-fat diet. Food Funct. 2018 Apr 25;9(4):2043-2050.

97. Mukherjee S, Yun JW. Prednisone stimulates white adipocyte browning via β3-AR/p38 MAPK/ERK signaling pathway. Life Sci. 2022 Jan 1;288:120204.

98. Kang NH, Mukherjee S, Yun JW. Trans-cinnamic acid stimulates white fat browning and activates brown adipocytes. Nutrients. 2019 Mar 8;11(3):577.

99. García-Alonso V, Clària J. Prostaglandin E2 signals white-to-brown adipogenic differentiation. Adipocyte. 2014 Dec 10;3(4):290-6.

100. Kang NH, Mukherjee S. et al. Ketoprofen alleviates diet-induced obesity and promotes white fat browning in mice via the activation of COX-2 through mTORC1-p38 signaling pathway. Pflugers Arch. 2020 May;472(5):583-596.

101. Borcherding DC, Hugo ER. et al. Dopamine receptors in human adipocytes: expression and functions. PLoS One. 2011;6(9):e25537.

102. Yu J, Zhu J. et al. Dopamine receptor D1 signaling stimulates lipolysis and browning of white adipocytes. Biochem Biophys Res Commun. 2022 Jan 15;588:83-89.

103. Folgueira C, Beiroa D. et al. Hypothalamic dopamine signaling regulates brown fat thermogenesis. Nat Metab. 2019 Aug;1(8):811-829.

104. Haddish K, Yun JW. Silencing of dopamine receptor D5 inhibits the browning of 3T3-L1 adipocytes and ATP-consuming futile cycles in C2C12 muscle cells. Arch Physiol Biochem. 2023 May 4:1-13.

105. Haddish K, Yun JW. Dopamine receptor D4 (DRD4) negatively regulates UCP1- and ATP-dependent thermogenesis in 3T3-L1 adipocytes and C2C12 muscle cells. Pflugers Arch. 2023 Jun;475(6):757-773.

106. Haddish K, Yun JW. Dopaminergic and adrenergic receptors synergistically stimulate browning in 3T3-L1 white adipocytes. J Physiol Biochem. 2023 Feb;79(1):117-131.

107. Haddish and Yun. L-Dihydroxyphenylalanine (L-Dopa) induces brown-like phenotype in 3T3-L1 white adipocytes via activation of dopaminergic and $\beta3$-adrenergic receptors. Biotechnol Procec Eng. 2022 Dec;27:818-832 (2022).

108. Hong Y, Lin Y. et al. Ginsenoside Rb2 alleviates obesity by activation of brown fat and induction of browning of white fat. Front Endocrinol (Lausanne). 2019 Mar 15;10:153.

109. Park SJ, Park M. et al. Black Ginseng and Ginsenoside Rb1 promote browning by inducing UCP1 expression in 3T3-L1 and primary white adipocytes. Nutrients. 2019 Nov 12;11(11):2747.

110. Carrière A, Jeanson Y. et al. Browning of white adipose cells by intermediate metabolites: an adaptive mechanism to alleviate redox pressure. Diabetes. 2014 Oct;63(10):3253-65.

111. Liu D, Ceddia RP, Collins S. Cardiac natriuretic peptides promote adipose 'browning'

through mTOR complex-1. Mol Metab. 2018 Mar;9:192-198.

112. Wang CH, Lundh M. et al. CRISPR-engineered human brown-like adipocytes prevent diet-induced obesity and ameliorate metabolic syndrome in mice. Sci Transl Med. 2020 Aug 26;12(558):eaaz8664.

113. Tsagkaraki E, Nicoloro SM. et al. CRISPR-enhanced human adipocyte browning as cell therapy for metabolic disease. Nat Commun. 2021 Nov 26;12(1):6931.

5장

1. Bachman ES, Dhillon H. et al.. βAR signaling required for diet-induced thermogenesis and obesity resistance. Science. 2002 Aug 2;297(5582):843-5.

2. Collins S. β-Adrenergic receptors and adipose tissue metabolism: evolution of an old story. Annu Rev Physiol. 2022 Feb 10;84:1-16.

3. Rosenbaum M, Malbon CC. et al. Lack of beta 3-adrenergic effect on lipolysis in human subcutaneous adipose tissue. J Clin Endocrinol Metab. 1993 Aug;77(2):352-5.

4. Opar A. Overactive bladder, under scrutiny, gets a new treatment. Nat Med. 2012 Aug;18(8):1159.

5. Finlin BS, Memetimin H. et al. Human adipose beiging in response to cold and mirabegron. JCI Insight. 2018 Aug 9;3(15):e121510.

6. Cero C, Lea HJ. et al. β3-Adrenergic receptors regulate human brown/beige adipocyte lipolysis and thermogenesis. JCI Insight. 2021 Jun 8;6(11):e139160.

7. Blondin DP, Nielsen S. et al. Human brown adipocyte thermogenesis is driven by β2-AR stimulation. Cell Metab. 2020 Aug 4;32(2):287-300.e7.

8. Straat ME, Hoekx CA. et al. Stimulation of the beta-2-adrenergic receptor with salbutamol activates human brown adipose tissue. Cell Rep Med. 2023 Feb 21;4(2):100942.

9. Evans BA, Merlin J, Bengtsson T, Hutchinson DS. Adrenoceptors in white, brown, and brite adipocytes. Br J Pharmacol. 2019 Jul;176(14):2416-2432.

10. Mohell N. Alpha 1-adrenergic receptors in brown adipose tissue. Thermogenic significance and mode of action. Acta Physiol Scand Suppl. 1984;530:1-62.

11. Lafontan M, Berlan M. Fat cell adrenergic receptors and the control of white and brown

fat cell function. J Lipid Res. 1993 Jul;34(7):1057-91.

12. Biswas HM. Effects of α-(prazosin and yohimbine) and β-receptors activity on cAMP generation and UCP1 gene expression in brown adipocytes. J Basic Clin Physiol Pharmacol. 2018 Sep 25;29(5):545-552.

13. Choi M, Mukherjee S, Yun JW. Curcumin stimulates UCP1-independent thermogenesis in 3T3-L1 white adipocytes but suppresses in C2C12 muscle cells. Biotechnol Bioproc Eng. Dec 2022 27: 961-974.

14. Choi M, Yun JW. β-Carotene induces UCP1-independent thermogenesis via ATP-consuming futile cycles in 3T3-L1 white adipocytes. Arch Biochem Biophys. 2023 May 1;739:109581.

15. Gnad T, Scheibler S. et al. Adenosine activates brown adipose tissue and recruits beige adipocytes via A2A receptors. Nature. 2014 Dec 18;516(7531):395-9.

16. Pardo F, Villalobos-Labra R. et al. Molecular implications of adenosine in obesity. Mol Aspects Med. 2017 Jun;55:90-101.

17. Shah B, Rohatagi S. et al. Pharmacokinetics, pharmacodynamics, and safety of a lipid-lowering adenosine A1 agonist, RPR749, in healthy subjects. Am J Ther. 2004 May-Jun;11(3):175-89.

18. Szillat D, Bukowiecki LJ. Control of brown adipose tissue lipolysis and respiration by adenosine. Am J Physiol. 1983 Dec;245(6):E555-9.

19. Schimmel RJ, McCarthy L. Role of adenosine as an endogenous regulator of respiration in hamster brown adipocytes. Am J Physiol. 1984 Mar;246(3 Pt 1):C301-7.

20. Gnad T, Navarro G. et al. Adenosine/A2B receptor signaling ameliorates the effects of aging and counteracts obesity. Cell Metab. 2020 Jul 7;32(1):56-70.e7.

21. Horton RW, LeFeuvre RA. et al. Opposing effects of activation of central GABAA and GABAB receptors on brown fat thermogenesis in the rat. Neuropharmacology. 1988 Apr;27(4):363-6.

22. Osaka T. Cold-induced thermogenesis mediated by GABA in the preoptic area of anesthetized rats. Am J Physiol Regul Integr Comp Physiol. 2004 Aug;287(2):R306-13.

23. Ikegami R, Shimizu I. et al. Gamma-aminobutyric acid signaling in brown adipose tissue promotes systemic metabolic derangement in obesity. Cell Rep. 2018 Sep 11;24(11):2827-2837.e5.

24. Ma X, Yan H. et al. Gamma-aminobutyric acid promotes beige adipocyte reconstruction by modulating the gut microbiota in obese mice. Nutrients. 2023 Jan 15;15(2):456.

25. Choi M, Mukherjee S, Yun JW. Colchicine stimulates browning via antagonism of GABA receptor B and agonism of $\beta 3$-adrenergic receptor in 3T3-L1 white adipocytes. Mol Cell Endocrinol. 2022 Jul 15;552:111677.

26. Boczek T, Zylinska L. Receptor-dependent and independent regulation of voltage-gated Ca2+ channels and Ca2+-permeable channels by endocannabinoids in the brain. Int J Mol Sci. 2021 Jul 29;22(15):8168.

27. Perwitz N, Wenzel J. et al. Cannabinoid type 1 receptor blockade induces transdifferentiation towards a brown fat phenotype in white adipocytes. Diabetes Obes Metab. 2010 Feb;12(2):158-66.

28. Hirasawa A, Tsumaya K. et al. Free fatty acids regulate gut incretin glucagon-like peptide-1 secretion through GPR120. Nat Med. 2005 Jan;11(1):90-4.

29. Quesada-López T, Cereijo R. et al. The lipid sensor GPR120 promotes brown fat activation and FGF21 release from adipocytes. Nat Commun. 2016 Nov 17;7:13479.

30. Kim J, Okla M. et al. Eicosapentaenoic acid potentiates brown thermogenesis through FFAR4-dependent up-regulation of miR-30b and miR-378. J Biol Chem. 2016 Sep 23;291(39):20551-62.

31. Beiroa D, Imbernon M. et al. GLP-1 agonism stimulates brown adipose tissue thermogenesis and browning through hypothalamic AMPK. Diabetes. 2014 Oct;63(10):3346-58.

32. Billington CJ, Briggs JE. et al. Glucagon in physiological concentrations stimulates brown fat thermogenesis in vivo. Am J Physiol. 1991 Aug;261(2 Pt 2):R501-7.

33. Boucher J, Mori MA. et al. Impaired thermogenesis and adipose tissue development in mice with fat-specific disruption of insulin and IGF-1 signalling. Nat Commun. 2012 Jun 12;3:902.

34. Tabuchi C, Sul HS. Signaling pathways regulating thermogenesis. Front Endocrinol (Lausanne). 2021 Mar 26;12:595020.

35. Kodach LL, Wiercinska E. et al. The bone morphogenetic protein pathway is inactivated in the majority of sporadic colorectal cancers. Gastroenterology. 2008 May;134(5):1332-41.

36. Milano F, van Baal JW. et al. Bone morphogenetic protein 4 expressed in esophagitis induces a columnar phenotype in esophageal squamous cells. Gastroenterology. 2007 Jun;132(7):2412-21.

37. Schulz TJ, Huang P. et al. Brown-fat paucity due to impaired BMP signalling induces compensatory browning of white fat. Nature. 2013 Mar 21;495(7441):379-83.

38. Jensen GS, Leon-Palmer NE, Townsend KL. Bone morphogenetic proteins (BMPs) in the central regulation of energy balance and adult neural plasticity. Metabolism. 2021 Oct;123:154837.

39. Elsen M, Raschke S. et al. BMP4 and BMP7 induce the white-to-brown transition of primary human adipose stem cells. Am J Physiol Cell Physiol. 2014 Mar 1;306(5):C431-40.

40. Gustafson B, Hammarstedt A. et al. BMP4 and BMP antagonists regulate human white and beige adipogenesis. Diabetes. 2015 May;64(5):1670-81.

41. Tseng YH, Kokkotou E. et al. New role of bone morphogenetic protein 7 in brown adipogenesis and energy expenditure. Nature. 2008 Aug 21;454(7207):1000-4.

42. Townsend KL, Suzuki R. et al. Bone morphogenetic protein 7 (BMP7) reverses obesity and regulates appetite through a central mTOR pathway. FASEB J. 2012 May;26(5):2187-96.

43. Shaw A, Tóth BB. et al. BMP7 increases UCP1-dependent and independent thermogenesis with a unique gene expression program in human neck area derived adipocytes. Pharmaceuticals (Basel). 2021 Oct 25;14(11):1078.

44. Okla M, Ha JH, Temel RE, Chung S. BMP7 drives human adipogenic stem cells into metabolically active beige adipocytes. Lipids. 2015 Feb;50(2):111-20.

45. Hino J, Nakatani M. et al. Overexpression of bone morphogenetic protein-3b (BMP-3b) in adipose tissues protects against high-fat diet-induced obesity. Int J Obes (Lond). 2017 Apr;41(4):483-488.

46. Whittle AJ, Carobbio S. et al. BMP8B increases brown adipose tissue thermogenesis through both central and peripheral actions. Cell. 2012 May 11;149(4):871-85.

47. Sharma A, Huard C. et al. Brown fat determination and development from muscle precursor cells by novel action of bone morphogenetic protein 6. PLoS One. 2014 Mar 21;9(3):e92608.

48. Um JH, Park SY. et al. Bone morphogenic protein 9 is a novel thermogenic hepatokine secreted in response to cold exposure. Metabolism. 2022 Apr;129:155139.

49. Pham HG, Mukherjee S, Choi MJ, Yun JW. BMP11 regulates thermogenesis in white and brown adipocytes. Cell Biochem Funct. 2021 Jun;39(4):496-510. doi: 10.1002/cbf.3615.

50. Hinoi E, Nakamura Y. et al. Growth differentiation factor-5 promotes brown adipogenesis in systemic energy expenditure. Diabetes. 2014 Jan;63(1):162-75.

51. Blázquez-Medela AM, Jumabay M, Boström KI. Beyond the bone: Bone morphogenetic

protein signaling in adipose tissue. Obes Rev. 2019 May;20(5):648–658.

52. de Jesus LA, Carvalho SD. et al. The type 2 iodothyronine deiodinase is essential for adaptive thermogenesis in brown adipose tissue. J Clin Invest. 2001 Nov;108(9):1379–85.

53. Bianco AC, Sheng XY, Silva JE. Triiodothyronine amplifies norepinephrine stimulation of uncoupling protein gene transcription by a mechanism not requiring protein synthesis. J Biol Chem. 1988 Dec 5;263(34):18168–75.

54. Skarulis MC, Celi FS. et al. Thyroid hormone induced brown adipose tissue and amelioration of diabetes in a patient with extreme insulin resistance. J Clin Endocrinol Metab. 2010 Jan;95(1):256–62.

55. Ochs N, Auer R. et al. Meta-analysis: subclinical thyroid dysfunction and the risk for coronary heart disease and mortality. Ann Intern Med. 2008 Jun 3;148(11):832–45.

56. Volke L, Krause K. Effect of thyroid hormones on adipose tissue flexibility. Eur Thyroid J. 2021 Mar;10(1):1–9.

57. Guilherme A, Yenilmez B. et al. Control of adipocyte thermogenesis and lipogenesis through β3–Adrenergic and thyroid hormone signal integration. Cell Rep. 2020 May 5;31(5):107598. doi:

58. Lin JZ, Martagón AJ. et al. Pharmacological activation of thyroid hormone receptors elicits a functional conversion of white to brown fat. Cell Rep. 2015 Nov 24;13(8):1528–37.

59. Yen PM, Sugawara A, Chin WW. Triiodothyronine (T3) differentially affects T3–receptor/retinoic acid receptor and T3–receptor/retinoid X receptor heterodimer binding to DNA. J Biol Chem. 1992 Nov 15;267(32):23248–52.

60. Johann K, Cremer AL. et al. Thyroid–hormone–induced browning of white adipose tissue does not contribute to thermogenesis and glucose consumption. Cell Rep. 2019 Jun 11;27(11):3385–3400.e3.

61. van Dam AD, Kooijman S. et al. Regulation of brown fat by AMP–activated protein kinase. Trends Mol Med. 2015 Sep;21(9):571–9.

62. Oh TS, Cho H. et al. Hypothalamic AMPK–induced autophagy increases food intake by regulating NPY and POMC expression. Autophagy. 2016 Nov;12(11):2009–2025.

63. Schneeberger M, Claret M. Recent insights into the role of hypothalamic AMPK signaling cascade upon metabolic control. Front Neurosci. 2012 Dec 20;6:185

64. Liu J, Wang Y, Lin L. Small molecules for fat combustion: targeting obesity. Acta Pharm Sin B. 2019 Mar;9(2):220–236.

65. Silvester AJ, Aseer KR, Yun JW. Dietary polyphenols and their roles in fat browning. J Nutr Biochem. 2019 Feb;64:1-12.

66. Fernández-Veledo S. et al. Role of energy- and nutrient-sensing kinases AMP-activated protein kinase (AMPK) and mammalian target of rapamycin (mTOR) in adipocyte differentiation. IUBMB Life. 2013 Jul;65(7):572-83.

67. Wang Q, Liu S. et al. AMPK-Mediated regulation of lipid metabolism by phosphorylation. Biol Pharm Bull. 2018 Jul 1;41(7):985-993.

68. Gaidhu MP, Fediuc S. et al. Prolonged AICAR-induced AMP-kinase activation promotes energy dissipation in white adipocytes: novel mechanisms integrating HSL and ATGL. J Lipid Res. 2009 Apr;50(4):704-15.

69. Yang Q, Liang X. et al. AMPK/α-ketoglutarate axis dynamically mediates DNA demethylation in the Prdm16 promoter and brown adipogenesis. Cell Metab. 2016 Oct 11;24(4):542-554.

70. Wu L, Zhang L. et al. AMP-activated protein kinase (AMPK) regulates energy metabolism through modulating thermogenesis in adipose tissue. Front Physiol. 2018 Feb 21;9:122.

71. Yan M, Audet-Walsh É. et al. Chronic AMPK activation via loss of FLCN induces functional beige adipose tissue through PGC-1α/ERRα. Genes Dev. 2016 May 1;30(9):1034-46.

72. Zhang Z, Zhang H, et al. Berberine activates thermogenesis in white and brown adipose tissue. Nat Commun. 2014 Nov 25;5:5493.

73. Shan T, Liang X. et al. Myostatin knockout drives browning of white adipose tissue through activating the AMPK-PGC1α-Fndc5 pathway in muscle. FASEB J. 2013 May;27(5):1981-9.

74. van der Vaart JI, Boon MR, Houtkooper RH. The role of AMPK signaling in brown adipose tissue activation. Cells. 2021 May 6;10(5):1122.

75. Zhao J, Yang Q. et al. AMPKα1 deficiency suppresses brown adipogenesis in favor of fibrogenesis during brown adipose tissue development. Biochem Biophys Res Commun. 2017 Sep 16;491(2):508-514.

76. Vila-Bedmar R, Lorenzo M, Fernández-Veledo S. Adenosine 5'-monophosphate-activated protein kinase-mammalian target of rapamycin cross talk regulates brown adipocyte differentiation. Endocrinology. 2010 Mar;151(3):980-92.

77. Polak P, Cybulski N. et al. Adipose-specific knockout of raptor results in lean mice with enhanced mitochondrial respiration. Cell Metab. 2008 Nov;8(5):399-410.

78. Labbé SM, Mouchiroud M. et al. mTORC1 is required for brown adipose tissue

recruitment and metabolic adaptation to cold. Sci Rep. 2016 Nov 23;6:37223.

79. Mao Z, Zhang W. Role of mTOR in glucose and lipid metabolism. Int J Mol Sci. 2018 Jul 13;19(7):2043.

80. Shan T, Zhang P. et al. Adipocyte-specific deletion of mTOR inhibits adipose tissue development and causes insulin resistance in mice. Diabetologia. 2016 Sep;59(9):1995–2004.

81. Xiang X, Lan H. et al. Tuberous sclerosis complex 1-mechanistic target of rapamycin complex 1 signaling determines brown-to-white adipocyte phenotypic switch. Diabetes. 2015 Feb;64(2):519–28.

82. Zhang X, Luo Y. et al. Adipose mTORC1 suppresses prostaglandin signaling and beige adipogenesis via the CRTC2-COX-2 pathway. Cell Rep. 2018 Sep 18;24(12):3180–3193.

83. Liu D, Bordicchia M. et al. Activation of mTORC1 is essential for β-adrenergic stimulation of adipose browning. J Clin Invest. 2016 May 2;126(5):1704–16.

84. Tran CM, Mukherjee S. et al. Rapamycin blocks induction of the thermogenic program in white adipose tissue. Diabetes. 2016 Apr;65(4):927–41.

85. Kang NH, Mukherjee S. et al. Ketoprofen alleviates diet-induced obesity and promotes white fat browning in mice via the activation of COX-2 through mTORC1-p38 signaling pathway. Pflugers Arch. 2020 May;472(5):583–596.

86. Tang Y, Wallace M. et al. Adipose tissue mTORC2 regulates ChREBP-driven de novo lipogenesis and hepatic glucose metabolism. Nat Commun. 2016 Apr 21;7:11365.

87. Hung CM, Calejman CM. et al. Rictor/mTORC2 loss in the Myf5 lineage reprograms brown fat metabolism and protects mice against obesity and metabolic disease. Cell Rep. 2014 Jul 10;8(1):256–71.

88. Albert V, Svensson K. et al. mTORC2 sustains thermogenesis via Akt-induced glucose uptake and glycolysis in brown adipose tissue. EMBO Mol Med. 2016 Mar 1;8(3):232–46.

89. Makki K, Taront S. et al. Beneficial metabolic effects of rapamycin are associated with enhanced regulatory cells in diet-induced obese mice. PLoS One. 2014 Apr 7;9(4):e92684.

90. Lee PL, Tang Y, Li H, Guertin DA. Raptor/mTORC1 loss in adipocytes causes progressive lipodystrophy and fatty liver disease. Mol Metab. 2016 Apr 11;5(6):422–432.

91. Ehninger D, Neff F, Xie K. Longevity, aging and rapamycin. Cell Mol Life Sci. 2014 Nov;71(22):4325–46.

92. Lipton JO, Sahin M. The neurology of mTOR. Neuron. 2014 Oct 22;84(2):275-91.

93. Adeva-Andany MM, Fernández-Fernández C. et al. The effects of glucagon and the target of rapamycin (TOR) on skeletal muscle protein synthesis and age-dependent sarcopenia in humans. Clin Nutr ESPEN. 2021 Aug;44:15-25.

94. Chen J, Lou R. et al. Key players in obesity-associated adipose tissue remodeling. Front Immunol. 2022 Nov 24;13:1068986.

95. Li X. SIRT1 and energy metabolism. Acta Biochim Biophys Sin (Shanghai). 2013 Jan;45(1):51-60.

96. Flori L, Piragine E. et al. Influence of polyphenols on adipose tissue: sirtuins as pivotal players in the browning process. Int J Mol Sci. 2023 May 25;24(11):9276.

97. Yoshizawa T, Sato Y. et al. SIRT7 suppresses energy expenditure and thermogenesis by regulating brown adipose tissue functions in mice. Nat Commun. 2022 Dec 12;13(1):7439.

98. Qiang L, Wang L. et al. Brown remodeling of white adipose tissue by SirT1-dependent deacetylation of Pparγ. Cell. 2012 Aug 3;150(3):620-32.

99. Baskaran P, Krishnan V, Ren J, Thyagarajan B. Capsaicin induces browning of white adipose tissue and counters obesity by activating TRPV1 channel-dependent mechanisms. Br J Pharmacol. 2016 Aug;173(15):2369-89.

100. Pfluger PT, Herranz D. et al. Sirt1 protects against high-fat diet-induced metabolic damage. Proc Natl Acad Sci U S A. 2008 Jul 15;105(28):9793-8.

101. Li Z, Zhang Z. et al. Resveratrol promotes white adipocytes browning and improves metabolic disorders in Sirt1-dependent mannerin mice. FASEB J. 2020 Mar;34(3):4527-4539.

102. Dong J, Zhang X. et al. Quercetin reduces obesity-associated ATM infiltration and inflammation in mice: a mechanism including AMPKα1/SIRT1. J Lipid Res. 2014 Mar;55(3):363-74.

103. Aziz SA, Wakeling LA. et al. Metabolic programming of a beige adipocyte phenotype by genistein. Mol Nutr Food Res. 2017 Feb;61(2):1600574.

104. Wei T, Huang G. et al. Sirtuin 3-mediated pyruvate dehydrogenase activity determines brown adipocytes phenotype under high-salt conditions. Cell Death Dis. 2019 Aug 14;10(8):614.

105. Shuai L, Zhang LN. et al. SIRT5 regulates brown adipocyte differentiation and browning of subcutaneous white adipose tissue. Diabetes. 2019 Jul;68(7):1449-1461.

106. Yao L, Cui X. et al. Cold-inducible SIRT6 regulates thermogenesis of brown and beige fat. Cell Rep. 2017 Jul 18;20(3):641-654.

107. Xu F, Zheng X. et al. Diet-induced obesity and insulin resistance are associated with brown fat degeneration in SIRT1-deficient mice. Obesity (Silver Spring). 2016 Mar;24(3):634-42.

108. Ramadori G, Fujikawa T. et al. SIRT1 deacetylase in POMC neurons is required for homeostatic defenses against diet-induced obesity. Cell Metab. 2010 Jul 7;12(1):78-87.

109. Anton S, Leeuwenburgh C. Fasting or caloric restriction for healthy aging. Exp Gerontol. 2013 Oct;48(10):1003-5.

110. Boily G, Seifert EL. et al. SirT1 regulates energy metabolism and response to caloric restriction in mice. PLoS One. 2008 Mar 12;3(3):e1759.

111. Wang G, Meyer JG. et al. Regulation of UCP1 and mitochondrial metabolism in brown adipose tissue by reversible succinylation. Mol Cell. 2019 May 16;74(4):844-857.e7.

112. Molinari F, Feraco A. et al. SIRT5 inhibition induces brown fat-like phenotype in 3T3-L1 preadipocytes. Cells. 2021 May 7;10(5):1126.

113. Sun W, Luo Y. et al. Involvement of TRP channels in adipocyte thermogenesis: An update. Front Cell Dev Biol. 2021 Jun 24;9:686173.

114. Chen J, Li L. et al. Activation of TRPV1 channel by dietary capsaicin improves visceral fat remodeling through connexin43-mediated Ca2+ influx. Cardiovasc Diabetol. 2015 Feb 13;14:22.

115. Baboota RK, Singh DP. et al. Capsaicin induces "brite" phenotype in differentiating 3T3-L1 preadipocytes. PLoS One. 2014 Jul 29;9(7):e103093.

116. Saito M, Matsushita M. et al. Brown adipose tissue, diet-induced thermogenesis, and thermogenic food ingredients: from mice to men. Front Endocrinol (Lausanne). 2020 Apr 21;11:222.

117. Sun W, Uchida K. et al. Lack of TRPV2 impairs thermogenesis in mouse brown adipose tissue. EMBO Rep. 2016 Mar;17(3):383-99.

118. Ye L, Kleiner S. et al. TRPV4 is a regulator of adipose oxidative metabolism, inflammation, and energy homeostasis. Cell. 2012 Sep 28;151(1):96-110.

119. Oi-Kano Y, Iwasaki Y. et al. Oleuropein aglycone enhances UCP1 expression in brown adipose tissue in high-fat-diet-induced obese rats by activating β-adrenergic signaling. J Nutr Biochem. 2017 Feb;40:209-218.

120. Talavera K, Startek JB. et al. Mammalian transient receptor potential TRPA1 channels: from structure to disease. Physiol Rev. 2020 Apr 1;100(2):725-803.

121. Rossato M, Granzotto M. et al. Human white adipocytes express the cold receptor TRPM8 which activation induces UCP1 expression, mitochondrial activation and heat production. Mol Cell Endocrinol. 2014 Mar 5;383(1-2):137-46.

122. Caterina MJ, Schumacher MA. et al. The capsaicin receptor: a heat-activated ion channel in the pain pathway. Nature. 1997 Oct 23;389(6653):816-24.

123. McKemy DD, Neuhausser WM, Julius D. Identification of a cold receptor reveals a general role for TRP channels in thermosensation. Nature. 2002 Mar 7;416(6876):52-8.

124. Peier AM, Moqrich A. et al. A TRP channel that senses cold stimuli and menthol. Cell. 2002 Mar 8;108(5):705-15.

6장

1. Flegal KM, Kit BK, Orpana H, Graubard BI. Association of all-cause mortality with overweight and obesity using standard body mass index categories: a systematic review and meta-analysis. JAMA. 2013 Jan 2;309(1):71-82. doi: 10.1001/jama.2012.113905.

2. Global BMI Mortality Collaboration, Di Angelantonio E. et al. Body-mass index and all-cause mortality: individual-participant-data meta-analysis of 239 prospective studies in four continents. Lancet. 2016 Aug 20;388(10046):776-86. doi: 10.1016/S0140-6736(16)30175-1.

3. Visaria A, Setoguchi S. Body mass index and all-cause mortality in a 21st century U.S. population: A National Health Interview Survey analysis. PLoS One. 2023 Jul 5;18(7):e0287218. doi: 10.1371/journal.pone.0287218.

4. 박혜순. 비만의 발생기전과 그 치료를 위한 에너지 조절. 가정의학회지. 2000. 22(8)

5. Floyd JC Jr, Fajans SS. et al. Insulin secretion in response to protein ingestion. J Clin Invest. 1966 Sep;45(9):1479-86. doi: 10.1172/JCI105455.

6. Waner A. The truth about fat. 2019. Rok Media Inc.

7. Davenport CB. Body-build and its inheritance. 1923. Obes Res. 1994 Nov;2(6):606-23. doi: 10.1002/j.1550-8528.1994.tb00112.x.

8. Marti A, Martinez JA. Genetics of obesity: gene x nutrient interactions. Int J Vitam Nutr Res. 2006 Jul;76(4):184–93. doi: 10.1024/0300-9831.76.4.184.

9. Rankinen T, Zuberi A. et al. The human obesity gene map: the 2005 update. Obesity (Silver Spring). 2006 Apr;14(4):529–644. doi: 10.1038/oby.2006.71.

10. Mahmoud R, Kimonis V, Butler MG. Genetics of obesity in humans: A clinical review. Int J Mol Sci. 2022 Sep 20;23(19):11005. doi: 10.3390/ijms231911005.

11. Friedman JM. Modern science versus the stigma of obesity. Nat Med. 2004 Jun;10(6):563–9. doi: 10.1038/nm0604-563.

12. Frayling TM, Timpson NJ. et al. A common variant in the FTO gene is associated with body mass index and predisposes to childhood and adult obesity. Science. 2007 May 11;316(5826):889–94. doi: 10.1126/science.1141634.

13. Llewellyn C, Wardle J. Behavioral susceptibility to obesity: Gene–environment interplay in the development of weight. Physiol Behav. 2015 Dec 1;152(Pt B):494–501. doi: 10.1016/j.physbeh.2015.07.006.

14. Roth J, Qiang X. et al. The obesity pandemic: where have we been and where are we going? Obes Res. 2004 Nov;12 Suppl 2:88S–101S. doi: 10.1038/oby.2004.273.

15. Farooqi IS, Keogh JM. et al. Clinical spectrum of obesity and mutations in the melanocortin 4 receptor gene. N Engl J Med. 2003 Mar 20;348(12):1085–95. doi: 10.1056/NEJMoa022050.

16. Bell CG, Walley AJ, Froguel P. The genetics of human obesity. Nat Rev Genet. 2005 Mar;6(3):221–34. doi: 10.1038/nrg1556.

17. Xie C, Hua W. et al. The ADRB3 rs4994 polymorphism increases risk of childhood and adolescent overweight/obesity for East Asia's population: an evidence–based meta-analysis. Adipocyte. 2020 Dec;9(1):77–86. doi: 10.1080/21623945.2020.1722549.

18. Freake HC. A genetic mutation in PPAR gamma is associated with enhanced fat cell differentiation: implications for human obesity. Nutr Rev. 1999 May;57(5 Pt 1):154–6. doi: 10.1111/j.1753-4887.1999.tb01796.x.

19. Chathoth S, Ismail MH. et al. Association of Uncoupling Protein 1 (UCP1) gene polymorphism with obesity: a case–control study. BMC Med Genet. 2018 Nov 20;19(1):203. doi: 10.1186/s12881-018-0715-5.

20. Ravelli GP, Stein ZA, Susser MW. Obesity in young men after famine exposure in utero and early infancy. N Engl J Med. 1976 Aug 12;295(7):349–53. doi: 10.1056/NEJM197608122950701.

21. Ramakrishna BS. Role of the gut microbiota in human nutrition and metabolism. J Gastroenterol Hepatol. 2013 Dec;28 Suppl 4:9-17. doi: 10.1111/jgh.12294.

22. Turnbaugh PJ, Ley RE. et al. An obesity-associated gut microbiome with increased capacity for energy harvest. Nature. 2006 Dec 21;444(7122):1027-31. doi: 10.1038/nature05414.

23. Ley RE, Turnbaugh PJ, Klein S, Gordon JI. Microbial ecology: human gut microbes associated with obesity. Nature. 2006 Dec 21;444(7122):1022-3. doi: 10.1038/4441022a.

24. Collado MC, Isolauri E, Laitinen K, Salminen S. Distinct composition of gut microbiota during pregnancy in overweight and normal-weight women. Am J Clin Nutr. 2008 Oct;88(4):894-9. doi: 10.1093/ajcn/88.4.894.

25. Wu T, Wang HC. et al. Characteristics of gut microbiota of obese people and machine learning model. Microbiol China. 2020;47:4328-4337.

26. Liu BN, Liu XT, Liang ZH, Wang JH. Gut microbiota in obesity. World J Gastroenterol. 2021 Jul 7;27(25):3837-3850. doi: 10.3748/wjg.v27.i25.3837.

27. Ridaura VK, Faith JJ. et al. Gut microbiota from twins discordant for obesity modulate metabolism in mice. Science. 2013 Sep 6;341(6150):1241214. doi: 10.1126/science.1241214.

28. Zhang H, DiBaise JK. et al. Human gut microbiota in obesity and after gastric bypass. Proc Natl Acad Sci U S A. 2009 Feb 17;106(7):2365-70. doi: 10.1073/pnas.0812600106.

29. Takeuchi T, Kameyama K. et al. Fatty acid overproduction by gut commensal microbiota exacerbates obesity. Cell Metab. 2023 Feb 7;35(2):361-375.e9. doi: 10.1016/j.cmet.2022.12.013.

30. Yu C, Liu S. et al. Effect of exercise and butyrate supplementation on microbiota composition and lipid metabolism. J Endocrinol. 2019 Nov;243(2):125-135. doi: 10.1530/JOE-19-0122.

31. Joyce SA, Gahan CG. Disease-associated changes in bile acid profiles and links to altered gut microbiota. Dig Dis. 2017;35(3):169-177. doi: 10.1159/000450907.

32. Vrieze A, Out C. et al. Impact of oral vancomycin on gut microbiota, bile acid metabolism, and insulin sensitivity. J Hepatol. 2014 Apr;60(4):824-31. doi: 10.1016/j.jhep.2013.11.034.

33. Cani PD, Bibiloni R. et al. Changes in gut microbiota control metabolic endotoxemia-induced inflammation in high-fat diet-induced obesity and diabetes in mice. Diabetes.

2008 Jun;57(6):1470–81. doi: 10.2337/db07-1403.

34. Geng J, Ni Q, Sun W. et al. The links between gut microbiota and obesity and obesity related diseases. Biomed Pharmacother. 2022 Mar;147:112678. doi: 10.1016/j.biopha.2022.112678.

35. Haro C, García-Carpintero S. et al. Consumption of Two Healthy Dietary Patterns Restored Microbiota Dysbiosis in Obese Patients with Metabolic Dysfunction. Mol Nutr Food Res. 2017 Dec;61(12). doi: 10.1002/mnfr.201700300.

36. Preidis GA, Versalovic J. Targeting the human microbiome with antibiotics, probiotics, and prebiotics: gastroenterology enters the metagenomics era. Gastroenterology. 2009 May;136(6):2015-31. doi: 10.1053/j.gastro.2009.01.072.

37. Million M, Angelakis E. et al. Comparative meta-analysis of the effect of Lactobacillus species on weight gain in humans and animals. Microb Pathog. 2012 Aug;53(2):100-8. doi: 10.1016/j.micpath.2012.05.007.

38. NIH Human Microbiome Portfolio Analysis Team. A review of 10 years of human microbiome research activities at the US National Institutes of Health, Fiscal Years 2007–2016. Microbiome. 2019 Feb 26;7(1):31. doi: 10.1186/s40168-019-0620-y.

39. Beaumont M, Goodrich JK. et al. Heritable components of the human fecal microbiome are associated with visceral fat. Genome Biol. 2016 Sep 26;17(1):189. doi: 10.1186/s13059-016-1052-7.

40. Stallknecht B, Vinten J. et al. Increased activities of mitochondrial enzymes in white adipose tissue in trained rats. Am J Physiol. 1991 Sep;261(3 Pt 1):E410-4.

41. Zhang Y, Xie C. et al. Irisin exerts dual effects on browning and adipogenesis of human white adipocytes. Am J Physiol Endocrinol Metab. 2016 Aug 1;311(2):E530-41.

42. Donnelly JE, Blair SN. et al. Appropriate physical activity intervention strategies for weight loss and prevention of weight regain for adults. Med Sci Sports Exerc. 2009 Feb;41(2):459-71. doi: 10.1249/MSS.0b013e3181949333.

43. Petridou A, Siopi A, Mougios V. Exercise in the management of obesity. Metabolism. 2019 Mar;92:163-169. doi: 10.1016/j.metabol.2018.10.009.

44. Fan JX, Brown BB. et al. Moderate to vigorous physical activity and weight outcomes: does every minute count? Am J Health Promot. 2013 Sep-Oct;28(1):41-9. doi: 10.4278/ajhp.120606-QUAL-286.

45. Washburn RA, Szabo AN. et al. Does the method of weight loss effect long-term changes in weight, body composition or chronic disease risk factors in overweight

or obese adults? A systematic review. PLoS One. 2014 Oct 15;9(10):e109849. doi: 10.1371/journal.pone.0109849.

46. Ortega FB, Lavie CJ, Blair SN. Obesity and Cardiovascular Disease. Circ Res. 2016 May 27;118(11):1752-70. doi: 10.1161/CIRCRESAHA.115.306883.

47. Harris JA, Benedict FG. A Biometric study of human basal metabolism. Proc Natl Acad Sci U S A. 1918 Dec;4(12):370-3. doi: 10.1073/pnas.4.12.370.

48. Buchwald H, Avidor Y. et al. Bariatric surgery: a systematic review and meta-analysis. JAMA. 2004 Oct 13;292(14):1724-37. doi: 10.1001/jama.292.14.1724.

49. Vijgen GH, Bouvy ND. et al. Increase in brown adipose tissue activity after weight loss in morbidly obese subjects. J Clin Endocrinol Metab. 2012 Jul;97(7):E1229-33. doi: 10.1210/jc.2012-1289.

50. Coulter AA, Rebello CJ, Greenway FL. Centrally acting agents for obesity: past, present, and future. Drugs. 2018 Jul;78(11):1113-1132. doi: 10.1007/s40265-018-0946-y.

51. Tecott LH, Sun LM. et al. Eating disorder and epilepsy in mice lacking 5-HT2c serotonin receptors. Nature. 1995 Apr 6;374(6522):542-6. doi: 10.1038/374542a0.

52. Kernan WN, Viscoli CM. et al. Phenylpropanolamine and the risk of hemorrhagic stroke. N Engl J Med. 2000 Dec 21;343(25):1826-32. doi: 10.1056/NEJM200012213432501.

53. Van Gaal LF, Wauters MA, De Leeuw IH. Anti-obesity drugs: what does sibutramine offer? An analysis of its potential contribution to obesity treatment. Exp Clin Endocrinol Diabetes. 1998;106 Suppl 2:35-40. doi: 10.1055/s-0029-1212035.

54. Sjöström L, Rissanen A. et al. Randomised placebo-controlled trial of orlistat for weight loss and prevention of weight regain in obese patients. European Multicentre Orlistat Study Group. Lancet. 1998 Jul 18;352(9123):167-72. doi: 10.1016/s0140-6736(97)11509-4.

55. Costa B. Rimonabant: more than an anti-obesity drug? Br J Pharmacol. 2007 Mar;150(5):535-7. doi: 10.1038/sj.bjp.0707139.

56. Brashier DB, Sharma AK. et al. Lorcaserin: A novel antiobesity drug. J Pharmacol Pharmacother. 2014 Apr;5(2):175-8. doi: 10.4103/0976-500X.130158.

57. Gadde KM, Parker CB. et al. Bupropion for weight loss: an investigation of efficacy and tolerability in overweight and obese women. Obes Res. 2001 Sep;9(9):544-51. doi: 10.1038/oby.2001.71.

58. Barrea L, Pugliese G. et al. New-generation anti-obesity drugs: naltrexone/bupropion and liraglutide. An update for endocrinologists and nutritionists. Minerva Endocrinol. 2020

Jun;45(2):127-137. doi: 10.23736/S0391-1977.20.03179-X.

59. Verpeut JL, Bello NT. Drug safety evaluation of naltrexone/bupropion for the treatment of obesity. Expert Opin Drug Saf. 2014 Jun;13(6):831-41. doi: 10.1517/14740338.2014.909405.

60. Rubino D, Abrahamsson N. et al. Effect of continued weekly subcutaneous Semaglutide vs placebo on weight loss maintenance in adults with overweight or obesity: The STEP 4 Randomized Clinical Trial. JAMA. 2021 Apr 13;325(14):1414-1425. doi: 10.1001/jama.2021.3224.

61. Wadden TA, Bailey TS. et al. Effect of subcutaneous Semaglutide vs placebo as an adjunct to intensive behavioral therapy on body weight in adults with overweight or obesity: The STEP 3 randomized clinical trial. JAMA. 2021 Apr 13;325(14):1403-1413. doi: 10.1001/jama.2021.1831.

62. Kadowaki T, Isendahl J. et al. Semaglutide once a week in adults with overweight or obesity, with or without type 2 diabetes in an east Asian population (STEP 6): a randomised, double-blind, double-dummy, placebo-controlled, phase 3a trial. Lancet Diabetes Endocrinol. 2022 Mar;10(3):193-206. doi: 10.1016/S2213-8587(22)00008-0.

63. 김경곤. 비만의 펩타이드 치료제. 비만대사연구학술지. 2022. 1(1) :4-13.

64. Wilding JPH, Batterham RL. et al. STEP 1 study group. once-weekly semaglutide in adults with overweight or obesity. N Engl J Med. 2021 Mar 18;384(11):989-1002. doi: 10.1056/NEJMoa2032183.

65. Jastreboff AM, Aronne LJ. et al. SURMOUNT-1 Investigators. Tirzepatide once weekly for the treatment of obesity. N Engl J Med. 2022 Jul 21;387(3):205-216. doi: 10.1056/NEJMoa2206038.

66. Sodhi M, Rezaeianzadeh R, Kezouh A, Etminan M. Risk of gastrointestinal adverse events associated with glucagon-like peptide-1 receptor agonists for weight Loss. JAMA. 2023 Oct 5:e2319574. doi: 10.1001/jama.2023.19574.

67. Harper JA, Dickinson K, Brand MD. Mitochondrial uncoupling as a target for drug development for the treatment of obesity. Obes Rev. 2001 Nov;2(4):255-65. doi: 10.1046/j.1467-789x.2001.00043.x.

68. Bouchard C, Tremblay A. et al. The response to long-term overfeeding in identical twins. N Engl J Med. 1990 May 24;322(21):1477-82. doi: 10.1056/NEJM199005243222101.

69. van Marken Lichtenbelt WD. et al. Individual variation in body temperature and energy expenditure in response to mild cold. Am J Physiol Endocrinol Metab. 2002 May;282(5):E1077-83. doi: 10.1152/ajpendo.00020.2001.

70. Wang CH, Lundh M. et al. CRISPR-engineered human brown-like adipocytes prevent diet-induced obesity and ameliorate metabolic syndrome in mice. Sci Transl Med. 2020 Aug 26;12(558):eaaz8664. doi: 10.1126/scitranslmed.aaz8664.

갈색지방의 비밀

1판 1쇄 발행 2024년 2월 14일

저자 윤종원

편집 문서아   **교정** 신선미   **마케팅·지원** 김혜지

펴낸곳 (주)하움출판사   **펴낸이** 문현광

이메일 haum1000@naver.com   **홈페이지** haum.kr
블로그 blog.naver.com/haum1000   **인스타그램** @haum1007

ISBN 979-11-6440-544-2 (03470)